U0511027

本书中文版经由雷纳·齐特尔曼博士授权社会科学文献出版社独家出版

精英思想會
MIND TALK

DARE TO BE
DIFFERENT
AND GROW RICH

敢于不同

商业巨头白手起家的秘诀
SECRETS OF THE SELF-MADE PEOPLE

〔德〕雷纳·齐特尔曼 著

Rainer Zitelmann

邬明晶 张宇 译

社会科学文献出版社
SOCIAL SCIENCES ACADEMIC PRESS (CHINA)

目　录

引　言

　　1953 年，霍华德·舒尔茨出生在布鲁克林的一个工人家庭，父亲靠打小工维持生计。可想而知，生活在他周围的都是一些困窘的邻居。本书讲述了他是如何把星巴克公司发展成一家在全世界拥有超过 27000 个分公司的龙头企业。在 1997 年出版的自传中，他在序言中建议读者："梦想要超越别人所认定的实际，期望要超越别人所认为的可能。"① 谷歌公司的创始人拉里·佩奇极力提倡"理性忽视所谓的'不可能'"以及"敢为他人所不为之事"②。沃尔玛曾是世界上最大的企业，作为它的创始人，山姆·沃尔顿这样解释他成功的秘诀："我总是把跳杆抬得更高，总是设定极高的人生目标。"③

　　另一位传奇企业家和亿万富翁理查德·布兰森简洁有力地说："我从自己的经历中学会这样一个道理：没有遥不可及的目标。对于那些具有远见并信念坚定的人而言，貌似不可能的

---

① Schultz/Yang, p. 1.
② Vise, p. 11.
③ Walton, p. 15.

事也会成为可能。"①

这就是本书的主题。我研究了很多杰出的成功人士，其中大部分是企业家，还有高管、运动员，以及在其他不同领域卓有成就的人。通过分析他们的人生经历，我发现真正让他们脱颖而出的是敢于不同于周围大多数人、敢于质疑传统思维方式的勇气。他们的目标也远远高于绝大多数人。本书以阿诺德·施瓦辛格、麦当娜、史蒂夫·乔布斯、比尔·盖茨、马云和沃伦·巴菲特等人为例，归纳出了他们的成功秘诀。他们的故事可以作为指导方针，教会你制定更高的目标，取得更大的成就，而这些是你一直以来认为不可能实现的。

我很少遇到把目标定得高远的人。绝大多数人要么根本没有任何现实目标，要么把目标定得很低。我认为这就是他们无法取得更大成就和无法充分发挥个人潜能的主要原因。

为什么有些人要比其他人更成功呢？教育水平和社会特权难以解释成功者与失败者之间的差异。本书所讲述的很多名人有着艰辛的童年，仅举几例，如，时装设计师可可·香奈儿、甲骨文创始人拉里·埃里森、苹果公司创始人史蒂夫·乔布斯。这三位当中，没有一人见过自己的亲生父母。在白手起家的亿万富翁中，仅接受过中学教育或者大学期间辍学的比例甚至高于社会整体水平。

一个很受失败者推崇的流行说法是，成功源于"好运"。根据这个理论，大公司完全可以用抽彩票的方式确定管理岗位的人选，幸运的赢家被提拔为首席执行官，而那些倒霉蛋们就只能被打发到收发室了。

当然了，我们不应否认在成功中有运气这一因素的存在，

---

① Branson, *Screw It, Let's Do it. Lessons in Life and Business Expand*, p. 196.

但是也不应高估它的重要性。没有总是幸运的人，也没有总是不幸的人。在几年，甚至几十年中，幸运与不幸事件发生的概率往往趋于平衡。那些仅靠运气发大财的人，绝大多数最终仍会回到起点。在几年的时间中，很多彩票大奖得主的经济状况甚至变得比中彩票前更糟糕。这是为什么？因为他们在精神上缺乏保有和增长财富的顺应力。而很多人在失去了辛苦积累的全部财富后，仅仅经过几年，又能够重整旗鼓，再塑辉煌。

　　成功意味着在某个领域，与普通竞争者相比，你取得了更好的成绩，也意味着你实现了自己的目标。本书内容涉及所有成功人士共有的人生态度和思维方式。在我们的文化当中，尽管孩子们主要是通过效仿周围的人来进行学习的，但人们仍然对模仿、复制他人的做法嗤之以鼻。通常来说，在学习上，孩子比成年人领会得更快、更好。在沃尔玛创始人山姆·沃尔顿的自传中，他承认："我所做的每件事几乎都是效仿他人。"[①]

　　为了实现更高的人生目标，不要听从那些自身并没有取得什么辉煌成就的人的建议。一定要确保自己只从赢家那里获得指导，并且认真研究那些帮助他们取得成功的态度与做法。

　　本书以对五十多位成功人士的自传或者传记的研究为基础，这些人的身上体现了远超于常人的、追求成功的强大意志力和不屈不挠的精神。书中也包含着我个人的一些经历，这并不意味着我自视甚高，觉得可以比肩这些了不起的人物。之所以这样做，是因为自己本身就是一名读者，在阅读成功学图书的时候，我常常思考：这些书的作者是否成功地尝试并验证了自己的秘诀。在我看来，在各个领域获得成功的人，相比那些

---

　　① 　Walton, p. 47.

一事无成的人而言，更有资格给出可信的建议。

从表面上看，成功的事业经常表现为成功者取得的一个又一个胜利，而且成功者迈向成功的步伐从未停止。这种看法其实忽视了成功者不得不解决的棘手问题和难以逾越的障碍，也忽视了他们一路所遭受的失败和坎坷。这些遭遇非但没有令他们泄气，反而激励他们把目标设定得更加远大。本书所描写的这些成功者敢于用非常规的方式面对和解决问题，所采取的立场也不同于大多数人。此外，每当他们不遵守所谓"恰当"的惯例而行事时，经常能从自己的特立独行中收获极大的快乐。如果你此时正遭遇问题和挫折，这些故事将鼓励你付出努力，并帮助你理解精神力量才是那些成功者成功的秘诀，使他们解决了那些似乎不可能解决的问题。

本书讲述了成功的企业家、投资者、运动员和艺术家的故事，他们中的大多数人有能力积累巨大的财富。不过，不管你的目标是挣大钱，还是成为卓有建树的音乐家、运动员、作家，这些都不重要。不管怎样，通往个人成功的道路都始于设定更高的目标，这个目标既要超越自我，也要超越周围人所认为的"理性"。本书的目的就是鼓励你着眼高处、实现梦想。加里·卡斯帕罗夫这样警示："如果你没有长远规划，那么你所有的决定都将变为空想，并且你的付出只会有利于对手，而不是对自己有益。当你不断地从一件事跳跃到另一件事的时候，就会被拽离航向，深陷眼前的困局，无暇踏上通往成功的道路。"①

如果遵循本书所主张的基本原则，并且践行这些基于分析所得出的成功之道，你一定能够达到自己的人生巅峰。你知道

---

① Kasparov, pp. 23 – 24.

吗？绝大多数取得巨大成就的人嗜书如命。沃伦·巴菲特是金融史上最成功的投资人，经常被问及他的成功秘诀。这就是他给出的答案："多读书。"① 多年以来，在他位于奥马哈市的伯克希尔·哈撒韦公司，据说在每场传奇晚宴上，他都把这个"金句"讲给在座的嘉宾。巴菲特坚信，"正是在他性格形成期所养成的阅读习惯促使他找到了自己独特的投资手段，并且为他接下来50年空前的成功打下了坚实的基础"。② 他自己这样说道："我十岁时，已经把奥马哈市公共图书馆里所有书名上带着'金融'二字的书都读完了，有的甚至读了两遍。"③ 在一个签名售书会上，巴菲特随意地提到家里还有五十本书等着他去读。④

巴菲特的书不只局限于金融类，他还喜欢一些励志的口袋书，比如戴尔·卡耐基的《人性的弱点》（*How to Win Friends and Influence People*），并且还形成了自己的一套体系来实践从该书中归纳出来的建议。很多人读过与戴尔·卡耐基的作品相似的书。实际上，也许你就是这些读者之一。但是，"阅读"本身并不能保证给任何人带来成功。在认真研读了卡耐基书中的建议后，巴菲特决定运用数据分析来验证，把这些建议应用到自己的生活中，会带来什么结果。"周围的人不知道巴菲特正在自己的脑海里默默地进行着一场实验，但是他可以观察到他们的反应。他追踪实验的结果，并且内心越来越欣喜，因为数据证明卡耐基书中的建议发挥了作用。"⑤

---

① Matthews, p. 76.
② Matthews, p. 76.
③ Matthews, p. 76.
④ Matthews, p. 77.
⑤ Schroeder, p. 99.

查理·芒格是巴菲特最亲密的商业伙伴，他们共同奋斗了几十年，缔造了一个拥有亿万美元的商业帝国。查理的孩子们戏称他为"长腿儿的书"，因为他总是阅读描写其他成功人士如何成功的书。[①] 据传闻，芒格每天读一本书。

本书讲述的是优秀成功人士的故事和他们成功的秘诀。他们人生中的一些典型片段足以展示并证明这些秘诀。在他们前行的道路中，经常要应对眼前出现的各种艰难险阻，也要认真思考克服这些困难的方式。只要你以巴菲特为榜样，从研究这些故事中所蕴含的规则和模式开始，逐渐提升到把它们应用到自己的生活中，那么，成功的秘诀将不言自明。践行这个建议的最佳时机就是——现在。

雷纳·齐特尔曼博士

---

① Schroeder, p. 226.

第一章　志向高远

　　1966 年，阿诺德·施瓦辛格刚刚 19 岁，在参加伦敦举办的环球先生锦标赛期间，他跟里克·韦恩进行了一番交谈。后来，身为记者，同时也是健美运动员的韦恩回忆起当时施瓦辛格抛出的问题："您认为一个人能得到韦恩所渴望的一切吗？"这让韦恩一愣，他随即答道："一个人要深知自己的局限。"施瓦辛格并不同意他的观点："您说的不对。"韦恩比施瓦辛格年长几岁，他的人生阅历更丰富，而且见多识广，他越来越厌烦眼前这位来自奥地利的自命不凡的愣头青，反问道："你什么意思，我难道说错了？"施瓦辛格答道："一个人可以得到他想要的一切，只要肯为此付出代价。"①

　　上面这个小插曲摘自劳伦斯·利默尔的传记《精彩绝伦：阿诺德·施瓦辛格的人生》（*Fantastic: The Life of Arnold Schwarzenegger*）。当利默尔的书在 2005 年出版时，施瓦辛格已是加利福尼亚州的州长。在从政之前，施瓦辛格是好莱坞的影星，作为世界上片酬最高的演员，他主演的每一部电影都能给他带来 2000 多万美元的收入。他 21 岁时来到美国，通过投资

---

① Leamer, p. 39.

1

房地产成为千万富翁。现在，他已经是亿万富豪了。

施瓦辛格把他的成功归因于追求目标时的坚定决心与全情投入。"我先设定目标，再将其清晰地形象化，然后迸发出实现它的动力和渴望。"[①] 他没有这样说："好吧，如果有可能，尝试一下也是不错的。"这样的态度不会带给你成功。施瓦辛格认为，大多数人"做事情要讲条件……如果这样做的话，是不是更好？这是不够的，你必须对目标有巨大的情感投入，你非常渴望它，并且热爱拼搏的过程，就会采取一切手段实现自己的目标"。[②]

阿诺德·施瓦辛格、他的肌肉、他的电影，或者他的政治观点，不一定能讨每个人喜欢。但是，这都无关紧要，重要的是：一个奥地利小镇警察的儿子，一个有着艰辛童年的人，如何能在体育、商业、电影、政治等不同领域取得如此巨大的成就？

仔细看看施瓦辛格令人惊叹的职业生涯，从他的身上，我们可以学到很多宝贵的经验，比如，成功人士的思考和行为方式，其中最重要的就是设定远大且明确的目标。

当施瓦辛格还是奥地利的那个少年时，他就对"美国梦"坚信不疑，认为通过奋斗，一个人完全可以从一贫如洗到腰缠万贯。"我的朋友们想去政府部门工作，这样退休时就可以得到一笔养老金。而我，却总被那些讲述伟大人物及其精神力量的故事所吸引。"施瓦辛格这样说。[③] 他把钱花在购买杂志上，如饥似渴地阅读能找到的所有关于美国的专题或文章。他的同学们仍记得当年他经常谈论美国。他的传记作家马克·胡耶这

---

①　Andrews, p. 23.

②　Andrews, p. 24.

③　Hujer, S. 46.

样写道："他总是向前推动自己的职业生涯，从健美运动员到好莱坞明星，再到政治家，前方总有新目标、新惊喜。他深谋远略，后退只是为了更好地助跑，以便跳得更远。"①

施瓦辛格这样描述他成功的秘诀："我先设定目标，再将其清晰地形象化，然后迸发出实现它的动力和渴望。在雄心壮志中，在前方的美好愿景中蕴含着欣喜。有了这种欣喜，人就不难做到自律，也不会消极或沮丧。你会热爱自己不得不做的事，比如去体育馆、用器械刻苦训练等。你甚至会认为在实现目标的过程中所遭遇的痛苦也是司空见惯的，并且能接受它。"② 他对痛苦具有很强的忍耐力，他说，如果你想成功，痛苦一定是意料之中的事。

30 岁时，施瓦辛格这样解释自己的成功："我最高兴的事情就是自己能专注于未来的愿景，我能清晰地看见它就在眼前，当我做白日梦的时候，觉得它几乎已经成为现实。这样，我浑身轻松，不再因考虑是否可以实现目标而紧张焦躁，因为我觉得已经实现了目标，这只是个时间问题。"③

在他的青年时代，施瓦辛格已经给自己设定了目标，那就是成为世界上最优秀的健美运动员。他的教练回忆道："阿诺德训练的第一天就说他要成为环球先生。他每周训练六天，有时七天，每天大约三个小时。不到三四年的时间，他增加了20 公斤的纯肌肉。"④

阿诺德训练起来就像一个强迫症患者，有很多次，他的胳膊疼到抬不起来，甚至无法梳头发。周末，当健身房大门紧锁

---

① Hujer, S. 201.
② Leamer, p. 174.
③ Leamer, p. 175.
④ Andrews, pp. 18 – 19.

的时候，他就像入室的窃贼一样强行打开一扇窗户，偷偷地溜进去。每次朋友们邀请他放学后去踢足球，阿诺德都会拒绝，因为快跑不利于锻炼肌肉。

他心中的英雄是雷格·帕克，当时最成功的健美运动员。几年以后，施瓦辛格已经能在比赛中击败他。不过在一个少年的眼中，帕克是需仰视的人物，他甚至在很多电影中扮演过大力神赫拉克勒斯。施瓦辛格后来回忆起自己当时的志向："如果他能成功，我也能。我要成为环球先生，成为电影明星。我要发大财。我知道自己酷爱什么，并且有目标。"[①]

当时，人们并没有把健身看成体育运动，在全世界任何一个城市里都找不到大型的健身中心。而在布满灰尘的"密室"里，则挤满了"行色可疑""鬼鬼祟祟"的人，他们身上涂满了油，等着上场比赛。绝大多数人认为健身是一种奇怪的消遣，施瓦辛格却不在意他们异样的目光，他下定决心要在这个领域出人头地。

阿诺德的父母并不支持他的这个爱好，他母亲问他："阿诺德，你为什么非要搞健美呢？"他的父亲也充满疑惑："你练出这么多的肌肉有什么用？"而对父母的异议，阿诺德并不觉得苦恼："我想成为世界上身材最棒的人，然后，想去美国拍电影。"他父亲认为儿子一定是发疯了："我想我们最好带他去医院看看，他的脑子一定有问题。"[②]

1968年9月，施瓦辛格前往美国参加健美比赛，内心充满自信，毕竟他刚刚在伦敦获得了自己的第二个"环球先生"的称号。不过，尽管施瓦辛格身上的肌肉比对手弗兰克·赞恩

---

① Hujer, S. 52.

② Andrews, p. 18.

的肌肉大很多，体重也超出对方 50 多磅，可他仍然输掉了比赛，因为赞恩的身材比例更好，肌肉的清晰度更高。对于施瓦辛格而言，这次失败是毁灭性的，他内心极度绝望，彻夜痛哭。施瓦辛格无法摆脱这种可怕的感觉："我远离家人，在这个陌生的城市里，在美国，我就是一个失败者。"①

从那之后，他不想返回欧洲。通过学习，他明白了自己为什么输掉比赛。接着，他开始系统地解决自己的弱点。在发现小腿肌肉是最薄弱的地方后，他穿上运动套装，盖住所有的"好"肌肉，再把长裤的下半截裁掉，把最弱的小腿肌肉展示给健身房里其他的运动员。别人投来的目光激励他努力锻炼这些肌肉，直到大家认为它们足够强健为止。

接下来，施瓦辛格赢了所有重大的健美赛事，夺得 13 次世界冠军、8 次最负盛名的奥林匹亚先生健美大赛冠军。要知道，只有世界冠军才有资格参加奥林匹亚先生健美大赛。施瓦辛格用自己的高标准赢得了巨大的成功。

此时，施瓦辛格的理想已经不仅局限于健美运动领域了，他还想发大财。刚到美国的时候，施瓦辛格的英语一塌糊涂。他刻苦学习，并最终取得了经济学的学位。他希望可以通过掌握的知识发家致富，最终取得了经济学学位。赚钱成了他朝思暮想的目标，即便手头没有多少闲钱，他也要把钱攒起来，为了以后投资时使用。他在圣莫尼卡购置不动产，坐等日后重新开发，还投资了办公楼和购物中心。这样，在他 30 岁出头的时候，已经挣到了人生的第一个百万。在 1986 年的一期《加州商报》（*California Business*）上，有一篇文章这样写道："经过 20 年，施瓦辛格已经成为一名商业嗅觉敏锐的企业家，而

---

① Hujer, S. 89.

且是南加州最成功的房地产开发商。"①

施瓦辛格并不满足于现状，他想成为好莱坞片酬最高的演员。有人嘲笑他，认为他只能在动作片中扮演一些没多少台词的小角色，不可能有什么大的突破。他的第一部电影似乎验证了这些人的看法。

有人一次又一次地告诫施瓦辛格："别做梦了，你身材奇特，口音古怪，永远不会在好莱坞成名的。"② 他们就想让施瓦辛格知道他毫无机会，毕竟，还没有一个来自欧洲的男演员成为好莱坞的巨星，更别提像他这样肌肉发达的健美运动员了。

施瓦辛格开始学习表演课程。首先，这样的课程对他而言并不容易。他的老师太了解他了，在全班同学面前对他说："站起来，阿诺德。"施瓦辛格慢吞吞地起身。老师接着问他："显然，你很心烦意乱，究竟是为什么？""他们让我生气！可恶！他们讨厌我的名字，讨厌我的口音，讨厌我的身材。但是，去他们的！我就是要成为超级巨星！"后来他说："我知道如何成为明星。也许我没有成为演员的天赋，但是我会成为明星。"③

在谈到自己的成功秘诀时，他这样说："你必须有积极的想法，把自己设定成人生赢家。我的脑海里从来没有过消极思想。成功者有承担风险的能力，有做出艰难决定的能力，并不理会周围的人说些什么。"④

他最初在《柯南》（Conan）、《终结者》（Terminator）等

---

① Leamer, p. 153.
② Andrews, p. 57.
③ Leamer, p. 128.
④ Leamer, p. 128.

动作电影中扮演一些角色，这些电影的票房不错，但是也把他定型为肌肉男。施瓦辛格非常渴望成为一名"真正的"、受人尊重的演员，尽管几百万美元的片酬不是个小数目，可他不想只扮演动作片的主角。

1988 年，他出演喜剧《龙兄鼠弟》（*Twins*），电影取得了惊人的成功，也将他推到了巨星的行列。《龙兄鼠弟》在美国和加拿大的票房总收入达 1.12 亿美元，海外市场的票房收入为 1.05 亿美元，同时也为施瓦辛格带来了 2000 多万美元的收入。他的传记作家马克·胡耶这样评价施瓦辛格："通过把过去——不仅仅是过去扮演的肤浅的角色——甩到身后，在表演上，施瓦辛格取得了巨大的进步，现在的观众看到了他有趣、可爱的一面。他把自己从机器变成人。"① 用句政治术语解释这句话，施瓦辛格现在赢得了多数人的支持。

施瓦辛格已经在影视圈实现了当初的理想，他开始寻找一个新的目标激励自己继续前行。在职业生涯的早期，他就考虑过从政。1977 年，他接受德国《明星周刊》（*Stern*）的采访时说："当你成为电影界的佼佼者时，还有什么有趣的东西会吸引你？也许是权力吧。所以，你会从政，成为州长或总统之类的掌权者。"②

事实证明，作为一名健美运动员和好莱坞明星，他的名气和成功既给他带来了好处，也是沉重的负担。有些人极其讨厌他的硬汉形象，还有女性指控他性骚扰。当他在 2003 年 8 月宣布要竞选加州州长的时候，美国所有的主流媒体都对此竞相报道。有人指责他年轻时是纳粹党分子，还找出他年

①　Hujer, S. 158.

②　Hujer, S. 174.

轻时发表的言论。《纽约时报》（*The New York Times*）甚至引用了他的部分观点，断定他是阿道夫·希特勒的超级崇拜者。左翼媒体加入反对这位共和党候选人的阵营中，不过一切都是徒劳。尽管竞选路上满是敌意，施瓦辛格却轻松获胜，赢得了48.6%的选票，他的对手分别只获得了31.5%和13.5%的得票率。

施瓦辛格接手的是个烫手的山芋，因为直至今日，加州的债务负担都是相当沉重的。原本可能有助于平衡预算的改革，遭到了众多特殊利益集团和工会的阻挠。在赢下了最初几个回合的较量后，施瓦辛格开始在与这些利益集团的斗争中失利。2005年11月，他输掉了一场重要的公投。他的预算改革提案以38%支持、62%反对的巨大劣势被驳回，同时他的改革教师任期制的提议以45%支持、55%反对被驳回。政治上的失利步步紧逼，他连任的机会变得非常渺茫。

施瓦辛格再一次证明了自己超凡的学习能力。凭借实用主义者的敏锐嗅觉，他发现生态与环境问题是很好的关注点和话题，这甚至使他赢得了民主党内部的支持。当然，他的妻子玛丽亚（1986年结婚，2011年分居）也给了他很大助力，毕竟她来自肯尼迪家族。在他的第二个任期，施瓦辛格被称为开明的保守派，他弥合了两党之间的分歧，为环境保护所做出的贡献也超过了其他任何州长。

但是，施瓦辛格也无法平衡过度增加的预算。他的朋友沃伦·巴菲特这样说道："他没有太大的操作空间。在华盛顿，他们可以印刷钞票，加州却不能，而且，通过预算法案要得到2/3的多数支持。他要对付的一些人要么完全反对任何形式的税收，要么反对新的税收，还有一些人反对任何形式的削减开支。要获得 2/3 多数票的支持，对他而言，太难了。"[①] 在 2011 年 1 月，在两届任期期满后，施瓦辛格卸任，把州长的位置交给了来自民主党的继任者。今天，施瓦辛格是抵御气候变化战场上的一位世界领袖，而且在他远离政坛后，还主演了六部电影。

那么，我们究竟可以从施瓦辛格身上学到什么呢？他在 2012 年出版的自传中强调说，如果当年不把自己的目标以书面的形式记录下来，他就不可能取得后来的一系列成就。他说："我总是写下自己的目标，这是当年在格拉茨的举重俱乐部学会的方法。仅靠口头说我的新年计划是减掉 20 磅的体重、学好英语、多读点儿书是远远不够的，这只是一个开始而已。现在，我必须让目标变得非常具体，这样的话，所有美好的心愿才不会像浮萍一样四处飘荡。我会拿出索引卡片，写下自己今后的打算：

- 在学校多学 12 单元的课程；
- 多挣钱，攒下 5000 美元；
- 每天锻炼 5 个小时；
- 增加 7 磅的坚实肌肉；
- 买一间公寓搬进去。

设定这么多具体的目标，看起来似乎我自己戴上了沉重的枷锁，可实际上正好相反：我反而感到了自由和释放，因为明确的目标使我免于总是临时起意，左顾右盼。"

施瓦辛格也强调了设定远大目标的重要性："人们总说最终能站在金字塔顶端的人太少了，可我认为，再挤进一个人的

[①]　Hujer, S. 286.

空间总是有的。正因为空间狭小，所以很多人被吓到了，觉得待在下面更舒服。但实际上，有这样想法的人越多，下面就会变得越拥挤。不要去人群密集的地方，要去人迹罕至之境。也许这条道路并不平坦，但那是你应去的地方，而且跟你竞争的人也不多。"

在与实现目标有关的事情上，施瓦辛格态度坚定，决不妥协。每当他觉得有些看似合理并有利可图的机会并无助于实现他的既定目标时，就会忽视它们。他说："什么都不能动摇我实现目标的决心，无论开出多高的价码，动用多大的关系，没用！"①

此生取得多大成就取决于你给自己设定多高的目标。阿诺德·施瓦辛格的职业生涯充分证明了这个观察结果。还有很多大型国际公司的发展史也能证明这一点。

在很多情况下，一家公司的创建者和缔造者并不是它日后成功和壮大时应归功的那个人。更常见的情况往往是这样的，企业取得非凡成就背后的驱动力是另一个人，他的思路更宽，格局更大，超过了创始人。

第三章讲述的是星巴克咖啡连锁店的故事，它的创建者们非常满足于在西雅图拥有的五家门店，觉得这样的规模已经不小了。而天才企业家霍华德·舒尔茨认识到了他们经营理念中的巨大潜力，并且预见到了日后在全国拓展市场的前景。今天，他被视为星巴克真正的创建者，而它最初的创建者们则早已被人遗忘。

类似的一幕也发生在麦当劳公司。这家公司最初是由兄弟俩创建的，他们在快餐业进行了许多开创性的革新。虽然他们

---

① Schwarzenegger, pp. 137－138, 298－299, 142.

于 1948 年在圣贝纳迪诺开张的餐厅效益不错，可是人们认为雷·克罗克才是麦当劳真正的奠基人。雷·克罗克以超前的眼光看到了这种新型餐饮模式的潜力，并且愿意尽一切努力将这个理念变为一个增长型产业。

故事还得从头讲起。1937 年，麦当劳兄弟在帕萨迪纳东部开了一家小小的汽车餐厅。几年后，他们在圣贝纳迪诺又开了一家更大的餐厅，其外部结构是八角形。这家麦当劳的生意太红火了，兄弟二人很快就跻身当地的上流社会，并搬进城里一栋最奢华的别墅，光卧室就有 25 间。他们还因率先拥有最新型的卡迪拉克而沾沾自喜。到 1948 年，他们拥有了当初想都不敢想的巨大财富。

然而，随着各地越来越多麦当劳汽车餐厅的开业，麦当劳兄弟遇到的困难也日益增多。青少年是麦当劳主要的消费群体，这意味着餐厅受到的损坏较多，员工流动也大。兄弟俩不愿意花那么多的钱替换破损及被盗的餐具，他们更热衷于吸引不同类型的顾客。那时，麦当务汽车餐厅的名声并不好，人们认为那里是青少年聚众惹事的地方。

兄弟俩停业三个月，重新思考经营理念，最终拿出来的方案就是我们今天所见到的麦当劳的雏形——厨房具备了快速提供大量食品的能力。兄弟二人欢迎所有的技术创新，只要能有助于提高他们餐厅的供餐速度。菜品的质量不再取决于每个厨师的厨艺。为此，他们开创了一个全新的餐饮模式，只加工有限的几款食物。正如亨利·福特通过将汽车的生产过程分解成一系列的自动化步骤，进而革新了汽车业一样，麦当劳兄弟设计出一个新的备餐方法，他们将食品加工过程分解为很多小的常规工作，这样的话，不具备厨师资格的人也能完成自己承担的任务。他们还开发出了一整套厨房设备，满足了餐厅的具体需求。

为了在不到 30 秒的时间里为客人备好餐，食物需要提前准备并且打包好。一种新型餐厅就此诞生，它集自助、一次性餐具、超快服务和加工食物的"生产线"于一身。最重要的是，它吸引了不同类型的常客——不再仅仅是青少年，而是一个个带着孩子的家庭。

然而，转变是个缓慢的过程，不会一蹴而就。最初，看起来好像兄弟俩谋划错误，他们足足等了六个月，餐厅的收入才恢复到调整前的水平。但是，兄弟二人拒绝放弃，最终，他们对餐厅的调整见了成效。1955 年，餐厅的营业额是 27.7 万美元，比重新开张前增加了 40%。到了 20 世纪 50 年代中期，随着自动化水平的不断提高，餐厅的年营业额达到了 30 万美元，净利润为 10 万美元，这在当时可是一大笔钱。

餐厅成功的消息如野火般传遍各地。全国其他餐厅的老板，或者想开餐厅的人蜂拥而至，想一探麦当劳兄弟成功的秘诀。兄弟俩对自己所取得的成就骄傲不已，高兴地向访客们展示他们的餐厅，详细地解释他们的创新理念。在他们看来，访客们画下餐厅的内部构造，询问工作流程的每一个细节，这实在是太有趣了。当然，麦当劳兄弟的成功也吸引了很多模仿者，他们竭力复制麦当劳的理念，可大多数是东施效颦，没达到预期目的。

麦当劳兄弟开始销售少许的经营授权，很快，以麦当劳的名字命名的餐厅达到了十余家。不过，当实力强大的康乃馨公司提出要投资全国范围的特许加盟体系时，兄弟俩拒绝了。他们认为："我们一直很忙，在汽车旅馆里，寻找新址，招聘经理……如果给我们套上那样的锁链，那才是活受罪。"①

————————

① Love, p. 23.

12

约翰·F. 洛夫是厚达 630 页的《麦当劳：金黄色拱形标志背后的生意经》（*McDonald's：Behind the Arches*）一书的作者，他总结道："将生意扩展到圣贝纳迪诺之外时，麦当劳兄弟唯一的'问题'就是太满足于现状。'我们当时不能把好不容易赚到的钱都花出去，'其中一位麦当劳后来这样回忆。'我们愿意轻松些，凡事慢慢来，并且乐在其中。我一直想要的是经济独立。现在，我做到了。'"① 麦当劳兄弟推断，如果他们开始赚取更大的利润，下一份纳税申报单将成为一个大麻烦。

谦逊和节俭的确是很重要的美德，可是缔造商业帝国所需要的是完全不同的人生态度。麦当劳帝国缔造者的荣耀属于雷·克罗克，至今，他在公司内部仍享有无上的尊崇和地位。

克罗克当时是一名奶昔搅拌机推销员，当时正面临公司效益越来越差的困境。他很好奇，与其他客户相比，他的最大客户麦当劳兄弟为什么会越来越多地购买搅拌机。顺便提一句，麦当劳与星巴克在发展史上有许多有趣的相似之处，星巴克的发迹也归功于一位推销员，他叫霍华德·舒尔茨。当时，他也好奇为什么这家位于西雅图的小零售店不断地大量订购一款咖啡机，于是开始调查，然后发现了星巴克，并把它发展成全球连锁咖啡店，成为业内的龙头企业。我们在后面还会讲到他的故事。

再说回雷·克罗克：他去了圣贝纳迪诺，与其他众多的访客一样，他很快就被这个新型的快餐店吸引住了。他意识到了它巨大的发展潜力，而麦当劳兄弟却不具备这样超前的眼光。作为餐饮产品的推销员，雷·克罗克的足迹遍及各地，他对市

---

① Love, p. 23.

场发展趋势和客户需求变化有着敏锐的商业嗅觉。约翰·F.
洛夫这样写道："克罗克很快看到了麦当劳公司具有全国扩张
的潜力。与故土难离的麦当劳兄弟不同，克罗克游历甚广，所
以他预见到了麦当劳可以遍地开花的场面。他了解当时的餐饮
业，也深知麦当劳餐厅将是业内最可怕的竞争者。"①

从圣贝纳迪诺回来后没几天，克罗克抄起电话，问迪克·
麦当劳是否找到了特许经营商。"没有，雷，还没有，"迪
克·麦当劳这样回复。克罗克紧追不舍地问："那么，我怎
么样？"②

第二天，克罗克驱车赶往圣贝纳迪诺，与兄弟俩协商授予
他将麦当劳扩张到美国全境的专营权。合同赋予克罗克扩展连
锁业务的权力，麦当劳兄弟保留对生产的控制权以及一定百分
比的利润分成。20世纪60年代初期，兄弟俩以270万美元的
价格将麦当劳品牌卖给克罗克。此前，克罗克找到了投资者为
他提供这笔购买资金。

克罗克设计出一个颇具独创性的体系，允许特许经营商在
重大决策上拥有话语权，比如，每个餐厅内部的促销与推广活
动。他的经营方式不同于寻常的特许经营。为了快速盈利，大
多数特许经营授权人要么要求特许经营商支付惊人的许可费，
要么强迫他们购买昂贵的设备和产品。而克罗克着眼于长期合
作和高远目标。他将特许经营商视为自己的客户，并竭尽全力
确保他们成功。毕竟，麦当劳品牌的成功就取决于他们。

与其他特许经营授权人相比，克罗克保留更多的管理控制
权，因为他意识到不同店面产品质量的变化可以轻而易举地毁

---

① Love, pp. 39 – 40.
② Love, p. 40.

掉一个品牌。如果特许经营商们不重视食品卫生，或者省掉经过检验的加工程序，这将是对品牌形象毁灭性的打击。

作为极具天赋的推销员，克罗克有能力让越来越多的人相信他的经营理念有诸多优点。他用诚实赢得了特许经营商们的青睐，他从不肯做出不能实现的承诺，而当时这是很多特许经营授权人的常用伎俩。相反，他给潜在的特许经营商提供相关的准确信息。克罗克说："当你这样推销产品的时候，人们会说你就是一个骗子。可一旦他们发现你很诚实，事情就不一样了。"①

现在，麦当劳公司在120多个国家经营着超过3.7万家门店，2017年的营业额接近230亿美元。即使是克罗克本人也没预见到，在随后的几十年，公司竟然在全世界取得了如此巨大的成功。他与麦当劳最初的创建者麦当劳兄弟的不同之处在于：他的目标更高，野心更大。行动是由我们为自己设定的目标驱动的，雷·克罗克的职业生涯见证了这一朴素的真理，相对谦逊谨慎的麦当劳兄弟也是如此。

洛夫在《麦当劳：金黄色拱形标志背后的生意经》中说："简言之，克罗克用个人魅力将人们吸引到麦当劳。这种魅力的本源是克罗克坚定不移的信念，他坚信快餐理念具有光明的前途，而这一理念是他在莫哈维沙漠边缘的圣贝纳迪诺获取的，并成为他希望可以缔造的大企业的基石……即便在1954年，雷·克罗克52岁的时候，他依然在寻找奇迹，希望借此充分发挥自己三十多年的推销经验。"②

是的，克罗克在创建麦当劳特许经营系统的时候已经52

---

① Love，p. 45.
② Love，pp. 45 – 47.

岁了。那是其他人开始思考退休的年纪，或者至少认为自己太老了，难以再开创新领域的年纪，可是克罗克依然每周工作70多个小时。最重要的是，他自得其乐。他从事这份工作不是为了赚快钱，在相当长的时间里，他靠积蓄和卖奶昔搅拌机的收入维持生计。实际上，1961年之前，也就是和兄弟二人签署合同后的七年间，雷·克罗克没从麦当劳公司赚取一分钱。在第十章，我们会重新讲到他如何使麦当劳公司取得如此非凡成就的故事。

　　1984年，18岁的迈克尔·戴尔［戴尔公司董事长兼首席执行官（CEO）］给自己设定了一个目标，绝大多数人会认为这个目标太"不现实"了。当时他还是一名学生，手里只有1000美元，却成立了个人电脑有限公司（如今这家公司被称为"美国戴尔有限公司"），并且宣布他要成为美国信息工业市场的领跑者。自1924年成立以来，IBM（国际商用机器公司）一直占据行业龙头的位置。2001年4月，戴尔公司已不仅仅领跑全球的个人电脑市场，而且它所占据的市场份额高达12.8%，以0.7%的优势领先于康柏电脑公司，而IBM以6.2%的市场占有率仅排名第四。迈克尔·戴尔一直强调远大目标的重要性："要有高远的目标，并用正直、个性和爱去成就个人梦想。每一天，你都向梦想迈近一步，并且不跟自己妥协。那么，你就在通往成功的路上了。"[①]

　　戴尔在学校的时候就已经崭露头角了。和一些同学一样，他集邮。跟他们不同的是，他通过发行拍卖目录把集邮变成了生意。戴尔12岁就挣了2000美元，当然，跟他几年后通过向特定目标人群推销报刊征订所赚的1.8万美元相比，这就是小

---

① Friedmann, p. 79.

钱了。

15 岁时，戴尔对电脑产生了浓厚的兴趣。在买了一台当时最流行的苹果 2 电脑之后，他把它全部拆开，并向惊愕万分的父母解释说他想了解它的内部构造及运行原理。通过摆弄电脑，戴尔掌握了升级以及改进电脑的方法，随后便开始帮助朋友和邻居们升级他们的机器了。

1983 年，为了满足父母的期望，戴尔上了得克萨斯大学。然而，他并不怎么关注学业，而是把时间用在升级 IBM 电脑上，然后再以更高的价格售出。上大一时，他每个月可以挣到 50000～80000 美元，远远超过了他的老师们的收入。

接下来，他开始组装自己的电脑，起名"旋风电脑"。当其他计算机制造商通过零售商销售产品的时候，戴尔却直接通过电话推销自己的产品，这样就省掉了佣金，所以他的"旋风电脑"比 IBM 的价格低了 40%。

他的生意迅速红火起来，每过几个月，他就不得不将公司搬到一个更大的办公场所，雇用更多的员工，以满足市场对其产品的巨大需求。戴尔坚信，有购买电脑意向的客户在跟零售商打交道的过程中得不到什么好处。零售商只会增加消费者的支出，而且还不具备给消费者提供专业指导的知识，消费者顶多能通过电话从 IT 专家那里得到一些建议。

因为有的客户对通过电话购买电脑心存疑虑，戴尔便给他们提供了一个机会，如果对商品不满意，可以在收货 30 天内退货。他还为客户提供了一年的质保，以及 24 小时热线的专业咨询与指导。

戴尔并没有把自己的年轻与经验不足视为短板，在很多方面，它们反倒成了他的优势。他坚定地认为："我对很多事情一无所知，而这一点却成就了我。没有被世俗认知束缚住手脚，我从中受益匪浅。"[1] 有些生意上的事情，他觉得无力应对，于是就到其他大公司去挖经验丰富的管理人员。

戴尔不满足于把商品直接推销给终端客户，很快，他还发现了一种企业对企业的模式（Business-to-Business model，B2B）。一些大型企业，比如，波音公司、安达信会计师事务所，或者陶氏化学公司，它们跟个人客户一样喜欢低廉的商品价格和高质量的售后服务。戴尔公司最初几年获得了令人难以置信的 250% 的年增长率。它成为美国历史上发展速度最快的企业之一，击败了享誉世界的沃尔玛公司、微软公司和通用电气公司。1988 年 7 月，这个四年前在学校宿舍里诞生的公司实施了股份制，又另外积累了 3000 万美元，戴尔将其用于扩大再生产。他本人只保留了 35% 的股份。

然而，突然之间，戴尔遇到了意想不到的麻烦。他刚刚储备了一批 256KB 的芯片，一款内存 1MB 的芯片却上市了。这样，他储备的 256KB 的芯片就成了一堆废品，戴尔蒙受了巨大的损失。雪上加霜的是，他推出的最新系列产品在市场上遭受惨败。

在刚出现的笔记本电脑市场，戴尔公司的产品也没能再创佳绩，它们根本就没有竞争力。纯属偶然，戴尔发现索尼公司的笔记本电脑配有超长待机的电池。他把这样的电池安装到自己的电脑中之后，这款电脑便有了巨大的竞争优势，因为人们主要是在出行的时候使用笔记本电脑，所以操作时间长是产品的一大卖点。

另外，戴尔很快意识到了互联网给他的这种直销方式提供了机会。"如果你在网上可以订购一件 T 恤，你就可以订购其

---

① Peters, S. 29.

他任何东西，包括电脑。令人兴奋的是，你必须得有一台电脑才能完成这些操作！我想象不出来还有什么能比这个更能帮助我们拓展业务了。"①

除了电话订购外，戴尔又拓展了网络销售渠道，这使公司的发展速度更快了。1996年，公司将电脑销售给170多个国家的客户，销售额达10亿美元。一年后，戴尔虽然只拥有16%的公司股份，可价值超过43亿美元，这让他成为美国最富有的人之一。

当然，戴尔公司也躲不过危机。1996年，由手提电脑电池故障导致的火灾迫使公司大规模地召回产品，公司的形象也受到了严重损害。2006年，戴尔因涉嫌账目欺骗而受到金融监管机构美国证监会的调查。此前，迈克尔·戴尔早已辞去了首席执行官的职位，并进入了监事会。2007年，他重新掌舵，帮助公司平稳度过时艰。2013年，戴尔联手私募股权投资公司银湖资本，以250亿美元的价格收购了戴尔公司。

现在，戴尔公司是世界第三大电脑制造商，戴尔的个人财富也高达280亿美元，成为世界上最富有的人之一。在成功的道路上，他最深的感悟是：不要在意别人的负面评价。戴尔这样强调："相信自己所做的一切。如果拥有真正强大的理念，就不必在意别人指手画脚，说三道四。"② 当初这个18岁的毛头小子扬言要在IBM称霸的领域击败它时，谁会拿他的话当回事呢？他周围的人一次又一次地劝诫他不要好高骛远。他并没有遵循父亲的意愿去学医，反而因辍学而令父母头疼不已。

---

① Friedmann, pp. 64–65.
② Friedmann, p. 90.

他们希望儿子回归理性，潜心学业，而不是整天摆弄电脑。当戴尔第一次提出将商品直销给客户时，这个方案同样受到了怀疑。人们愿意通过电话购买这么贵重的商品吗？

与阿诺德·施瓦辛格和雷·克罗克一样，戴尔为自己设定的目标更高，更具有挑战性，远远超过了其他人。他的成功最终证明自己是正确的。如果当初他给自己定了较低的目标，也许就不会像现在这样成功了。

那么你呢？一辈子只追求"可能的""可达到的""现实的"的目标吗？听从别人给出"脚踏实地"的忠告，宁愿"一鸟在手胜过两鸟在林"？是否总有人告诉你"梦想就是幻影"？如果真是如此，那么现在就是改变人生观念的时候：敢于梦想，志存高远，就像施瓦辛格和戴尔一样。

本书会告诉你如何将梦想变成现实，但是第一步取决于你自己。你必须有敢于梦想的勇气，为自己设定远大的目标，而不是故步自封。如果有人想让你"现实"一点，并且嘲笑你的目标"不合理""不可能"，那么绝不要听从他们的建议。但是也要牢记：为了实现目标，你必须赢得他人的支持，单打独斗不会成功。要想赢得他人的支持，首先要赢得的是他们的信任。

第二章　赢得信任

　　要想找到证据证明信任在实现远大目标中的重要作用，我们可以看看历史上最富有的人——约翰·D. 洛克菲勒传奇的一生。年轻的洛克菲勒在刚刚开始创业的时候就发现"自己很容易获得长者的信任"[1]，而这就是他通往未来成功之路的关键。在他非凡的商业生涯中，洛克菲勒说他遇到的最大问题总是"如何获得足够的资金去做自己想做并且能做的生意，因为这是一笔必需的钱"[2]。赢得银行和其他投资者信任的能力是他最宝贵的财富之一。洛克菲勒承认："我将成功归功于自己对他人的信任，以及激起他人对我的信任的能力。"[3]

　　洛克菲勒的传记作家强调："在他的商业生涯中，约翰·D. 洛克菲勒被指控过多项控罪，但是他一直以自己能及时清偿债务并严格遵守合同而自豪。"[4] 如果把每一个合同，不管是口头的君子协议，还是正式签署的文书，都视为神圣的约

---

① Chernow, p. 67.

② Chernow, p. 68.

③ Chernow, p. 2231.

④ Chernow, p. 26.

定，你就能赢得他人的信任。但如果你喜欢重新解读合同的精神和文字，人们会认为你是个不可信任的商业伙伴，那么你就失去了最重要的资本——他人的信赖。

怎样赢得别人的信任呢？用行动，更重要的是，以激发信任的方式行动和思考。永远不要低估自己的思考及其背后价值体系的重要性，别人通常能够感知你是否坦率与真诚。

当然，商业发展史中也不乏机关算尽的撒谎者和骗子，尽管他们不配被信任，但他们善于隐藏自己的真实意图，总能赢得别人的信任。伯纳德·麦道夫就是一个通过谎言和欺骗获利的最好例子，多年来，他从富有的投资者、企业和基金那里盗取了650亿美元。幸运的是，麦道夫善于伪装的天赋只是个例，而不是惯例。世上总有一些人能成功地赢得他人的信任，至少是短期的信任，即使他们并不值得被信赖。但是，这些人毕竟是少数。对于绝大多数人而言，朴素的真理是：你越值得信任，越拥有发自内心的真诚，别人就越信任你。绝大多数人拥有良好的"接收系统"，可以感知某人是否诚恳。我们每个人都释放不同的信号给他人解读，其中大多数信号是非语言的。无论在商界还是在个人生活当中，我们经常潜意识地评估他人或扪心自问：我能在多大程度上信任这个人？

在敲定重要交易之前，商人们经常花好几个小时的时间谈论一些与主题无关的事情，甚至包括一些他们私生活的细节。这些对话就是探查，看看彼此可以信任到何种程度。

没有诚实就没有信任，而一个人的诚实通常不是显性的，需要通过试探才能看得出。你可以通过讲真话证明你的诚实，赢得他人的信任，尽管这样做很艰难或者说会造成不便，比如，一开始就主动提供有损自己或者公司形象的真实信息。史蒂芬·M.R.柯维讲述了一个完美阐释这一做法的例子：2005

年，在罗马举办的网球大师赛中，费尔南多·沃达斯科对阵安迪·罗迪克，在费尔南多的一个二发后，边裁喊"出界"。此时观众已经开始为罗迪克的胜利鼓掌了，他却指向沙土上的压痕，这证明费尔南多发的球压线，而不是出界。很多观众觉得很惊讶，因为罗迪克主动告诉大家的信息会导致他自己输掉这一局。① 然而，通过这件事，他证明自己是能够赢得他人信赖的人，因为他的思考和行动方式赢得了他人的信任。

迈克尔·舒马赫则是反面教材。1997 年，在赫雷斯举办的一级方程式赛车的决赛中，他本该非凡迷人的职业生涯出现了污点。他故意撞击加拿大的雅克·维伦纽夫，这个战术不仅使他失去了一级方程式冠军的头衔，还让他失去了很多支持者。直到几天之后，迫于来自法拉利的压力，舒马赫承认自己做了错事。"在此之前，他还在严厉地谴责对手，认为那是雅克造成的事故，这使得很多业内人士想起在 1994 年的一级方程式赛事中，舒马赫在撞击了戴蒙·希尔后取得了胜利，人们开始怀疑，那也是一次有意的不当进攻。"②

舒马赫失去了粉丝的信任，甚至最忠实的德国粉丝也不再信任和支持他了，这并不全是因为他在赛道上的不公行为，更多是因为他试图掩盖真相，而不是承认过失。1997 年冬天，舒马赫系列产品摆在货架上无人问津，还不能撤换。他还遭到了国际汽车联合会（FIA）取消全年积分和剥夺年度第二名名次的严厉处罚，这无疑是雪上加霜。③

比较一下这两个人的做法：罗迪克主动公开信息，令自己输掉比赛；舒马赫否认自己的过失，极力指责对手。公众的反

---

① Covey, p. 59.
② Sturm, S. 119.
③ Sturm, S. 119.

应表明：诚实赢得信任，欺诈失去信任。我再重复一次：越早主动提供可能有损自己或公司形象的信息越好。

作为一名成功的广告经纪人，大卫·奥格威证实了一个朴素的真理："我经常告诉潜在客户我们产品上的瑕疵。当一个古董商把我的注意力引到一件家具的裂痕上时，他赢得了我的信任。"①

弗兰克·贝特格曾经是美国最成功的保险推销大师，他讲了一个同事的故事，这个同事教给了他很多行业知识，这个人叫卡尔·柯林斯，在赢得他人信任方面具有极高天赋。贝特格说："只要他一张口，你就有一种感觉——他熟悉业务，并且非常可靠，是一个我能信赖的人。"②

接下来发生的事情使贝特格发现了柯林斯值得信任的原因。贝特格和柯林斯一起去见一个客户，这个客户想签一份人寿保单。面对即将到手的可观佣金，贝特格兴奋不已。然而几天后，保险公司告诉他，一份医疗检查报告显示，这个客户只能保受限条款的人寿保险。

"我们一定要告诉他这份保单不合规吗？"贝特格问柯林斯，"除非你告诉他，否则他不会知道的，是吧？"柯林斯简单地回答道："是的。但是我知道，你也知道。"

柯林斯诚恳地告诉客户："我可以告诉你这份保单合规，你可能永远都不会知道其中的差异。可是，它并不合规。我相信这份合同可以给予您所需的保障，同时，我希望您再认真地考虑一下。"③ 客户立刻签了这份保单，没有片刻的迟疑。贝特格倍感羞愧，他竟然曾经考虑向客户隐瞒重要的信息。他永

① Ogilvy, *Confessions of an Advertising Man*, p. 82.
② Bettger, p. 103.
③ Bettger, p. 104.

远也不会忘记柯林斯那句朴素的话语："是的，但是，我知道，你也知道。"柯林斯通过言传身教告诉贝特格，要赢得他人的信任，就必须诚实地、毫无隐瞒地介绍自己的产品，不管真相是否对自己有利。

这些准则难以坚持吗？如果你缺乏基本的价值观和原则，那的确很难，比如，面临是讲出全部真相还是部分真相的时候，肯定会犹豫不决。但是，如果你有一套清晰明确的人生准则的话，这就不难做到，而且还能快速赢得别人的信任。本书中最聪明的成功秘诀就是诚实。

一家外国公司的总经理给我留下了深刻的印象，我促成了该公司跟德国大银行和代销机构的会晤。这些银行不了解他的公司，商谈的目的是建立信任关系。尽管这家公司经营良好，效益可观，可依然存在一些令人担忧的情况。这位总经理的做法是：在第一次谈判时，没等对方提醒就把这些问题摆到了桌面上。他的做法打动了我，也打动了对方代表，我能感受到，他的诚实快速赢得了对方的信任。显然，这个人并没有像很多人那样竭尽全力地夸夸其谈来迷惑对方。

我曾经营一家咨询公司十五年，还给其他企业提供咨询意见，帮助他们传播企业文化，改善与媒体的关系。当一些事实让人觉得不安时，很多公司倾向于大事化小，或者借助委婉语句掩饰真相。记得有一次，我和一位总经理就一篇通讯稿激烈地争论起来。为了避免对公司产生负面的影响，他想采取轻描淡写的态度，或者隐藏某些事实。我劝他："如果记者发现你没有告诉他们真相，他们不会欣然接受这个稿件，也会对你失去信任。"他的回答是："我们并没有说谎，只是略去了一个无足轻重的问题而已。"我马上反驳："这个问题是否重要应该由记者决定。你很清楚，如果记者可以获得这个附加信息，他很有可能得出不同的结论。如果他事后发现被隐瞒的信息，你想他会说什么？当问你为什么向他隐瞒的时候，你打算怎么回答？"

我曾见证过一家公司是如何让媒体彻底失去对它的信任。事情始于一位老板对一位记者撒的几个小谎，这令记者非常生气，于是开始深入挖掘，发现了很多不合情理的细节。如同狗叼到了骨头绝不松口一样，那位记者写了一系列的负面文章。不仅如此，他还告诉其他媒体的同行，这个老板对他不讲真话。消息迅速传开，不久，其他媒体开始对该公司狂轰滥炸。最终，负面报道摧毁了公司的形象和运营基础。显然，这位记者遵守了阿尔伯特·爱因斯坦的名言："凡在小事上不顾事实的人，在大事上也难得信赖。"[1]

那些喋喋不休地谈论积极方面（不管多么微不足道），试图掩饰负面信息的人，总是心存幻想，认为真相永远不会被别人发现。那么，他们蒙骗的就不仅仅是记者这个群体。当然，你可能很幸运，就像蒙着眼睛也能侥幸穿过马路一样。但是，你最好有这样明智的预判：如果撒谎，迟早会被人发现的。你最好再问问自己，这会对你的形象造成什么影响。

与信任紧密相连的概念有诚实、正直、坦率和真诚。在《信任的速度》（*The Speed of Trust*）一书中，史蒂芬·M. R. 柯维指出，信任不仅关乎品德，而且是两个要素——品德和能力共同作用的产物。即使你相信某个人既诚实又诚恳，就是没有能力，那么，你也不可能信任他（她）。柯维用一个很好的例子说明了这个道理："我妻子杰丽最近要做一个外科手术。我们之间的关系特别好，她信赖我，我也信赖她。但是手术的

---

[1]　Covey, p. 62.

时候，她不会让我主刀。"① 他的妻子的确信赖他，但是也清楚地知道不能把健康托付给他。

为了赢得他人的信任，仅让他们感受到你的诚实和真诚是不够的。那是数学家们所说的必要条件，但不是充分条件。此外，你还必须激发他人相信你的能力，确信你有能力满足别人对你的期望。

怎样赢得这种信任呢？要实现这个目标，你需要事实和证明文件。这听起来像是陈词滥调，却是一个朴素的真理，很多公司经常忽视这个真理，为此经常身处险境。它们不是引用事实和文件作为过去成绩和未来表现的证明，而是让市场部发布一些毫无价值的消息和虚言。这些公司利用广告宣传册和网站对自己大唱赞歌，扬言产品质量优、服务水平高、售后佳、业务强……而他们却拿不出证据来。

如果公司内部有一个空缺职位，这时，一个准候选人对自己的业绩和表现赞不绝口，可拿不出任何证据或事实支持自己的申请，你会怎么想？如果一个人夸下海口，承诺"最高标准""最优结果""最佳售后"，你相信他吗？从个人角度，我不会聘用这样的人。我依靠本能和直觉判断一个人是否正直和诚实。但是，当判断一个人的能力时，我依赖事实和证据。其他绝大多数人也是如此。

柯维认为，诚信远不止是"软"实力，在商业生涯中，它无疑是"硬"要素。如果客户或商业伙伴对你缺乏信任，你将为此付出"信任税"。如果他们信赖你，你将获得"信任红利"。当我经营一家公关公司时，我经常看到这个原则在实践中的应用。有的公司一开始就愿意主动公开可能有损形象的

---

① Covey, p. 31.

信息，这反倒帮助它们建立了一个"信用账户"。我的一位记者朋友简明扼要地指出："每次，当一家公司主动公布一些负面消息时，它同时是往自己的信用账户里存入'信任红利'。"你应该记住这一点，定期往自己的信用账户里存入可观的"信任红利"。

要想建立起别人对你的信任，还有一件事情很重要，就是积极建立关系网。我们的天性是信赖共同熟人引荐的人，这种信赖远远超过对陌生人的信任。仔细想一想：一个陌生人想见你，还有一个朋友引荐的人想见你，你选择见谁？你对朋友的信赖让你更愿意把一定的信任给予他的朋友或熟人。

当然，也不必害怕与陌生人或者没有共同熟人的人打交道。如果有共同的朋友或熟人引荐，你和对方就能很快、很轻松地建立联系。这样的话，你的朋友和他（她）的朋友之间的信任就转移到了你和那个从未交谈过的人之间。这就是为什么在商界建立关系网如此重要。关系网可以使信任倍增。

绝大多数人知道关系在成功道路上的重要性。当询问5000个受访者什么是成就财富中最重要的因素，绝大多数人（高达82%的人）说："认识对的人，与他们建立关系。"[1] 但大多数人没有认识到的是，"认识对的人"不是我们生来就拥有的机会。你可以而且必须努力与他人建立关系。

为了实现远大的目标，你必须建立并维护关系网。行动和思考的时候，首先要考虑如何激发别人对你的信任。每个星期、每个月挤出一些时间审视自己的人生，并问自己：我的所作所为能帮助自己建立新的联系，并扩大现有的关系网吗？还要问：我的所作所为能赢得他人的信赖吗？如果两个问题的答

---

① Glatzer et al., S. 65.

案都是肯定的，那么你已经开了一个好头，并大步向目标前进了。

通往成功的道路不总是平坦的，你要克服巨大的困难，跨越巨大的障碍。你越成功，面对的问题就越大。但这是好事，实践造就完美，只有不断在实践中解决问题，你才能变得强大，才能拥有实现目标的伟大力量。

第三章 拥抱问题

在肤浅的观察者看来，成功者的人生一个胜利接着一个胜利，似乎是一帆风顺的。这个观点通常忽视了成功者们不得不克服的巨大问题。乍一看，这些问题似乎难以逾越，很容易令意志薄弱的人跌倒，从此一蹶不振。

实际上，很多有所成就的人将成功归于他们一路经历的困难与挫折。以石油大亨约翰·D. 洛克菲勒为例，他在各个领域的成功企业使其成为有史以来最富有的人。按今天的货币换算，他的财富应该在 2000 亿 ~ 3000 亿美元，远远超过当代的亿万富翁，比如杰夫·贝佐斯或者比尔·盖茨。洛克菲勒财富的增长靠的是巧妙地利用石油工业早期所面临的困难。

洛克菲勒当时从事的是食品业，兼职进入能源领域。24 岁时，他成立了一家石油公司，想多赚些钱。那时，没人能猜到有一天石油会变得那么重要。没人知道经济繁荣能持续多久，是否会像淘金热一样昙花一现？石油产业能够发展成赚钱的买卖吗？石油的价格波动大，1861 年，一桶原油的价格在 10 美分和 10 美元之间波动，1864 年，原油的价格在 4 美元和 12 美元之间波动。每发现一口新油井，石油价格就会触底。当人们担心石油可能稀缺的时候，石油价格又会升至天价。

　　投机者把新产业视为轻松暴富的良机。炼油厂如雨后春笋般拔地而起，到了1870年，它们的加工能力是可开采原油的三倍。3/4的炼油厂亏损运行，洛克菲勒的一个主要竞争者把所持的公司股票转让给了他，价格仅是账面价值的1/10。

　　在此次危机中，洛克菲勒自己也可能失去全部财富。洛克菲勒的传记作家写道："作为有乐观主义倾向的人，他能在每场灾难中看到机会。他认真研究形势，无暇叹息自己的霉运。他看到，自己在炼油产业中取得的成功正受到整个行业衰败的威胁，他需要一个系统的解决办法。"①

　　洛克菲勒组建了股份制的标准石油公司（后改名为美孚石油公司。——译者注），并给自己设定了一个宏伟的目标："标准石油公司将提炼所有的原油，霸占成品油市场。"② 他的目标是控制整个石油产业。他把100万美元的原始资本注入新公司，这在当时是一笔前所未有的巨额资金，很快，他又筹措到350万美元。他聘请的各部门经理来才华出众，然后开始大举扩张。别忘了，那可是在严峻的经济危机背景下啊。"这体现了洛克菲勒超凡的自信，在糟透了的时局下，他聚拢了优秀的经理和投资人，仿佛萧条的经济环境却能坚定他的决心似的。"③

　　这是成功者与失败者之间最大的差异：失败者常受整体氛围的影响。当周围的人情绪沮丧时，他们也变得沮丧。成功者对现实有着不同的看法，别人眼里的困难，他们却从中看到商机。他们知道，不稳定的经济形势正是购买的最佳时机：可以将其他公司、股票甚至人才一并买入。

---

① Chernow, p. 130.
② Chernow, p. 132.
③ Chernow, p. 134.

在经济危机期间，洛克菲勒跟铁路公司协议签下非常优惠的合约，在石油运输费用上，他的公司享受折扣价格，与其他行业竞争者相比，拥有了巨大的优势。然而，这些合约令谣言四起，使公司面临大规模的抗议和联合抵制，使他不得不暂时解雇 90% 的工人。对洛克菲勒与铁路公司之间秘密协定的揣测引起了人们普遍的恐慌和不安，这反倒给了洛克菲勒机会，他在几周之内就接管了克利夫兰 26 家竞争者中的 22 家。1872 年 3 月初，他在两天内接管了 6 家竞争公司。由于其他大多数炼油厂亏损经营，他以非常低廉，通常不高于这些公司资产残值的价格收购了它们。

1873 年，美国经济陷入严重的危机。几家银行和铁路公司相继倒闭，股市不得不暂时关闭。这仅仅是个开始，经济衰退持续了六年。在这样的情况下，谁还需要石油呢？石油价格跌至每桶 48 美分，甚至低于有些地方的水价。洛克菲勒再一次将危机看成商机，他甚至以更低的价格收购对手公司，为了今后接管更多的公司，他通过降低股息筹措所需资金。在不到 40 岁的时候，他已经控制了整个炼油业。铁路公司也非常依赖他，因为那时他已经开始投资建造油罐车，并将很快拥有整个运输车队。

但是，他面临的困难也很多。宾夕法尼亚的油田几乎枯竭，没人知道还能不能发现新油田。同时，在里海的巴库附近发现了当时储量最大的油田，每天可产 280 桶原油。巴库油井的生产力是美国油井的数倍，美国的油井每天只能生产 4 ~ 5 桶原油。美国在全球炼油市场中所占的份额暴跌，实际上就是标准石油公司所占的份额，毕竟它占有了美国 90% 的石油市场。

洛克菲勒的应对方案是大幅削减开支，把更多的钱投入研发当中。当人们在俄亥俄州的利马探测到新油井时，发现原油中硫黄的含量特别高。标准石油公司开发出可以提取硫黄的加工方法，这样，利马的油井就可以被开发利用了。到19世纪90年代初，洛克菲勒的公司控制了全球2/3的石油市场。

　　但是，前路漫漫，洛克菲勒开始遇到各种各样的麻烦。很快，他遭到指控和诉讼，被指控违反反垄断条约，试图建立垄断帝国。一百年后，微软也遇到了同样的指控。1911年5月5日，在产生法律争端20年后，美国最高法院命令拆分洛克菲勒的标准石油公司，并要求洛克菲勒在6个月内出售子公司。即便在这场摧毁洛克菲勒41年心血缔造的公司的危机当中，他也没有恐慌。联邦最高法院判决传来的时候，他正跟一位天主教神父打高尔夫球。"列侬神父，你有钱吗？"洛克菲勒问他。神父摇摇头，问洛克菲勒为什么问这个问题。这位72岁的企业家建议他："买标准石油的股票。"①

　　"标准石油公司输掉了反垄断诉讼的官司。1911年洛克菲勒的资产净值为3亿美元，他从一个百万富翁变为历史第一位亿万富翁。1911年12月，他从标准石油公司董事长的职位上卸任，但仍是最大股东。他原先拥有原来信托的1/4股份，因此现在获得了新泽西标准石油公司的1/4股份，还要加上此次判决产生的33家独立子公司的1/4股份。"②

　　洛克菲勒的人生是可效仿的典范，展示了成功人士如何在困境中异军突起，出奇制胜。每个问题都是挑战，通过解决问题，他们越来越强大。问题与困难是你必须通过的测试，以便

---

① Chernow, p. 554.

② Chernow, p. 556.

更好地进入下一个更高的发展阶段。如果遇到了真正的困难，像洛克菲勒那样拥抱它吧，并寻找随之而来的机遇。

瑞典人英格瓦·坎普拉德也早早地掌握了这门艺术。作为一位有着德意志血统的农夫的儿子，他在 1943 年，自己刚刚 17 岁的时候成立了宜家家居。2018 年他以 91 岁的高龄辞世时，个人资产（包括一个慈善基金）据估高达 450 亿欧元，使他成为世界上最富有的人之一。

坎普拉德执着于赚钱，即使还是一个孩子时，他去钓鱼也不是为了玩乐，而是希望钓到可以卖钱的东西。他后来这样说："推销变成了一种瘾。"还是 11 岁的孩子时，他通过邮购的方式购买种子，然后再卖给附近的农户。"那是我第一笔真正挣钱的生意。"小英格瓦用赚来的钱买了一辆自行车和一台打字机。吕迪葛·荣布卢特在他的《IKEA 赚钱的 11 个秘诀》（*The 11 Secrets of IKEA'S Success*）中写道："这两件东西，实际上是投资，它们可以帮助这个小家伙拓展自己的商业活动。"[1]

坎普拉德有严重的阅读障碍，也许其他人会把它作为自己无法成功的借口。可坎普拉德没有自暴自弃，而是专注于自己的强项：商业和贸易。在寄宿学校，他什么都卖，床下的一个大箱子里装满了皮带、钱包、手表、钢笔。在校期间，他的生意做得太好了，一毕业，就决定开一家自己的公司。他把公司起名 IKEA，这四个字母分别代表了他名字中的首字母 I 和 K、他父母的农场艾尔姆塔里德（Elmtaryd）的首字母，还有位于永比市的小村庄阿根纳瑞德（Agunnaryd）的首字母，他在这个小村里长大。

---

[1] Jungbluth, Rüdiger, *Die 11 Geheimnisse des Ikea-Erfolgs*, S. 26.

与他之前与之后的成功者相似，比如企业家理查德·布兰森、迈克尔·戴尔和坎普拉德的经营原则是推出质高价低的产品。很快他就发现，高质量家具的生产成本和销售价格完全可以大大低于其他公司。他的竞争对手们对这个自命不凡的年轻新贵并不友好，竞争对手中的达克斯公司好几次把他告上法庭，指控他剽窃。然而，这个指控并没有站住脚。全国家具制造商协会给宜家家居的供应商写信，威胁说，如果继续给宜家家居供货，老字号知名家具公司将联名抵制它们。坎普拉德本可以以不同的名字成立更多的子公司，这样就能避开抵制。但是，他在商品展销会上把家具直销给终端客户，这反倒给自己带来了更多的麻烦。有时候，展销会组织者甚至禁止他的公司参加展会。

宜家家居的产品太受欢迎，很快，公司就难以满足顾客的需求了。因为很多家具制造商害怕得罪那些老牌的家具经销商，所以拒绝为宜家家居生产家具，这使宜家家居的供需矛盾更加突出了。坎普拉德的反应出人意料：他致信波兰政府的一位部长，向其介绍自己的公司，表明他想跟波兰家具经销商合作。他收到邀请去了波兰，不过谈判一开始就陷入僵局，他只被允许待在华沙，不允许到华沙之外的其他地方视察工厂。就在坎普拉德离境之前，波兰人让步了。

从长远看，瑞典家具业对坎普拉德的抵制反倒成就了他后来的辉煌。它教给他一个道理，每个问题都是一个可以被充分利用的机会。在克服了最初的一些小摩擦后，坎普拉德跟波兰家具制造商之间的合作取得了巨大的成功。有一段时期，宜家家居销售目录上的产品，有一半是波兰社会主义共和国制造的。坎普拉德说："危机能变成发展动力，因为在危机面前，我们不得不寻找新的解决办法。当初，如果他们能公平地、光明正大地竞争，谁知道我们能不能像今天这样强大呢?"① 这句话见证了他面对困难和问题的态度，这个态度是所有成功人士所共有的。坎普拉德的第一个结论是：每个问题都是一个机会。关于第二个结论，他总结道："消极被动没有任何意义。""在商界，与其浪费精力为你的竞争者设置障碍，不如通过提供建设性和令人信服的选择来对抗。否则，你将一事无成。"②

他的竞争者们没有他这样的眼界，他们不择手段地给坎普拉德制造困难。当一家知名杂志社刊登一份检测报告证明宜家家居的产品成本更低，但质量上跟其竞品一样时，这家杂志社居然遭到了家具业不再在其杂志上刊登广告的抵制。然而，杂志的编辑拒绝妥协。作为反击，他公开了一份家具协会的内部通讯，上面居然号召在公共电视台发布抵制宜家家居的消息。从长远看，这个插曲对宜家非常有利，它唤起了大众对坎普拉德的支持，人们把他视为大卫，正与家具业的歌利亚之间进行着较量。

瑞典家具制造商并不是坎普拉德唯一的对手。当时，瑞典的当权派是特殊的社会主义政党，它极力压制市场力量，几乎击垮了像坎普拉德这样的企业家们。那些身处最高税率征收范围内的人，不得不将收入的85%交给国家，这是多么高的比率。除此之外，政府还要对企业家个人财富征收资本收益税。政府贪得无厌的要求使坎普拉德难以为继。作为个体公民，为了还清欠宜家家居的债，他想卖掉自己拥有的宜家家居旗下的一些小公司。这在当时是很多企业家的普遍做法，这样就可以降低资本收益税负担。可是，就在坎普拉德要交易的时候，瑞

---

① Jungbluth, Rüdiger, *Die 11 Geheimnisse des Ikea-Erfolgs*, S. 75.

② Jungbluth, Rüdiger, *Die 11 Geheimnisse des Ikea-Erfolgs*, S. 75.

典政府回过头来修改了税法，阻止他这样做。他别无选择，只好纳税。不过，他对这样刁难企业家的政府的怨恨越积越深。

政府短视的经济政策最终将其赶出了国门。1974 年，坎普拉德搬到了丹麦，又从丹麦前往瑞士。直到 2013 年，他才最终回到瑞典，回到他的出生地埃尔姆哈尔特，在那里生活到 2018 年去世。

从表面看，宜家家居取得了巨大的成功，可人们往往忘记了坎普拉德克服了多少困难与挫折。他曾经决定将部分利润投入另一个领域，并且买入了一家生产电视的公司。但是，在这个行业，他没能取得突破，最终不得不放弃，以免遭受更大的损失。在其他领域的投资使他损失惨重，他投入了 1/4 的宜家家居资本，最后颗粒无收。

根据坎普拉德的人生哲学，犯错误没有什么不对的。他对员工们讲："犯错是行动派的特权。害怕出错是官僚主义的温床，是发展的敌人。没有人能永远做出正确决定，敢于行动的意愿就是正确的决定。"① 这就是为什么坎普拉德一直允许员工犯错。

最初看起来似乎严重的挫折，通常被证明是日后取得巨大成功的种子。以迈克尔·布隆伯格的职业生涯为例，他是彭博有限合伙公司和彭博电视台的缔造者，业务领域是金融软件、媒体和数据。2018 年，其个人财富据估有 520 亿美元，是世界上最富有的人之一。2001~2013 年，他还担任纽约市市长。

这一切皆起步于霉运——他被公司解雇了。1981 年，大宗商品交易公司菲利普兄弟公司收购了华尔街投资银行所罗门兄弟公司所有合伙人的股份。布隆伯格得到通知，公司不再需

① Jungbluth, Rüdiger, *Die 11 Geheimnisse des Ikea-Erfolgs*, S. 92.

要他的服务了。他在自传中这样回忆："一个夏天的上午，约翰·古弗兰（华尔街最热门公司的总执行人）和亨利·考夫曼（世界上最有影响力的经济学家之一）告诉我，我在所罗门兄弟公司的职业生涯结束了。"古弗兰对布隆伯格说："你该走了。"对布隆伯格而言，这像晴天霹雳。他回忆说："1981 年 8 月 1 日，星期六，我被自己所了解与擅长的唯一一份工作的雇主解雇了。我热爱这样高强度的工作，可现在一切都结束了。就这样，15 年，每天工作 12 个小时，每周 6 天，换来了一句'滚'！"① 但是，如果那天他没有被解雇，谁知道布隆伯格最终会变成什么样子。

十年后，公司处于深渊的边缘，卷入其中的还有金融史上最成功的投资者沃伦·巴菲特，他是所罗门兄弟公司的大股东。1986 年末，当公司面临被可怕的罗恩·佩尔曼接管的威胁时，巴菲特出现了，他来拯救自己的朋友约翰·古弗兰。走投无路之下，古弗兰叫来巴菲特，祈求他注资所罗门兄弟公司，拯救他们于水火之中。

巴菲特从不会错过每一次危机中的商机，他有条件地同意了，他的伯克希尔·哈撒韦公司将投资 7 亿美元，前提是拥有 15% 的保证利润。作为交易的一部分，巴菲特和他的伙伴查理·芒格加入了董事会。这笔交易几乎断送了巴菲特，使他深陷一生中最可怕的危机当中。

与大多数戏剧性的事件相似，最初，这起严重危机看起来似乎没什么危害。1991 年 8 月 8 日下午，巴菲特和他的女朋友驱车前往内华达州度周末。那天上午，他接到了来自约翰·古弗兰办公室的电话，告诉他古弗兰本人将在晚上亲自与他联

---

① Bloomberg, p. 1.

系。当巴菲特正在牛排馆享用晚餐的时候，所罗门兄弟公司法律事务部主任唐·福伊尔施泰因打来电话，古弗兰本人由于还在飞机上，无法使用电话与外界联系。

福伊尔施泰因告诉巴菲特，公司遇到麻烦了。保罗·莫泽尔，巴菲特从来没听说过的所罗门的一名证券交易员，采取各种手段欺骗强大的美联储。所罗门兄弟公司是少数几个一级交易商之一，被授权可以直接从政府购买债券，政府给予了他们极大的权利。因为所罗门兄弟公司总想垄断这个市场，所以个人公司买入的长期国债被严格限制在发行量的35%之内。

可是现在福伊尔施泰因告诉布隆伯格，莫泽尔使用两个客户的名字提交了两份违法标书，分别购入35%的国债，然后将债券转入了所罗门兄弟公司的账户。

这个消息听起来不妙，一点儿都没有戏剧性。后来，情况越来越糟糕。莫泽尔多次使用过同样的伎俩，他的上司们早就知道了他的非法收购行为，但一直努力掩盖真相。与很多危机发生时一样，真相一点一点地大白于天下。由于一直试图掩盖真相，所罗门兄弟公司的经理们使事态进一步恶化了。

在巴菲特听说这件事情几天后，联邦储备银行威胁要暂停与所罗门兄弟公司的一切交易，这将彻底摧毁这家公司。这完全可以理解，联邦储备银行很气愤，竟然被一个小小的证券交易员给欺骗了，而且他的上司在发现问题后，不是纠正错误，而是替他隐瞒。所罗门兄弟公司没有展现出智慧、责任，或者从错误中汲取教训的诚意。

如果所罗门兄弟公司破产，结果可能是毁灭性的，跟17年后雷曼兄弟公司破产一样。所罗门兄弟公司股权价值仅40亿美元，负债1460亿美元，衍生产品价值几亿美元，它还与华尔街其他投资银行有错综复杂的关系。所罗门兄弟公司的资产负债规模在当时整个美国市场位列第二。

美国证券交易委员会（SEC）展开调查。越来越多的细节公之于众，媒体每天都更新对这一丑闻的报道，推测所罗门兄弟公司即将倒闭。投资者开始撤资，公司股票价格急剧跳水。

古弗兰和考夫曼知道只有一个人能够拯救他们，一个在过去那么多年因其诚实与直率而拥有良好声望的聪明投资者，这个人就是沃伦·巴菲特。所罗门兄弟公司想让巴菲特担任公司的临时主席，这是公司的第二次机会。

对巴菲特而言，是否遵从这个主意是他做出的最艰难的决定。巴菲特的传记作家爱丽丝·施罗德这样描述了 8 月 16 日的形势，那一天是星期五："此时，巴菲特已经是美国第二富有的人，是世界上最受人尊敬的企业家。在星期五这漫长、难熬的一天中，巴菲特一想到自己对所罗门兄弟公司的投资就心生厌恶。对这家企业目前面对的问题，他无法在根本上具有控制力，而且这些问题在一开始就为日后埋下了隐患。"[1]

在当时，拯救这家千疮百孔的企业，看起来几乎没有可能性。巴菲特有两个选择："他要么成为英雄，要么彻底失败。但是，他没有躲藏，也不能躲藏。"[2]

巴菲特决定接受挑战。但是，就在媒体打算公布这个消息的几个小时之前，有信息传来，美国财政部计划发表一份声明，禁止所罗门兄弟公司购买长期国库券。不管有没有巴菲特掌舵，公司的前景看起来已经暗淡无光，毫无希望了。

巴菲特迫切地想要找到那些对这一决定负责的人，想让他们知道，他们不仅仅签署了对所罗门兄弟公司的死刑判决，也

---

[1]　Schroeder, p. 582.

[2]　Schroeder, p. 583.

将引发毁灭性的全球金融危机。他愿意在完全无望的形势下，冒着失去声望的风险，担起重负。多年积累下来的声望是他最宝贵的财富。

巴菲特把所有的赌注都压在唯一的机会上，他赢了。财政部重新考虑了公司的处境，同意做出一些让步。不允许所罗门兄弟公司以客户的名义购买国库券，但是可以以自己的名义购买。对巴菲特而言，那是至关重要的一个让步。

巴菲特殚精竭虑地整顿公司的混乱局面，履行法律程序，改变企业文化。"我被拉下水，无处可逃，不知道路在何方。"[①]

巴菲特最艰难的任务是创建一种全新的企业文化，在这一文化中，诚信和透明度非常重要。在对员工发表的一次讲话中，他说："我想让每一名员工问问自己，他们是否愿意让自己预想中的行为出现在第二天当地报纸的头版上，他们的配偶、子女、朋友都能读到，而报道该新闻的是一名消息灵通、刁钻挑剔的记者。"[②]

他的员工们非常愿意接受新的企业文化。不过，当巴菲特认为员工得到奖励而股民遭受惩罚是不对的，进而大幅削减员工奖金的时候，很多职员决定离开公司，另寻高就。所罗门兄弟公司再次面临困境。

此次事件使公司付出了总共约8亿美元罚金、违约金、诉讼费用以及收益损失。所幸，所罗门兄弟公司最终渡过难关，不仅让巴菲特变得更加富有，还提高了他作为史上最伟大金融天才的声望。

对于肤浅的观察者而言，巴菲特的成功仿佛一切注定、命

---

① Schroeder, p. 808.

② Schroeder, p. 604.

运使然。当巴菲特接管某个基金时，与他一起投资 1000 美元的某人，到 2018 年只能赚到 1700 万美元。巴菲特本人多年位列福布斯世界富豪排行榜前三名。这些傲人成绩中没有展现的是，巴菲特是危机管理大师，他大部分的成功取决于在极端困难的情况下，他总能化险为夷。以他收购《布法罗晚报》（*Buffalo Evening News*）为例。他相信报纸是很好的投资对象，一直都在寻找适合的投资机会，1977 年，机会终于来了。他以 3550 万美元收购了《布法罗晚报》，这是那时他最贵的一笔收购。他没有想到的是，这笔交易在后来给他带来了无数的麻烦。

在布法罗，两家报纸之间爆发了激烈的竞争。《快报》（*The Courier Express*）逢周日出版，几乎垄断了周日的报纸发行。《快报》经营者指控巴菲特发行《布法罗晚报》周日版的计划。巴菲特被描绘成一个外人，意图通过不正当手段毁掉一家颇具传统的当地报纸。

在法庭上，《快报》的律师们引用了一段巴菲特的陈述，他把当地报业市场的垄断比作毫无管制的收费桥，两者都是让人垂涎的垄断。法庭给《布法罗晚报》周日版的发行强加了完全难以接受的条件，巴菲特对此无力争辩。

广告客户依然忠于《快报》，原本盈利的《布法罗晚报》蒙受了高达 140 万美元的损失。巴菲特的传记作家爱丽丝·施罗德写道："这一消息让巴菲特不寒而栗。他的企业还没有在这么短的时间里损失这么多钱的先例。"[①] 巴菲特陷入了糟糕的状态，雪上加霜的是，他深爱的妻子苏西做出了一个让他吃惊的决定，打算搬离两人共同的家，去实现自己的潜在价值。

---

① Schroeder, p. 467.

当时，《布法罗晚报》是巴菲特最大的投资项目。鉴于这起诉讼案的结果，仿佛一切都预示着一场彻底的灾难。

巴菲特准备放弃了，但是他的伙伴查理·芒格劝他坚持下去。18 个月后，也就是 1979 年 4 月，上诉法庭最终推翻了对他的裁决。对巴菲特而言，这是一场迟到的胜利，实在太迟了。他不仅支付了巨额的诉讼费，而且报纸还失去了重要的广告客户，每年的损失达几百万美元。到 1980 年末，损失总额高达 1000 万美元。

最后一击来自驾驶员工会组织的一场罢工。之后，巴菲特暂停了《布法罗晚报》的出版，并且"告诉工会'报纸只有有限的血液，如果它失血过多，就无法存活……只有找到可行方案，看到合理前景之后，我们才能重新营业'"[1]。

工会领会了巴菲特的话，巴菲特得以重新印刷并发行报纸，而且周日版不再受到任何限制了。《布法罗晚报》的竞争对手《快报》开始失去市场份额，并于 1982 年 9 月被迫关闭。而《布法罗晚报》的广告收入不断增长，发行量不断提高。罢工发生后的一年，报纸赚了 1900 万美元的利润。

巴菲特的故事表明，即使是最成功的人也经常面对巨大的困难，这些困难甚至可能威胁到他们已经拥有的一切。沃尔特·迪士尼的故事也是如此。沃尔特·迪士尼公司有 20 万员工，年营业额达 550 亿美元，它是当今世界上最大的传媒帝国之一。它的成功始于 1919 年 11 月，两个 18 岁的年轻人，沃尔特·迪士尼和乌伯·伊沃克斯相识了，他们当时为同一家广告公司工作。不久，他们又同时被解雇。后来，两个年轻人决定成立自己的公司，他们称之为"伊沃克斯 - 迪士尼商业艺

---

[1] Schroeder, p. 472.

术公司"，公司的生意不太好，迪士尼不得不找一份动画师的工作，以保证他们新公司可以生存下去。

1922年5月，迪士尼成立了"小欢乐电影公司"。这是一家动画片制作公司，原始资本15000美元。由于缺乏商业经验，他同意签订延期付款合同。公司于1923年6月不得不申请破产。之后，他搬到了好莱坞。正如他的传记作家安德烈亚斯·普拉特豪斯所指出的："这个失败的企业家让自己与小欢乐电影公司的投资者之间相距万里，鲜有沟通。投资者成了他的债权人，要求迪士尼还款，于是他想在堪萨斯城再开一家公司的打算成了泡影。"①

1923年10月，迪士尼和哥哥罗伊成立了迪士尼兄弟动画工作室。他们的作品之一是《爱丽丝梦游仙境》（*Alice in Wonderland*），这是一部将动画和真人结合在一起制作完成的电影。不到三年的时间，他们制作了34部爱丽丝电影。后来，主角扮演者弗吉尼亚·戴维斯开出的片酬太高，超出了他们的预算，而且还没有其他女演员可以替代弗吉尼亚，于是，在1927年初，迪士尼放弃了这个系列，开始制作以动物为主角的电影。

迪士尼开创了一种新的电影制作方法。此前动画片中的动物一直没有被"人性化"，无法让观众认为它们等同于人类。迪士尼想让他电影中的动物能够开口说话，开怀大笑，可这个创意遭到了其他人的嘲笑和不解。

迪士尼电影中那只笑嘻嘻的兔子奥斯瓦尔德一经推出，立刻受到了广泛关注与喜爱，这无疑证明那些嘲讽他的人是错的。"多亏了奥斯瓦尔德，沃尔特·迪士尼第一次摆脱了经济

---

① Platthaus，S. 31.

困境，当然也不是最后一次，他第一次获得的经济安全感将化为泡影。"① 迪士尼没想到发行公司拥有电影的版权，他的工作室制作的电影可以被发行公司转给其他工作室。当沃尔特·迪士尼想把每部电影的发行费从可怜的 2250 美元提高到 2500 美元的时候，发行公司告诉他，"从现在起，我们只愿意支付 1800 美元"。他们还说，公司已经接触了他最亲密的、最有天赋的员工，这些员工愿意将奥斯瓦尔德动画带到另一家工作室。

在压力面前，沃尔特·迪士尼没有放弃，而是开始为他的电影寻找新的传播载体。最后，选定了乌伯·伊沃克斯的米老鼠，并以此成就了自己的辉煌。第一部由米老鼠主演的电影是《飞机狂》（*Plane Crazy*），随后迪士尼的工作室陆续推出一部又一部米老鼠主演的电影。1932 年，迪士尼凭借《米老鼠》系列电影获得了奥斯卡奖。

接下来，迪士尼在 1932 年增加了高飞这个角色，在 1934 年增加了唐老鸭。他还制作了动画长片《白雪公主和七个小矮人》（*Snow White and the Seven Dwarves*），这使他在 1937 年再次获得奥斯卡奖。战后，他制作了很多部故事片，比如《金银岛》（*Treasure Land*）、《海底两万里》（*20000 Leagues Under the Sea*）等。公司曾几次濒临破产，1950 年，《灰姑娘》（*Cinderella*）取得票房成功，又将公司拯救回来。

1948 年，迪士尼产生一个想法，打算在工作室对面的一块 45000 平方米的土地上建立米老鼠主题公园。不过他很快意识到，这块地不够大。他开始寻找下一块地皮。最终，他在拥有 2 万名居民的阿纳海姆市找到了一个合适的地段。为这个名

① Platthaus, S. 38.

叫"迪士尼乐园"的新项目找到投资者不是一件轻松的事情，他不得不投入自己的积蓄。他的哥哥罗伊认为，工作室赚的钱不足以支撑他实现这个想法，所以一直劝他放弃。

迪士尼并没有听从哥哥的建议，而是苦苦思索怎么才能为自己钟爱的项目找到资金支持。他与美国广播公司（ABC）的一个新电视频道达成协议：如果美国广播公司投资迪士尼乐园，他将给予它每周播放一档迪士尼影片资料的权利。

这是颇具独创性的方案。它不仅为难以在电影院放映的迪士尼短片开辟了一个新市场，还给他提供了完成迪士尼乐园项目的资金。美国广播公司同意以 50 万美元购买迪士尼有限公司 34.5% 的股份，同时担当 450 万美元贷款的担保人。迪士尼还说服福特公司和通用电气公司出资兴建他们自己在乐园里的景点，作为回报，他们可以免费利用这些景点发布广告。迪士尼不仅在动物形象设计、电影情节创作上具有天赋，在寻找项目支持资金方面也非常具有创造性。

主题公园开业当天盛况空前，吸引了 2.8 万名游客，超过预期的 1.7 万人。迪士尼乐园没有为这么多游客的到来做好充足的准备，服务设施跟不上，现场一片混乱。这片 17 万平方米的土地很快就被证明太小了。在主题公园的两侧，酒店和其他商业机构不断涌现，它们"抢夺迪士尼乐园的利润，使开创者建造一个一体化梦幻王国的梦想变得毫无意义"。①

迪士尼再一次拒绝屈服。20 世纪 60 年代，他把佛罗里达州奥兰多城外的一片地分批买下来，最后这块地的总面积是阿纳海姆迪士尼主题公园的 650 倍。沃尔特·迪士尼于 1966 年去世，没能亲眼看到这个庞大公园在 1971 年开业时的盛况。

---

① Platthaus, S. 193.

虽然他因自己独创的理念而备受嘲讽，但最终取得了巨大成功。现在，在三大洲四个国家，共有 13 个迪士尼主题公园。

迪士尼遇到过巨大的困难，但是后来这些困难被证明是其成功道路上的里程碑。作为成功的企业家，他并不是唯一经历过这些的人。2018 年，星巴克作为全球品牌，在全世界拥有超过 2.7 万家门店，2017 年的净利润为 29 亿美元。不过，跟迪士尼一样，这家成功的咖啡连锁企业是从一个不起眼的小店发展起来的。

霍华德·舒尔茨生长在布鲁克林的一个低收入社区，他的父亲是一名非技术工人。少年时，他就觉得生活在这样声名狼藉的社区是一种耻辱。他曾经约会过一个生活在纽约其他社区的女孩，并跟她父亲有过简短的交谈，这位父亲显然对舒尔茨就一些问题的回答非常不满。

> "你住在那里？"
>
> "我们住在布鲁克林。"
>
> "布鲁克林哪儿？"
>
> "卡纳西。"
>
> "哪儿？"
>
> "湾景低收入家庭住宅区。"
>
> "哦。"

这个父亲的反应中暗藏含蓄的判断，舒尔茨后来回忆："看到这一点，我的确很苦恼。"[①]

尽管出身卑微，可舒尔茨志向远大。作为家中第一个上大学的人，毕业后，他在施乐公司做品牌培训督导，后来又为汉

---

① Schultz/Yang, p. 15.

马普拉斯公司工作，这是瑞典佩斯托普公司在美国的分支机构，以厨房设备为主要产品。作为推销员，舒尔茨注意到西雅图的一家小零售商不断地大量订购一种滴漏咖啡壶，这种咖啡壶构造简单，"就是放在保温杯上面的一个塑料圆锥"。舒尔茨非常好奇，决定去探查一番。"我打算去看看这家公司，我想知道那里究竟是什么情况。"①

舒尔茨在自传中这样说，当他踏进这家最早的星巴克时，感到自己仿佛进入了"一个供奉咖啡的殿堂"②。店里有一个老旧的木制柜台，后面摆满了箱子，装着来自苏门答腊、肯尼亚、埃塞俄比亚、哥斯达黎加等地的咖啡豆。那时，大多数美国人还认为咖啡是由颗粒制成的，而不是由豆子磨成的。这家店里咖啡的味道与当时美国人喝的完全不一样。舒尔茨完全着迷了。

那时，一共只有 5 家星巴克咖啡店。不过舒尔茨看到了它的发展潜力，而它最初的主人却没有认识到这一点。舒尔茨打算辞去已有的工作，搬到西雅图为星巴克工作。"到星巴克工作意味着放弃 7.5 万美元年薪的工作、职业声望、汽车、合作团队，我究竟图什么？在我的朋友和家人看来，横跨 3000 英里（1 英里约合 1609 米），加入一个只有 5 家门店的小连锁店，完全不可理喻。我母亲表现得尤其担心。"③

他足足争取了一整年，星巴克也没有雇用他。与公司的创始人兼主管见面后，舒尔茨自我感觉非常好，可是后来接到的电话让他大吃一惊。"很遗憾，霍华德，我告诉你一个坏消息。"原来，在争论了很长时间后，星巴克的三个所有人决定

---

① Schultz/Yang, p. 25.
② Schultz/Yang, p. 26.
③ Schultz/Yang, p. 39.

不录用他。他难以相信听到的一切——"你的方案听起来不错，不过那不符合我们星巴克的愿景"。[1]

舒尔茨不会接受对方的回绝。"我仍然相信星巴克拥有光明的未来，我不会把对方的拒绝当作最终的回答。"终于，他成功地说服了星巴克雇用自己。后来，舒尔茨经常问自己："如果我当时接受了对方的决定会怎样？一旦求职遭拒，绝大多数人会立马走人。"这不是他的创新理念遭受的最后一次拒绝。"人们无数次地告诉我这行不通。一次又一次，我用尽全部的毅力和说服力，将想法变为现实。"[2]

那时的星巴克完全不同于今天的星巴克。那时店里只出售咖啡豆，不卖咖啡。一次意大利之旅让舒尔茨非常享受当地路边咖啡馆的氛围。他观察着自己那杯咖啡的泡制过程，突然受到启发。"星巴克没有抓住要领，完全没有抓住要领。"我们要提供意式咖啡！今天看起来很明确的做法在当时是革命性的。"这就像是一种顿悟。它来得太直接、太清晰，我自己都被惊到了。"[3]

回到西雅图，舒尔茨把自己对星巴克的展望告诉了老板，他的建议遭到强烈反对。他们说星巴克是一家商店，不是饭店或酒吧。供应咖啡意味着进入了另一个商业领域。毕竟，星巴克每年都盈利，为什么还要冒那个风险呢？

他用一年的时间劝说老板们同意他小规模地尝试一下，老板们最终让步了，允许他在第六家星巴克门店经营一个小的意式咖啡吧，这家星巴克门店于1984年4月在西雅图中部开业。

这次成功的尝试促使他下了更大决心，更大规模地验证自

[1]　Schultz/Yang, p. 42.

[2]　Schultz/Yang, p. 44.

[3]　Schultz/Yang, p. 52.

己的想法。每天，他都去恳求杰里·鲍德温——星巴克的所有人之一，给他一个机会。但是，鲍德温拒绝让步。"星巴克不需要再扩张了，如果每天进进出出的顾客太多，我们就无法像以前一样深入了解这些顾客。"他非常坚定地拒绝了舒尔茨的请求："对不起，霍华德，我们不打算那样做。你只能放弃这个想法了。"[1]

沮丧失望之下，舒尔茨最终决定辞职，开一间自己的咖啡吧，计划命名为"伊尔·乔尔纳莱"。但是他缺乏资金，要实现宏伟的计划，需要高达165万美元的资金。他找了242个投资者，其中217个拒绝了他。他们告诉他，这个计划不可行。

"伊尔·乔尔纳莱？读起来多饶舌。"

"你怎么能离开星巴克呢？愚蠢的决定。"

"你为什么认为这可行呢？美国人永远不会花1.5美元去买一杯咖啡。"

"你脑子有毛病吧？这太愚蠢了。你该去找份正经工作。"[2]

面对这么多的障碍，舒尔茨认为最艰难的事情是振作起精神。"当你跟一位房东协商租用店面的时候，不会觉得气馁。可是，如果你们一周谈了三四次，最后竟毫无成果，你怎么保持昂扬的状态？你必须做一个变色龙。尽管坐在某人面前，你绝望得要死，可表面上仍要活力四射、充满自信，仿佛这是你们第一次见面似的。"[3]

他一直坚守自己的立场，最终争取到了一些投资者支持他

---

[1] Schultz/Yang, p. 62.

[2] Schultz/Yang, p. 73.

[3] Schultz/Yang, pp. 73 – 74.

的项目。转折点出现在 1987 年 3 月，星巴克的所有者——杰里·鲍德温和戈登·鲍克，决定出售西雅图分店、烘焙房，还有星巴克这个名字，总共要价 400 万美元。此时，舒尔茨刚刚东拼西凑到伊尔·乔尔纳莱开业的资金，再筹措 400 万美元看起来不可能了。

随后，舒尔茨的一个投资人宣布要收购星巴克。这个消息无异于扇了舒尔茨一个耳光。这个竞争对手是当地的一个企业主，可能已经得到了西雅图企业界的支持。在一次会面中，他告诉舒尔茨："如果你不接受这笔交易，在这个城里你一块钱也筹不到，永远掀不起风浪，最终一败涂地。"①

会谈结束后，舒尔茨再也控制不住自己，在会客厅里放声大哭。最终，他筹到了所需的资金。舒尔茨拒绝在压力和敲诈面前让步，一直坚持，绝不动摇。在自传中，他这样思考："在我们的一生中，很多人会面临这样的危急时刻，梦想看起来马上就要破碎了。也许你没有应对这种局面的心理准备，但是你对此的反应至关重要……正是在这样脆弱的时刻，当一个意外的曲线球（困难）狠狠地砸到你的头上时，机会可能就因此失去了。"②

在这样的情况下，我们的决心要经受住考验。每一位成功的企业家、顶尖的运动员等在各个领域取得成就的人，都在这种形势下证明过自己。如果舒尔茨当初放弃了，我们就不能在世界各地的星巴克享受如此美味的咖啡了。舒尔茨本人也只能是一个小企业主，不会成为美国最成功、最富有的企业家之一。

---

① Schultz/Yang, p. 93.
② Schultz/Yang, pp. 93 – 94.

在我的一生当中，也面临过不同的艰难时刻。这些经历教会了我一件重要的事情：在危机中问问自己，这个问题会对什么有帮助？我在自传中讲过这样一个故事：2015 年，圣诞节前三天，当时我正在法兰克福机场办理行李托运，一个要好的同事打来电话。在过去的 15 年当中，我几乎每周都要去机场。只要是在出差的路上，跟自己最要好的同事——公司公关部负责人霍尔格·弗里德里希聊上几句是再寻常不过的事了，有时我与他一天要通十次电话。我告诉他一些好消息，一个客户又续了两年约。但是弗里德里希没理会这个好消息，而是告诉我："我也有一个消息告诉你，不过这是个坏消息。我要辞职了，我 1 月底就走。"

他的话让我彻底惊呆了。我与霍尔格·弗里德里希已经合作 15 年了。现在，他毫无征兆地辞职了。距圣诞节只剩下三天。那一年，我的公司失去了好几名优秀员工，这主要是我的责任。我当时对公司的关注不够，将更多的时间花在完成第二个博士学位论文上，失去了朝气，工作热情也在消退。我知道自己是个难缠的老板，是很多员工难以应对的老板。但是，这么多年，有一个员工一直忠于我，没日没夜地为公司操劳，就好像这是他自己的公司一样。

现在，他也要离开了。公司几乎所有的事务都依赖他！他做的事情，我从来不用插手。他是公关天才，擅长跟媒体打交道，精通公关业务。我在 2001 年 10 月把他招至麾下，那时公司刚刚成立一年。作为一名优秀的推销员，早在公司成立之前，我已经想方设法争取了七个客户，与他们分别签署了一年 12 万德国马克的合同。但是一年后，我渐渐明白，我的客户需要更专业的公关人员，而不是在这个领域里一知半解的我。是的，我做过多年记者，还算成功，也有点儿名气。但是，跟多数记者一样，我并不那么了解公共关系。

就在这个时候，一个年轻的女士来公司应聘，不过最终决定选择另一个岗位。"如果你能带一位懂公关的人过来，"我承诺她，"我会给你 1000 德国马克作为中间人的佣金。"她带来了霍尔格·弗里德里希。我马上就知道了，这就是我要找的人。我喜欢他研究的专业——哲学和化学的组合，而且他还有七年的公关工作经验。

弗里德里希是个安静的小伙子，跟我正好相反。他说的话不及我的 1/10。他很少大笑，除非你告诉他，你刚刚讲了一个笑话。但是，他是你可以百分之百信赖的人。这是我们共同拥有的品质，却不是唯一的共同之处。我们都非常勤奋，还拥有适度的自信。现在，我站在法兰克福机场行李传送带的前面，听他说出令人震惊的话：他几周后就要离开公司。我问他："你究竟想干什么？"他闭口不谈自己今后的打算，保持缄默。

他是被猎头挖走的吗？他想成立自己的公关公司？也许还会带走一些客户和员工？几个客户早就在他们的合同里增加了退出条款，这样，如果弗里德里希离开公司，他们就可以立即终止合同。我的第一个想法是：他肯定想自己创业。多年来，这个念头经常在我的脑海里闪过。不过，一想到他以前也没成立过自己的公司，就觉得他也许根本就不想这么干。特别是我们一直都很了解对方，直到今天，仍然很了解对方。

"弗里德里希先生，如果你打算离开，请不要马上走。你如果走了，我们没法坚持下去。你知道公司现在的处境多么艰难。你现在走会毁了公司的。"这样说也许有点儿夸张，不过，没有弗里德里希，公司将难以为继。不管我如何恳求，他毫不松口，只表示："到 1 月 31 日，我就要离开公司了。"

面临这样的局面时，你可以有多种反应，比如说："为什么这种事情会发生在我的身上？真是一团糟！他怎么这么忘恩负义？他怎么可以辜负我？"幸运的是，我没有做出这种反应的习惯，尤其是事态真正严重的时候，更没有这样的习惯。相反，我立即这样想："这个问题会带来什么好处？我怎么利用这个问题带来的机会？"

弗里德里希告诉我这个决定的两分钟后，我听到自己说："如果我把公司卖给你，你看怎么样？"在我强迫自己去思考"我怎么能把这个问题变成一个机会？"的时候，这个念头同时出现在我的脑海里。是的，对我而言，这难道不是一个机会吗？一个挂着老板名头的公司，如果没有创建者继续参与运营，每个人都会认为它很难售出。你可以把它卖给另一家公司，但是那家公司通常会让你作为一名员工留在董事会几年。在我看来，这就像打离婚官司一样，法官说："但条件是你要跟这个女士再生活四年。"很多公司老板做过类似的事情。对我而言，答案中永远没有这个选项。

我最亲密的员工要辞职。这也可能是个机会……通电话两天后，我们坐在一起，旁边还有一位审计师、两个税务专家，随后又跟银行进行了详谈。我们探讨如何组织并负担出售计划。五个星期后，我们签署并公证了购买与转让协议，出售公司100%的股份，附带一份此后三年的咨询合作协议。

我以合理的价格出售了公司，但是并没有从中获得最大的利润。在过去的15年，我已经从公司中挣了很多钱，难以置信的是平均销售利润率高达48%。我又把利润投入柏林的房地产市场，赚了数百万德国马克。现在，不是多100万德国马克或少100万德国马克的问题，而是全身而退的问题。为了给员工一个美好的前景，不让他们沮丧；为了给我亏欠太多的人——最亲密的员工们一个机会；为了给我创立的、付出了15年心血的公司一个未来；为了让自己成为真正自由的人。如果我当初没有出售这家公司，很可能不得不在最糟糕的情况下关闭它，所有员工都将彻底失业。

公司售出后，我感到轻松自由，不再需要从一个约会奔向另一个约会。15 年啊，每一天的日程都是提前两到三个月安排好的。告别的时候，员工们送我一本小册子，上面算出我共飞行了 468845.44 英里，火车行程也达 129142.94 公里。这么奔波都是为了赢得并照顾 136 个客户，其中 22 个在汉堡，13 个在法兰克福，23 个在慕尼黑，5 个在斯图加特，7 个在杜塞尔多夫，4 个在科隆，3 个在波恩。工作使我快乐，就像我以前从事的所有职业一样——历史学家、编辑、记者。但是，我从没有想过一生只从事一件事情。现在，我搞研究、写书、演讲。被员工买去的公司（现在叫 PB3C 有限公司）依然经营得很好，截至 2018 年，我为他们担任了三年咨询顾问。这笔交易对每个人而言都是共赢的。

下一次，当你面临巨大问题的时候，在问题中寻找机会。你必须学着接受这样的事实：你越成功，遇到的问题越严重。如果一切进展顺利，从没有出现过问题，我们就不可能迈出更大的步子。只有在危机中，我们才能被迫尝试新事物，想出新办法。要培养信赖自己的勇气，要设定更远大的目标，强大的自信是必不可少的。自信是通过征服一个比一个困难的问题而得到强化。

想象你的自信就像一块需要训练、发展的肌肉，你需要不断增加它的负重。自信也在解决一个又一个难题中得以增加。你应该明确地知道，无论是英格瓦·坎普拉德、沃伦·巴菲特，还是沃尔特·迪士尼，他们都不是生来就具有成就他们的自信。他们的自信是通过应对一场又一场危机，以及直面困难、新挑战获得的。

第四章　全神贯注

　　1991 年 7 月初，老比尔·盖茨邀请一些客人参加晚宴，其中，有他的儿子，微软的创建者小比尔·盖茨，还有沃伦·巴菲特。他们是世界上最成功的两个人，多年来，两人轮流坐庄，居福布斯富豪排行榜的首位。主持人问在座的客人："什么是实现人生目标的最重要因素？"巴菲特马上说："专注力。"小比尔·盖茨表示同意。①

　　从 13 岁开始，盖茨就对电脑产生了浓厚的兴趣。"我的意思是：我爱玩电脑，摆弄起电脑来，废寝忘食。"② 他的父母对此非常担心："尽管他才上九年级，却似乎对电脑上了瘾，对其他任何东西都不感兴趣，整夜待在外面。"③ 最终，比尔·盖茨的父母禁止他接触电脑 9 个月。

　　"比尔是个偏执狂，"他的大学室友回忆，"他集中精力时，的确非常专注。无论做什么，他都决心做到极致。"④ 他

---

① Schroeder, p. 623.

② Wallace/Erickson, p. 30.

③ Wallace/Erickson, p. 34.

④ Wallace/Erickson, p. 61.

的一个前女友补充说，他的专注力太强，对外界的任何干扰都难以忍受。他没有电视，甚至把汽车里的收音机都卸了。她接着说："最后，谁也无法维持和这样一个人的关系，他自我标榜'七小时'周转——意思是从他离开公司到第二天早晨去公司，中间只有七个小时。"[1]

沃伦·巴菲特也是一位能够几十年专注于一个目标的人。当他还是孩子的时候，就梦想发家致富，还如饥似渴地读完了《赚一千美元的一千种方法》（*One Thousand Ways to Make $1000*）。在巴菲特最喜欢的一本书《当机会来敲门》（*Opportunity Knocks*）的首页，读者读到这样一句话："在美国历史上，从来没有一个时代像今天这样，即使一个资金有限的人，也能开创自己的事业。"[2]

11 岁时，巴菲特宣布要在 35 岁成为百万富翁。16 岁时，他已经通过多种渠道攒了 5000 美元，相当于现在的 6 万美元。对于一个 16 岁的孩子来说，他做得相当好。巴菲特提前五年实现了自己的预言，30 岁就赚了人生的第一个百万，那可比现在的一百万值钱多了。

在《思考致富》（*Think and Grow Rich*）一书中，拿破仑·希尔说："凡是清楚金钱用途的人都渴望得到它。愿望不会带来财富，但当对财富的渴望变成痴迷时，就要制定获得财富的明确方案，然后以永不认输的毅力朝既定目标奋斗，那么，财富自然到手。"[3]

这并不意味着要采取不公平的竞争手段，更别提通过违法行为来实现目标了。通过伤害他人，或通过违反法律所取得的

---

[1] Wallace/Erickson, p. 273.

[2] Schroeder, p. 64.

[3] Hill, p. 22.

成功都是昙花一现。从长远来看，它既不代表真的成功，也不会让你感到快乐。

要取得持久的成功，专注于一个目标是最有效的做法。很多人在前进的道路上失去了方向，他们的个人简历就足以证明这一点。这些人首先尝试一件事，还没有取得任何成绩就转向另一件事，一旦出现问题，往往灰心丧气，一蹶不振。

你必须全神贯注于一个目标，至少要坚持 10 年。无论你想做什么，目标是成为运动员、科学家、艺术家、作家还是商人，都不会一夜之间成功，也不可能在几个星期或者几个月内就实现目标。

德国网球名将鲍里斯·贝克尔，在整个体育生涯都目标坚定，从不言弃。三四岁时，他从父亲汽车的后备厢中拿出一支网球拍，然后冲着网球俱乐部的墙奋力击球。在家时，他就朝着百叶窗击球。鲍里斯的父亲悄悄对他母亲说："他脑子好像有点儿问题。"[1]

6 岁时，鲍里斯加入了家乡莱门的一个网球俱乐部。5 年后，被选入德国网球联合会青年队。然而，根据网球官员们的看法，他永远不可能获得冠军。贝克尔这样说过："所谓的检测报告无法评定我的水平，我从来没被认可过。但是，这些负面的评价只能激励我前行，我要证明他们是错的。"[2]

17 岁时，鲍里斯在温布尔登意外获胜，决赛中四盘击败凯文·科伦。在这个世界上最重要的网球锦标赛中，他是第一个获得冠军的德国人，也是最年轻的夺冠者。同时，他也是大满贯赛事中最年轻的冠军。

---

[1] Becker, p. 27.
[2] Becker, p. 125.

　　贝克尔认为，在这场比赛以及其他比赛中，高度集中的注意力是他取胜的关键。在第一次参加温布尔登网球锦标赛决赛之前，他在更衣室里简短地跟对手问候了一下"嗨"，再没多说一个字。他赛前从不跟对手说话，只有一次例外，他跟同胞迈克尔·施蒂希聊了几句。施蒂希后来回忆："我们知道比赛结果——我说话，他赢球。"①

　　坐在更衣室里，贝克尔觉得"仿佛置身于隧道中"，视野缩小到他所谓的"隧道视野"。贝克尔这样描述那时的状态："我戴着眼罩坐在那里，像一具僵尸。那是我应对压力的方式，也是集中注意力的方式。没什么能引起我的兴趣，我必须让自己进入这种催眠状态，完全与外界隔绝。"②

　　然后，他走出更衣室，昂首挺胸迈进赛场，充满自信，无所畏惧。贝克尔说，赛前，他经常感到极度紧张，甚至害怕。但是只要踏进场地，一切紧张和恐惧都烟消云散。"我感觉不到害怕，觉得自己就像守在栅门口准备起跑的一匹赛马。我专注于比赛，甚至在比赛尚未正式开始时就很专注，既不瞻前，也不顾后。"③

　　在1985年温布尔登的那场传奇决赛中，第三盘结束后，裁判宣布"冠军是贝克尔"时，全场13118名观众齐声喝彩。"我什么都听不到。对了，我能听到声音，但听不清他们在喊什么，甚至连观众在我头顶上齐声呐喊'鲍里斯'都听不清。"④ 贝克尔赢了比赛，他一共获得49项冠军，包括6个大满贯冠军，有3个冠军是在温布尔登获得的，还有15个是双

① Becker, p. 6.
② Becker, p. 6.
③ Becker, p. 8.
④ Becker, p. 9.

打冠军。

贝克尔这样描述帮他赢下多场比赛的精神和情绪状态："我什么都不想，让自己进入忘我的境界，直到冲进赛场。我不听裁判说话，也不看记分牌，我自己在心里计分。达到这种类似催眠状态的高潮，也就是'巅峰'时，我的意识里只剩下观众。"① 他们支持谁，对贝克尔来说无所谓。"每一场比赛中，我都能达到一种状态：面对一堵墙，想方设法翻过去。然后，专注力和意志力帮助我达成了目标。"②

从 4 岁到 32 岁，贝克尔全身心专注于一个目标近 30 年，他在成功的道路上越走越远。年轻时，他打网球也踢足球。回顾以往，他认为自己在这两个领域都有天赋。不过，一开始，他就只专注于打网球，这是他人生中最重要的组成部分。

令人遗憾的是，贝克尔没有把帮助他在体育事业中取得成功的态度转移到其他领域。在体育生涯后期，他参与投资了很多企业项目，不过都没有成功。与此同时，跟很多成功的运动员一样，贝克尔已经习惯了高消费，他的支出远远高于收入。奢华的生活、昂贵的离婚费用，还有一连串失败的投资，使他最终失去了通过打网球赚到的上亿德国马克财富。

网球之于鲍里斯·贝克尔就如同足球之于奥利弗·卡恩。卡恩很小的时候就给自己设定了明确的目标："我要成为世界上最好的守门员。这是一个超级远大的目标，在当时，显得太不切实际了。不过，它并不是模糊不清，而是非常具体的目标。"③

卡恩在 1999 年、2001 年、2002 年，三度当选世界最佳守

---

① Becker, pp. 13 – 14.
② Becker, p. 238.
③ Kahn, S. 55.

门员。他还四次当选欧洲最佳守门员，两次当选德国年度最佳守门员。卡恩这样描述他在比赛中的出神状态："我的大脑高度集中，难以想象还能集中到什么程度，完全屏蔽了所有破坏性的影响。"[1] 他注意不到现场的观众，也不受外界任何影响。"当我站在球场上的时候，仿佛顿悟一般，百分之百专注，全力以赴。把每一场比赛都当成决赛来打。"[2]

在 2001 年欧洲冠军杯决赛上，卡恩又一次成功地集中了全部注意力。"我眼里只有足球和踢球的球员，感觉就好像待在一个空旷、安静的房间里，体育馆里 8 万名观众也不存在一样。"[3] 作为守门员，他自己开发出一个训练注意力的方法。"在比赛中，我一直盯着球，一秒都不离开视线。在比赛中的每一刻，即便是我方球队角球得分，足球在距离我守的球门最远的位置，我也不允许自己的视线漂移一秒钟。我的视线、注意力一直像训练时那样跟着球走。"[4] 在防守点球时，他的注意力集中，仿佛一切都不存在似的。"即使世界在那个时刻消亡，我也不会注意到。"[5]

即使在重大赛事的预备阶段，卡恩也完全集中注意力。"在这些时刻，周围的一切仿佛不复存在，我退回到自己的隧道里，唯一关注的是通往成功的那条路。"[6] 他努力掌控每一个细节，不指望碰运气，也不会让任何事情成为他与"胜利"之间的障碍。"如果注意到队友只盯着鸡毛蒜皮的小事，在我看

---

① Kahn, S. 43.
② Kahn, S. 101.
③ Kahn, S. 160.
④ Kahn, S. 166－167.
⑤ Kahn, S. 169.
⑥ Kahn, S. 319.

来，这些事对他们集中精力毫无帮助，这时，我会感到紧张。"[1]

对于像奥利弗·卡恩或者比尔·盖茨这样的成功者而言，"专注力"具有双层含义。它一方面意味着数十年专注于一个目标，另一方面意味着投入得太深，已经意识不到周围其他事物的存在。

接下来，我要讲另一个人的故事，他在人生最后的 30 年只专注于一件事情，这种专注力给他、他的客户、他的公司带来了巨大的成功。他就是克里斯托夫·卡尔——詹姆斯敦公司的创始人。

詹姆斯敦公司从德国投资者那里筹集资金，然后在美国购买房地产。通过发行封闭式投资基金股票，自 1984 年起，詹姆斯敦公司在美国买下了价值超过 110 亿美元的不动产。目前，他们大部分商业地产基金已清算完毕，平均计算，其中业绩最差的年股息支付率为 8.5%，业绩最好的为 35%。总体而言，投资者的年收益为 19% 以上。在德国，没有一位封闭式投资基金的创始人能给投资者带来这么好的收益。

他成功的秘密是什么？我认识克里斯托夫·卡尔 20 多年，并且很荣幸给他做了 15 年的咨询顾问，所以我对他成功背后的秘诀略知一二。第一个秘诀是"专注力"。20 世纪 90 年代，很多基金经理同时忙着发行很多基金，结果弄得自己心力交瘁。他们发行的基金有：货运基金、房地产基金、媒体基金。但是，克里斯托夫·卡尔选择了另一条路，几十年只关注于美国的商业不动产，并积累了该领域的专业知识，与很多竞争者相比，这让他有了更明确的自我定位。毕竟，人们更信赖某一领域里的专家。

---

[1]　Kahn, S. 256.

　　还有其他促使卡尔成功的因素。除了明确的专注力之外，商业透明度、风险可控度、面对成功的谨慎度共同助力卡尔取得成功。最后一点，面对成功的谨慎度，对他而言尤其重要。为写这本书，我特意采访了他，他说："写这本关于成功者的书，你别忘了还有一类人，他们一开始非常成功，可是后来失败了。你会发现，过度自信是他们最终失败的主要原因。"

　　伴随成功而来的是自信，这是良好的心理素质。自信使我们强大，像克里斯托夫·卡尔一样敢于承担更大的项目。1984年，他在田纳西州的那什维尔以 350 万美元购入办公室和仓库，有 82 位投资者购买了他的基金。随后几年，他买入的多数不动产标价在 1000 万美元以下。然而在 1999 年，他做了一笔最大的风险投资，购入位于曼哈顿的一栋办公大厦，它是洛克菲勒中心大楼的一个组成部分。这笔投资基金高达 6.5 亿美元，是他第一个投资基金的 185 倍。

　　为了支持这个项目，他不得不筹措 3 亿美元的融资，其中大部分需要预付或者信贷担保。卡尔承认："如果当初没能从投资者那里筹到 3 亿美元，我就死定了。"

　　这个事情比他预想的还棘手。1999 年和 2000 年，当他想发行股票的时候，投资者们已经开始对"乏味的"房地产失去兴趣了。德国股票市场正处于牛市，在这两年期间，德国投资者将 1000 亿美元投入股市（1996 年的数字是 13.4 亿美元）。正如电视节目和报纸文章所报道的，股市是最复杂、最累进的一种投资形式。1999 年，德国股市投资者的收益是39%。而美国房地产基金的收益只有 7%，这个收益率对投资者已经毫无吸引力了，这还没有算上美元汇率上涨的因素，所有这些令美国市场失去了竞争优势。

　　销售基金被证明是一项艰难的任务，此时卡尔已经先期冒险投入了 3 亿美元。对此，卡尔表示："如果一个想法行不通，你必须培养和锻炼自己的想象力，发掘产品创新的时机。"他通过开创所谓的"再投资模式"解决了自己的问题，结果证明这个模式非常成功，卡尔一次又一次地运用它，即便在基金容易售出的情况下也是如此。他最终设法推出了自己的基金，直到 2006 年基金撤销时，投资者的收益率每年高达 34%。

几年以后，投资者清醒过来，跟速战速决的股市相比，他们开始青睐不动产的投资，卡尔也可以销售更大规模的基金了。2005 年，他收购了一半位于曼哈顿的通用汽车大楼，当时市值 17 亿美元。

按照卡尔的观点，接二连三的成功很容易让人膨胀，变得过度自信，这是成功者面临的最大危险。适度自信与过度自信之间仅有一线之隔，就像对经济独立的渴望与永无止境的贪婪之间一样，差别微乎其微。

认真听取他人的批评意见也非常重要。开始成功后，很多人会被马屁精包围。我参加过很多次詹姆斯敦公司的管理会议，知道这是一家鼓励经理们畅所欲言，提出批评与反对意见的公司。卡尔说："在公司内部，敢于坚持自己的观点、敢于反驳我的人，往往被提拔到更高的职位。"

一家鼓励员工独立思考的公司，会孕育一种企业文化，它能帮助成功的企业家着眼于现实，而不是高估自己的能力。卡尔说，让成功者认识到过度自信的危害是最重要的，因为这是他们面临的最大风险。

透明度是卡尔取得成功的另一个秘诀。2001 年，在以 4.16 亿美元购入位于波士顿的一栋办公大楼之后不久，他就遇到了大麻烦。在"9·11"袭击的前两天，我跟他都在波士顿，"9·11"当晚我们在柏林见了面。当时，我们俩被这次袭击惊呆了，根本没有考虑到它对经济的影响。

"9·11"对美国经济的影响是巨大的。波士顿金融区办公空间的需求锐减，这对詹姆斯敦公司的影响体现在它的红利降至 6.5%，比公司此前预测的 8% 低了 1.5 个百分点。对其他基金经理来说，这么小的差距不值一提。但是，这是詹姆斯敦史上第一支没有达到投资者预期的基金。卡尔在最短时间内开诚布公地向投资者通报了这一情况，丝毫没有犹豫。这展现了他愿意坦然面对问题与困难的诚意，也为他赢得了投资者和销售伙伴的信任。这个故事有一个美好的结局：2006 年，在房地产市场繁盛时期，卡尔以 1 亿美元卖掉了这栋大楼，这高于买入价。

卡尔的另一支基金也引起了我的关注。2006 年，在几个月的时间里，卡尔为他共同投资的四支基金筹到了 6.48 亿美元，这是德国有史以来最大的一笔封闭式房地产投资基金。但由于金融危机，美国房地产价值大幅下跌。卡尔很快意识到，这将是公司的历史上迄今为止第一次，也是唯一一次投资者遭受损失。他再一次在第一时间内跟投资者说明了情况。尽管消息令人不安，但投资者们仍对他的诚实表达了感激。在卡尔坚持不懈的努力下，2016 年，这支基金偿清了投资者的原始投资。

信任是在困境中建立起来的。出现问题时，让利益相关人尽早了解情况，而不是试图掩盖真相，你就能赢得信任。很多金融产品的销售商在出现问题的时候要么躲起来，要么竭力隐瞒事实，从长远来看，这种行为将会失去投资者的信任。

在危机时刻，卡尔总有独到之举。2008 年后，当德国媒体充斥着关于美国"房地产危机"的报道时，销售了几年的德国封闭式房地产投资基金也彻底崩盘了。在市场如此低迷的情况下，没有一个发起人能够从私人投资者那里筹到投资美国的股权资金。行情一年不如一年，几位从前的业界领袖也不得不停止了业务。

面对这种形势，卡尔决定开拓机构业务。他继续实施在美国时的投资战略，但不再从德国私人投资者那里筹集资金了。他将目标瞄准了机构投资者，比如，美国、澳大利亚和欧洲等地的养老基金机构。

2011 年年末，詹姆斯敦公司发行了詹姆斯敦超级房地产基金，它是第一支面向机构投资者的基金。尽管这支基金才推出几年，到 2018 年末，詹姆斯敦公司已经成功地以股权形式筹到了 40 亿美元，基金表现也大大超出业绩基准。

2010 年，也就是金融危机发生一两年之后，卡尔因做成了一笔交易而上了头条，这是纽约不动产市场当年最大单笔资金交易，也是德国封闭式投资基金规模最大的一笔资金清算之一。詹姆斯敦公司以 18 亿美元将纽约第八大道 111 号的大楼卖给了谷歌公司。2004 年，当詹姆斯敦公司成立了总值 10.3 亿美元的基金时，这栋房产的价值不到 8 亿美元。该基金还以高额利润出售了这栋楼的其余财产，确保它的投资者获得了每年超过 18% 的税前收益。

卡尔达成的另一笔轰动一时的交易是以 2.8 亿美元的地产估值收购了纽约切尔西市场办公楼 75% 的股份。因为占股 25% 的共同所有人在 2011 年强行出售该楼，卡尔便以 7.95 亿美元的价格将其中一个面向私人投资者的基金卖给了机构性养老金保障基金。此次出售，连同该基金的其他分配，给私人投资者带来了每年 28.6% 的税前收益。这个数字太惊人了，但更惊人的一幕发生在 2018 年，他成功地将这个房产以 24 亿美元的价格卖给了谷歌公司。

我也投资了詹姆斯敦公司的几支互惠基金，包括买卖切尔西市场房产的基金。这些基金的投资者在美国所获的税后年收益率分别是 13.4%、14.8%、17.5%、21% 和 29.1%。实际上，我的收益率比其他投资者高得多。他们在基金推出时投入100%，因为持有期长，所以年收益相对低一些。我是在这些基金发行几年后在二级市场买入的，这意味着尽管购买价格高于票面价值，但因为持有期短，所以年收益更高。我在这些基金上的税后年收益率分别是 23.8%、25.4%、25%、29.4% 和 44%。

当时，我给卡尔写信，告诉他我唯一遗憾的是在这些基金中投入得太少了。然而，在过去几年里，我在詹姆斯敦公司的养老金基金中投入了 7 位数，这笔基金和其他基金一道将切尔西市场办公楼出售给了谷歌公司。

卡尔成功的基石是他的专注力。几十年来他不仅把注意力集中在美国房地产这个项目上，还深入研究每一项投资的法律、经济、技术和财政的细节。当我问他，他的完美主义是否会变成前进的障碍时，他承认我说的有点儿道理，但又补充道，他宁愿只关注几个值得投入精力和注意力的大项目。

专注力意味着在人生中设定自己的目标，然后几十年如一日地追求它。很多成功者终生只追求一个目标。但像施瓦辛格这样的人，追求并成就了一连串的目标。而根据他的传记作家马克·胡耶的说法，施瓦辛格制定目标时，从来不超过一个。"在美国，人们把像他这样的人称作'一根筋'，这种人一次只全情投入一件事，完成后再去寻找下一个目标。"[1]

一旦施瓦辛格实现了一个目标，他就开始专注于下一个。当然，专注意味着眼里只有一个既定任务。在负重训练中，这意味自己与所负重量融为一体，脑子里只想着完成这套动作，

---

[1] Hujer, S. 125.

提高自己的表现。

沃伦·巴菲特同样专注于自己所做的每件事，桥牌是他为数不多的爱好之一。比尔·盖茨曾经试图说服他购买一台电脑，并承诺派微软最漂亮的女职员去教他如何使用。巴菲特拒绝了比尔·盖茨的好意，因为在他眼里，电脑没什么用处。

直到女朋友告诉他可以在线玩他热爱的桥牌时，巴菲特才改变了想法。但是，他坚持只学与玩桥牌有关的电脑功能，对此之外的任何功能，他都没兴趣。巴菲特说，他心算就可以完成纳税申报单，根本用不着电脑。但是，要想一个人玩桥牌，就需要一台电脑了。

很快，巴菲特喜欢上了在线玩牌。他非常专注，周围什么事情都无法让他分神。一次，一只蝙蝠飞进他的房间，在小屋里扑打着翅膀横冲直撞。他的女朋友吓得高声尖叫："沃伦，有蝙蝠！"但是，他的心思全在桥牌上，连头都没抬一下。他只说了一句"不影响我"。[①]

在跟两次世界冠军得主沙伦·奥斯伯格训练一段时间后，巴菲特跟她携手进入世界锦标赛，这对于一个从未参加过桥牌锦标赛的人来说，实属罕见。巴菲特坐在桌前，似乎周围一切都不存在，屋里只有他一个人。对手比他经验丰富。他的传记作家说："但是他可以集中注意力，平静得仿佛是在自己家的客厅里玩牌一样……不管怎样，他的专注力克服了牌技的不足。"[②] 同样的专注力可以让瘦弱的空手道选手徒手砸碎一排砖头，而大块头的举重运动员却做不到。武林高手借助冥想加以完善的专注力，可以弥补其肌肉蛮力的不足。

---

① Schroeder, p. 635.

② Schroeder, p. 636.

令大家吃惊的是，第一次参加联赛，巴菲特就杀进了桥牌世锦赛的决赛。但是，他也因超人一般的表现付出了代价。在全神贯注比了一天半之后，他几乎耗尽精力，最后不得不退赛。

巴菲特做事从不半途而废，即便这仅仅是个爱好。宜家家居的创始人英格瓦·坎普拉德却走向另外一个极端：他不允许他的高管们有任何业余爱好，唯恐他们因此分散了精力，不能专注于真正的目标——公司的发展。他曾在一次电视采访中说："我希望充满热情的员工们在公司之外不要有任何强烈的兴趣和爱好。"①

针对这一观点，大家仁者见仁，智者见智。一方面，专注力非常重要，如果把大量时间花在其他事情上，可能对你实现目标无益。另一方面，工作之余，有一两个兴趣可以帮助你充电，刺激你产生更多的想法，就像巴菲特玩桥牌一样。

一位曾为德国足球队效力的知名运动心理学家，解释了创建一个平行世界的重要性：顶尖运动员将自己完全沉浸在这个平行世界里，不再关注外界，放松自己，应对巨大的心理压力。他说，他们通过专注于另一项活动，轻而易举就释放了压力。

你熟悉所谓的"心流状态"吗？就是将所有注意力放在一件事情上，忽略周围的一切。与其他人相比，成功者专注时间更长，专注力更强。大多数人只把80%的注意力集中在一件事。我们可能在工作或者在学习，但是我们其实在想其他事情——我们以后要做什么、今天早些时候没有完成的事情、昨天发生在我们身上的事情。然而，对于只用了80%注意力的人来说，他们无法实现自己80%的潜力，也就只能达到30%或者40%。这就是为什么说专注力是成功最重要的先决条件。

---

① Jungbluth, S. 91.

没有一个作家或者记者会在被不停打扰的状态下写出好文章。想写出好东西，你必须全神贯注，不要让电话、电子邮件或者同事的来访让自己分心。

每次当我在讲座中谈到这一点，听众中就会有人告诉我，他总要接客户或者其他人打来的电话。如果你在消防队或者其他应急服务机构工作，情况或许如此。一般说来，你几个小时不回电话，不会有一间房子因此而被烧毁，也不会有一个人因流血过多而死亡。你能想象这样一个场景吗？在比赛中，一名足球运动员跑到场边，只为给他的税务师打个电话，当然想象不出来。相反，运动员在场上的表现跟所有取得巨大成就的人一样：百分之百专注于一件事，就是赢得比赛。赛后，他们再回电话。

在一个手机、电子邮件带来的信息超负的时代，创造一个利于遵守日程安排的良好条件变得比以往更重要。最终，你会面临两个选择：要么自己做老板，明确目标和优先顺序，要么听从别人的指令。即使作为一名雇员，你也有很大的自由空间确定工作的优先顺序和工作节奏。一天结束后，最重要的是取得了什么结果，而不是自己拥有的同时处理多项事务的能力。

一旦明确了能让你靠近目标的决定因素，那就应该倾尽全力专注于这些要素。专注力并不一定是与生俱来的，它可以后天习得。我们往往把精力分散到不同的领域，失去了对优先权的掌控，结果只关注了一些琐事。偶尔，我们应该退后一步，认真审视一下自己的人生，并扪心自问："我做的事情真的重要吗？它会帮助我接近目标吗？我是不是在对成功没多大帮助的小事上浪费了太多的时间？"

只有那些能够多年专注于一个目标的人，或者专注于有限目标的人，抑或自始至终百分之百投入的人，才会实现更远大的目标。

第五章　敢于不同

成功者与其他人之间存在巨大的差异。如果你像庸碌之辈一样思考、行动，最终取得的成绩也会平平。要想更成功，你就必须以不同的方式思考和行动，要做到这一点，你必须敢于不同。要有逆流而上的勇气，要敢于质疑根深蒂固的大众观点。所有新理念和创新都要经过四个阶段：首先，被忽视；然后，被嘲讽；接下来，被反对；最后，被接受。

本书中描绘的男男女女都敢于不同。沃伦·巴菲特、乔治·索罗斯和阿尔瓦立德王子都是成功的投资者，他们不被大众观点所左右，而是一次次地反其道而行之，也换来了一次次的成功。在本章，你会遇到几位女士，她们身上同样体现出超凡的勇气。这些女士生活在不同的年代，性格迥异，但是她们拥有一个共同之处，那就是敢于不同。

我首先要讲一位女士的故事，她不得不与2000多起针对自己的诉讼做斗争。她一生都敢于与他人不同，她就是贝亚特·乌泽，一个白手起家，最终创建了世界上最大的成人娱乐商业中心的女性。像我和很多其他人一样，你可能对贝亚特·乌泽和她的产品不感兴趣，但是我敢肯定，一旦你对她有更多的了解，一定会钦佩她。

出生于德国的贝亚特·乌泽一直是一个雄心勃勃的人。15 岁时，她在家乡黑森林州赢得了标枪冠军。她 16 岁辍学，因为她想开飞机，对她那个年代的女孩来说，这是一个非同寻常的职业选择。当她第一次进行飞行训练时，只有 17 岁，全班 60 名受训者，她是唯一的女性。"在进行了 213 次起飞着陆、接近目标、高空飞行和 300 公里长途飞行的训练后，1937 年 10 月，我得到了自己的 A2 飞行员执照。18 岁生日那天，执照以挂号信的形式寄到了我在瓦根奥的家。"[1]

1938 年 7 月，在为女性业余飞行员举办的可靠性飞行测试中，贝亚特·乌泽取得了第二名。一个月后，同年 8 月，她又通过了特技飞行员测试。三周后，在比利时进行的飞行比赛中，她获得了所在组别的第一名和总排名第二的好成绩。当她获得了在贝克尔飞机制造厂实习的机会后，她的父亲惊愕不已。"在这家拥有 2000 名男性生产工人和机械师的工厂里，她的女儿是唯一的女性，他对此非常不高兴。"[2]

由于需要特技飞行员，UFA 电影制作公司找到贝亚特·乌泽工作的地方。一天，她被叫去为她的偶像——演员汉斯·阿尔伯斯做一次特技飞行，这个片段是汉斯出演的系列节目《小心，我来了》中需要的。

二战进入尾声的时候，她在纳粹德国空军的飞行运输中队飞行。1945 年 4 月 22 日，当苏联红军攻入德国首都的时候，她是最后一个飞离柏林的女性。她后来回忆说："早上 5 点 55 分的时候，我们试了试运气，飞机严重超载。"[3] 她的飞机被击中，不过幸运的是，仅仅是飞机起落架的整流罩遭到了破

---

① Uhse, S. 73.

② Uhse, S. 74.

③ Uhse, S. 96.

坏。"我们缓慢爬升，速度慢得令人深受折磨。但是，我们成功了，逃离了被围困的城市。我们是最后一批驾机离开的人。"[1]

战后，她跟儿子一起被关进了战俘营。她儿子是 1943 年出生的，那时她 24 岁。儿子出生后不久，她的第一任丈夫就在一起坠机事故中遇难。乌泽在战俘营期间，也在一起事故中身受重伤。"没工作、没钱、没有父母、没有丈夫、没有家，不知道自己将怎样挣扎着度过余生。在战争中幸存下来，过了三天好日子就被关进战俘营。我个人认为：这就是一场灾难。"[2] 她想不明白到底该怎么养活自己和儿子。

不久之后，三个女性朋友来找她寻求帮助。这三个人都是丈夫从战场上回来后怀孕的。在战争的余波中，每个人都勉强度日，大多数夫妻不想要孩子。她们想知道如何预防意外怀孕，当时，买不到避孕套，避孕药的出现也是 15 年后的事情了。

贝亚特·乌泽坐在打字机前，着手设计一本小册子，还给它起了一个好听的名字《X 档案》。在这本小册子里，她介绍了按照月经周期的不同阶段可以采取的安全期避孕法。为了换五磅黄油（在那个年代钱毫无用处），一个印刷工自愿为她印了 2000 本小册子，还有 1 万份邮件传单。一切都按计划进行着，每本小册子售价 1 德国马克（货币改革后），接下来，她收到了大量的订单。到 1947 年，她已经卖出了 3.7 万本，这在当时可是一个庞大的数字。

"越来越多的人给我写信，询问能不能为他们搞到一些战

---

① Uhse, S. 97.

② Uhse, S. 102.

前买得到的商品，也就是避孕套和性教育书籍，比如西奥多·亨德里克·范德·维尔德写的《理想的婚姻》（*The Perfect Marriage*）或者《无畏的爱》（*Love Without Fear*）。当我开始经营这项业务的时候，自己还很单纯、天真。"[1]

她开始通过自己的新公司销售避孕套和性教育书籍。"我当时只能勉强糊口。只要有点钱，我就拿去印刷新的宣传资料，再从电话簿上把地址抄下来，然后按地址把我们的产品广告寄出去。"[2]

她的新伴侣非常支持她。"他给我讲他在苏联战俘营中的可怕经历。为了不疯掉，他将全部心思集中在一个项目上：在他的脑海里，他已经创立并经营了一家邮购业务公司。"[3] 尽管他从来没打算过涉足成人娱乐业，他的想法是销售生发油，不过这家新公司无疑受益于他当年脑海里的计划。

然而，在当时，任何与性有关的话题都是禁忌。很快，乌泽第一次被警方传唤。"5月25日，你主动将含有淫秽内容的小册子寄给某某教授。为什么这样做？"[4] 有一天，三名警察过来，看到她写下72个订购避孕套的顾客的地址，马上就指控了她。控方辩称，避孕套有可能被寄给没有结婚的顾客。因为当时法律禁止婚前性行为，所以向未婚者出售避孕套被认为是教唆淫乱。幸运的是，她证明了从她这里购买避孕套的72名男士都已婚。

检控官办公室不断对她提出新指控。她被指控"人为地过度刺激"客户的性欲。检控官办公室的一名律师尤其针对

---

① Uhse, S. 112.

② Uhse, S. 118.

③ Uhse, S. 122.

④ Uhse, S. 128.

她，他告诫乌泽："在广告心理学里，人的欲望，即一种匮乏感，可被人为地刺激出来，这是广为人知的现象。普通美国人相信，如果没有口香糖，他们什么也做不成。时尚也是同样的结果。这就是情色写作的最大危险所在：情感罗盘被扭曲，价值坐标开始偏移。"①

那个时代不同于现在。贝亚特·乌泽收到成千上万的信件，向她寻求与性相关的建议。其中一个问题是："我希望我的妻子采取上位，可是她不同意，因为她认为这是不正常的。真不正常吗？"②

显然，贝亚特·乌泽用自己的商业头脑发现了一个金矿。1953 年的时候，她的公司有 14 名雇员，年营业额 36.5 万德国马克；一年后，超过了 50 万德国马克；1955 年，稳步增长至 82.2 万德国马克；1956 年，增加到 130 万德国马克；1957 年达到 200 万德国马克。1958 年，营业额又增加了 64%。公司现在有 59 名员工，60 万名客户。

但是检控官办公室并不死心。贝亚特·乌泽已经将她的业务范围拓展到裸体摄影，按照今天的标准来看，完全是无害的。检察官一丝不苟地审查每一张照片，想找出一个带有"下流微笑"的面部表情。与态度不明朗的表情不同，下流微笑会受法律惩罚，因为它可以构成"引诱他人通奸"的行为。贝亚特·乌泽很幸运，在检查了所有证据之后，法官认定她无罪："尽管我努力查找，但是没有发现这些女性的面部表情有什么不同。"③

天主教会也斥责贝亚特·乌泽。科隆教区为常去教堂的教

---

① Uhse, S. 136.

② Uhse, S. 140.

③ Uhse, S. 160.

徒提供表格，让他们填写后指控乌泽主动提供淫秽材料。一名原告向法庭这样描述他的经历："当我回家的时候，发现走廊地上有一封信。一碰到它，我就感到了邪恶。"法官想知道邪恶是什么感觉。"嗯，啊，你能感觉到。我一打开信，就看到了污秽和肮脏，赶紧把它扔进了垃圾桶。"① 然而，法官认为，原告甚至没有阅读小册子，冒犯从何而来呢？贝亚特·乌泽被制82项罪名不成立，无罪释放。

1962年，贝亚特·乌泽在德国北部城市弗伦斯堡开了一家婚姻健康用品专卖店，这是世界上第一家情色用品商店。由于担心遭到市里"正派"人士的阻挠，她一直等到圣诞节前夕才营业。乌泽认为圣诞节是宁静和平的，人们轻易不会采取暴力抵制手段。在接下来的几年，这家店的营业额成百万增长，业务也扩展到了全国各地。1990年5月，公司上市。股民的热情太高涨了，以至于负责首次公开募股的德国商业银行不得不提前四天结束认购期。即便如此，股票超额认购63倍，开盘首日就上涨了80%。两年后，贝亚特·乌泽去世。随后的几年里，公司股价不断下跌，而且难以与互联网上的竞争对手抗衡。2017年，公司不得不登记破产。当然，该公司今天仍然存在，只不过换了个名字。

"叛逆"和敢于不同的勇气也给可可·香奈儿的一生打下了深刻的印记。这位法国时尚设计师生于1883年，原名嘉柏丽尔·香奈儿，是一名上门推销员的私生女。两岁时，母亲去世，香奈儿只能在孤儿院里长大。她的昵称"可可"来自她做歌手时演唱的两首歌——《可可里可》和《谁看见了可可》。

---

① Uhse, S. 161.

1906～1910 年，她住在贡比涅地区的罗雅利厄。那时，她开始为女性朋友设计帽子，并最终开了一家帽子店铺。多亏了她的情人——富有的英国矿主阿瑟·爱德华·博伊·卡佩尔提供的贷款和担保，香奈儿得以在巴黎开了自己的第一家时尚精品店。仅仅过了五年，就有 300 名女裁缝为她工作。让卡佩尔大吃一惊的是，香奈儿居然还清了从他那里借的钱。她真正独立了——终于自由了。

20 年后，她拥有了 4000 名顾客，在全球销售 T 台时装。1955 年，她获得了时尚界奥斯卡——"20 世纪最具影响力的时装设计师"的称号。她也是《时代周刊》（*Time*）评选出的 20 世纪百名最具影响力人物中唯一的时装业代表。她在 1921 年设计的那个香奈儿五号香水瓶，现在是纽约现代艺术馆的永久展品。

她所设计的服装是革命性的。香奈儿开创了一种新时尚风格，她设计的衣服线条利落，装饰简洁。她的传记作家这样强调："这是女性服装的一次革命，不再无故跟风、刻意求变，而是大胆摒弃了束缚。"[1]

20 世纪 20 年代，她设计了"小黑裙"。香奈儿女式套装成了全世界职业女性的制服。她的设计公然无视一切传统，却完全符合时代精神。香奈儿说："创造力是艺术天赋，是女装设计师与所处时代融合的产物。"[2] 她设计的裙子很短，以至于在当时，被认为是可耻的。她用长裤、足踝系带鞋、编织泳装来装扮女性。她还打破了另外一个禁忌，采用针织面料来凸显女性的身材。

---

[1]　Charles-Roux, p. 168.

[2]　Charles-Roux, p. 145.

　　很快出现了很多仿造者，试图模仿她的风格。换作其他的设计师，一定会为此大发雷霆，但香奈儿丝毫没有生气。在她看来，别人模仿她的设计，正说明这些设计成功了，很受欢迎。香奈儿认为："当然了，一旦一项设计被公之于众，它注定会遭到仿造。我无法开发出自己全部的想法，所以，发现其他人实现了我没有实现的理念，甚至超越了我的作品，我会因此感到巨大的快乐。"① 香奈儿补充道，害怕被抄袭是"懒惰，……缺乏想象力的味觉……缺乏对创造力的信心"。

　　可可·香奈儿之所以能够成功，是因为她敢于与众不同。她的传记作家说："她的设计风格里没有文化侵入，没有旁征博引，没有历史回忆。她的创造是颠覆性的。"② 她的私生活，跟她所创造的时尚一样，见证了香奈儿敢于对抗规范与惯例的勇气。她跟男人之间有过无数的风流韵事，但是从未结过婚。她敢于对抗世俗，是因为她比其他人提前感受到了时代精神。香奈儿曾这样评价她的前辈们："比如裁缝，全都躲藏在店铺的后面。而我，过着现代的生活，和那些我用自己的产品打扮的女人拥有同样的习惯、品位和需求。"③

　　如果说香奈儿的座右铭是"体现现代生活，敢于不同"的话，那么，75 年后出生的另一位女性也有着同样的人生观。3.5 亿唱片的销量使麦当娜成为世界上最成功的流行歌手。然而，她的成就超越了流行音乐。2007 年 7 月，福布斯提名她为全球第三大最具影响力人物。即便在 60 岁，她一年的收入仍达 7500 万美元，超过了其他成功的音乐人，比如，Lady Gaga 和碧昂丝。麦当娜坐拥 6 亿美元身家，跻身世界最富有

---

① Charles-Roux, p. 148.

② Charles-Roux, XVI.

③ Charles-Roux, p. 14. .

的音乐家行列。

麦当娜的成功并不是因为她拥有非凡的音乐天赋。为她早期成功铺平道路的经纪人卡米尔·巴尔邦这样评论麦当娜："她有足够的能力写歌或者弹吉他，抒情感十足。最重要的是，她具有鲜明的个性，并且是一位伟大的表演者。"①

一直与麦当娜共事的自由音乐人安东尼·杰克逊这样评价她："她知道自己不是最伟大的歌手，但她知道如何演绎音乐。她形成了自己的风格，有选择歌曲的独到方式，并且能引领歌曲的走向。"② 在出演根据安德鲁·劳埃德·韦伯的音乐剧改编的电影《贝隆夫人》（Evita）时，由于劳埃德·韦伯坚持交响乐队伴奏现场录制电影原声带，麦当娜不得不上了三个月的专业声乐课程。她演唱的抒情歌曲《你必须爱我》（You Must Love Me）为她赢得了 1997 年奥斯卡最佳音乐奖。

1995 年秋，麦当娜上音乐课的时候，已经是世界上最著名、最成功的女艺术家了。通过展现当今女性的梦想和自我认知，她取得了巨大的成功。虽然她被认为是激进的女权主义者，并以此为荣，但麦当娜与那些对男性和异性恋采取攻击姿态的女权分子完全不同。在女权主义出版物中，麦当娜是"我们中的一员"还是"事业的叛徒"的问题引发了激烈的争论。女人味十足、性感，同时又坚强好斗、充满自信，这样的麦当娜拒绝被简单贴上任何标签。

对传统性别角色的抵制使她成为代表女性渴望与梦想的典范。德克萨斯民俗学家凯·特纳的《我梦见麦当娜》（I Dream of Madonna）一书就证明了这一点。这本合集搜集

---

① O'Brien, p. 49.

② O'Brien, p. 69.

了其他女性对麦当娜的看法，来自不同年龄段和不同社会背景的女性谈论麦当娜对她们究竟意味着什么。一些人把她视为解放者，一些人把她视为战友，一些人把她看成一个勾引男人的女子，还有人把她看成唯一吸引她们的女性。露西·奥布莱恩在长达 400 页的麦当娜传记中写道："她身上具备所有女性的特质，而当时最让人惊叹的是她巨大的影响力。"①

麦当娜生于 1958 年，在她 5 岁时，母亲去世了。中学时，她对戏剧艺术产生了浓厚的兴趣，并决定将来成为一名舞蹈家。她开始在密歇根大学学习舞蹈，但是后来退学了，这让她的父亲很伤心。当他试图说服女儿继续学业时，麦当娜大喊："不要主宰我的人生！"然后把一盘子意大利面扔到了墙上。②

麦当娜口袋里揣着 30 美元去了纽约，做过女招待和裸照模特。巴尔邦这样说："她是一个街头生存能力很强的孩子。如果饿了，需要吃一顿饱饭，麦当娜就会找个人跟他回家。"麦当娜觉得自己并没有被玩弄，因为"是我让他们这样做的"③。

麦当娜最想要的是成名。她的前男友、DJ 马克·卡明斯说："为了成为明星，她不惜付出一切。"④ 英国音乐人理查德·迪克·威茨这样回忆当初麦当娜想成名时急切的心情："她在执行一项任务。"⑤ 她不知道自己究竟想在哪个领域出名。19 岁时，她想成为大受欢迎的舞者，后来又想成为成功

① O'Brien，p. 200.
② O'Brien，p. 35.
③ O'Brien，p. 46.
④ O'Brien，p. 73.
⑤ O'Brien，p. 64.

的演员，最终，她发现音乐才是成为超级明星的最佳敲门砖。麦当娜这样说："音乐是成名的媒介。如果你的音乐成功了，它的影响就像击中靶心的子弹。"[①]

一位在麦当娜职业生涯早期采访过她的记者说："她很有远见，清楚自己的方向。她令我非常震惊，因为她极其坚定地践行着 80 年代雅皮士们的口号'贪婪是好事'。"在采访中，麦当娜谈到了制作人、市场，以及未来几年她想跟谁合作。"她的思想是超前的。"[②] 1984 年 1 月，在美国音乐台的一次采访中，她预言："我将统治世界。"[③]

麦当娜用"故意挑衅"作为成名的手段。在舞台表演中，她经常把性和宗教意象联系起来，为的就是引起愤怒。天主教教会一再呼吁联合抵制她的音乐会。加拿大警方威胁要以猥亵罪逮捕她。1992 年，她的情色摄影集《性》（Sex）引发了激烈争议。这本摄影集于 10 月 22 日限量发售 100 万册，瞬间销售一空。从商业角度看，这本极具煽动性的书大获成功，不过同时也让麦当娜成为媒体的焦点。她的观众觉得受到了冒犯，开始远离她的演出。她的受欢迎度降到"史上最低"[④]，她还因情色丑闻被指控。她的这本书被认为是内心极度不安的表现。

与其他靠挑衅发迹的艺术家不同，麦当娜总是愿意做出一些让步，而不是铤而走险。一旦发现自己做得过火，她便会向主流观众做出妥协，比如 1993 年麦当娜的《女子秀》巡演，便采纳了清新的表演风格。

麦当娜始终明白创新的重要意义，她不断地改变造型以避

---

① O'Brien，p. 86.

② O'Brien，p. 74.

③ O'Brien，p. 79.

④ O'Brien，p. 204.

免被定型。在首张专辑大获成功后，她开始努力尝试完全不同的风格，这让她的唱片公司华纳兄弟影业公司非常懊恼。《宛如处女》专辑中的鼓手吉米·布拉罗威尔这样解释："如果你有三首上榜曲目风格相近，那么就难以突破了。突破不了，就不要想办法去补救了。麦当娜勇于逆潮流而上，并不断对抗趋势。"[①]

她放弃了首张专辑中的放克风格，转而选择《宛如处女》等适合电台播放的曲目。后来，她在音乐中不断融入爵士乐和灵魂音乐元素，并从嘻哈文化中寻找一些灵感。跟滚石乐队一样，她不断地适应流行音乐的新发展，而不是一次又一次地发行风格相同的专辑。

这种做法需要很大的勇气。在现场表演中，观众不断地要求她演唱上榜曲目，但是麦当娜很少满足他们的需求。她的职业生涯一直处于在离经叛道和主流文化之间，在驾驭潮流与鄙视先锋之间走钢丝。麦当娜经常被指控剽窃其他音乐家的作品，还陷入了无数的官司。她能适应不同的影响力，而且不在意借用其他艺术家现成的音乐元素。

最重要的是，她乐于学习新事物，不会长时间原地踏步。帕特·莱昂纳多是曾与平克·弗洛伊德和迈克尔·杰克逊合作过的音乐人。他回忆道："有一个阶段，麦当娜要求跟我进行发声训练。有些歌手认为他们没有必要进行太多的练习，她却不同。"[②]

麦当娜渴望学习、改变、发展、尝试新生事物和打破常规与禁忌，这对她的职业生涯大有裨益，帮助她成功实现了追求财富与名气的梦想，将同时代的很多女性远远地甩在身后。

---

① O'Brien, pp. 83 - 84.

② O'Brien, p. 99.

那些敢于不同的人，对危机和问题也有不同的见解。当其他人绝望恐慌的时候，他们则抓住了前所未有的机遇。他们有力量不受大众情绪的影响，乐于做不同于他人的事情。这就是他们成功与发达的原因。

敢于不同的人评估风险的方式也不同于大多数人。在令大多数人恐惧的形势中，他们反而捕捉到机会，大放异彩。阿诺德·施瓦辛格知道如何应对危机，正如他的传记作家总结的那样："施瓦辛格善于将问题转变为机会。在 20 世纪 70 年代的经济危机中，房地产投机使他成了百万富翁，加州财政危机使他成了州长，生态危机确保了他连任……施瓦辛格，投机者。"[①]

阿尔瓦立德王子，有时被称作"中东地区的沃伦·巴菲特"，他是另一个典型的例子。阿尔瓦立德王子 1957 年 3 月出生于沙特阿拉伯，通过投资成为世界第四最富有的人，2017年他的财富估值为 190 亿美元。阿尔瓦立德财富的基础并不是石油，而是房地产和开发项目。20 世纪 80 年代后期，他在利雅得的奥拉亚区发现了一大块没有开发的土地。当时，那里除了零星几家卖珠宝和电器的商店外，没有别的产业。阿尔瓦立德王子跟这片土地的所有人商谈购买事项，对方开出了每平方米 1600 美元的高价，这是阿尔瓦立德无法接受的。

1990 年，伊拉克入侵科威特，这片地区的人们陷入了恐慌。由于担心沙特阿拉伯成为下一个攻击目标，很多投资者撤资。房地产价格骤然下跌，阿尔瓦立德以每平方米 533 美元的价格购入这片地，价格是当初要价的 1/3。他利用其中 1/3 的面积建造了整个欧洲、中东和非洲最高的建筑——王国中心大厦。

---

① Hujer, S. 301.

四年后将其余土地售出，获利400%。尽管他很高兴原来的所有者以这样的价格把土地卖给他，不过他不明白他们为什么这样做："他们在想什么？难道美国不打算击败萨达姆吗？"[①]

他经常使用的策略是，总能在危机中看到成功投资的机会。20世纪90年代初，伦敦东区正在开发当时欧洲最大的不动产项目——金丝雀码头。糟糕的是，占地34英亩的新办公综合楼建成后，由于伦敦那个地区缺乏充足的基础设施，房地产价格和租金降至低点。没有投资者对伦敦码头这个16万平方米的办公空间感兴趣。保罗·里奇曼，这个大项目的发起者，失去了他的投资。

阿尔瓦立德购入金丝雀码头公司6%的股份，并让里奇曼担任董事长。4年后，这家房地产公司上市了，股价在2000年达最高点。2001年1月，阿尔瓦立德以2.04亿美元卖掉了他手中的这家公司2/3的股票，而最初他购入的价格仅为6600万美元。随后5年，他的年收益率为47.7%。20世纪90年代后期，他在苹果公司和默多克的公司的投资，即便在公司陷入严重财务困境的时候，依然给他带来了几百万美元的收益。

1991年，阿尔瓦立德做了一笔最大的投资。在花旗银行（曾是美国最大的银行）的股票跌至低位的时候，他给这家处于困境的公司投资了8亿美元，是所有个人股东中最大的一笔投资。2008年金融危机导致股市大幅下跌之前，他拥有的花旗银行股票价值已升至100亿美元。

另一位逆潮流赚大钱的人物是吉姆·罗杰斯，他是世界上最著名的投资家之一。1968年到华尔街工作之前，他在耶鲁大学和牛津大学学习历史和哲学。在美国股市市场最暗淡的时

① Khan, p. 139.

候，他为自己日后的财富和成功奠定了坚实的基础。

罗杰斯在阿恩霍尔德与 S. 布莱希瑞德投资银行会晤了乔治·索罗斯，随后跟他一起创立了量子基金。尽管对冲基金在今天很常见，不过在当时，却没几个这样的基金。债券比股票更受欢迎，对大宗商品和货币的投资几乎闻所未闻。此外，大多数美国人几乎只投资国内证券，对海外市场没有多少兴趣。卖空在当时也没有现在普遍。

罗杰斯和索罗斯打破规则，从世界各地购买股票、大宗商品、货币和债券，并且采用的是类似卖空这样的做法。当时，没有人想过采用这种投资手法，这帮助他们在全球发现了新的、有趣的市场。

罗杰斯藐视公认的智慧，经常购买那些陷入困境的公司的股票。比如，20 世纪 70 年代中期，他大量购入飞机制造商洛克希德·马丁公司的股票。他给我讲了一个故事。在一家豪华酒店，他与银行家和投资者见面，其中一人听说罗杰斯购买了洛克希德·马丁公司股票的风声。当时，洛克希德·马丁公司正陷入一系列的丑闻，负面新闻几乎每天都上各家媒体头条，股票早已大幅下跌。这个人好奇地大声问："谁会投资那样的公司？"声音大得每个人都能听到，其他客人跟着哄堂大笑。罗杰斯觉得受到了侮辱，毕竟，他是他们嘲笑的对象。

"谁笑到最后，谁笑得最久"，这句格言再次证明是正确的。罗杰斯做足了功课，积极分析公司的前景，而且最终证明他的分析完全正确。接下来，洛克希德·马丁公司的股票大幅上涨，他的基金赚取了巨额利润。在标准普尔 500 指数仅上涨 47% 的时候，罗杰斯和索罗斯管理的量子基金惊人地增长了 4200%。罗杰斯说："当其他人嘲笑你的时候，你要知道自己正朝着正确的方向前进。别人越嘲笑你，你越有可能是正确的。"

他告诉我："在我年轻的时候，面对这些的确不易。我并不喜欢逆潮流而行，如果所有人都说你错了，你肯定会开始怀疑自己，即使你从成为少数派中得到了乐趣。"睿智如他，也曾有过受到大众恐慌影响的时候，比如，在两伊战争一触即发时，他一直在卖空石油。当战争爆发后，油价暴涨，他跟大家一样，陷入恐慌，开始清仓。事实证明这是一个错误的决定，因为后来油价暴跌。

随着时间的推移，罗杰斯的经验越来越丰富，他对别人的嘲讽也不那么在意了。罗杰斯说："我意识到了坚持自己的重要性，要相信自己的分析是正确的，即使一开始形势不利。今天，更有可能出现相反的情况。如果所有人都跟我看法一致，我就要怀疑自己是否正确，是否到了抛售的时候。"

20世纪80年代，《时代周刊》授予他"华尔街印第安纳·琼斯"的称号，因为他投资的国家，对于多数美国人而言，闻所未闻。罗杰斯说："我购买葡萄牙、奥地利、非洲国家和南美国家的股票。美国99%的投资者不知道这些市场的存在。绝大多数投资者甚至没在德国投资过。我买西门子的股票，而不是通用电气公司，结果证明我再次成功了。"

20世纪90年代末，在"新经济"繁荣的鼎盛时期，享有盛誉的华尔街美林证券公司关闭了大宗商品交易部门。在投资互联网创业企业风靡一时的阶段，没有人对大宗商品市场感兴趣，罗杰斯对这一市场的兴趣却由来已久。在美林证券关闭其大宗商品部的同一年，罗杰斯创立了自己的罗杰斯国际商品指数（RICI），这是今天世界上最知名的商品指数。

罗杰斯认为："无论是生活上的成功，还是股市上的成功，都取决于你预知变化的能力。"他意识到了共产主义的垮塌，预见了到中国经济的崛起，以及新兴市场的出现，这些将带来对大宗商品的庞大需求，可供应将继续下滑。1990～1992年，罗杰斯和女友骑着摩托车环游世界，横跨 10 万英里，足迹遍及六大洲，还被载入了吉尼斯世界纪录。罗杰斯在《投资骑士》（Investmert Biker）一书中对那次旅行的记录引人入胜。从 1995 年 1 月 1 日到 2002 年 1 月 5 日，罗杰斯和妻子进行了另外一次环球之旅，这次旅行覆盖了 116 个国家，横跨 15 万英里。

无论何时，只要年轻人向他请教成功的最佳途径，罗杰斯就会告诉他们跟随他的脚步——研究历史和哲学。"然后他们会问：但是我想跟你一样挣钱发财啊。他们认为学习经济可以帮助他们实现目标。"罗杰斯认为他们傻得可爱，他说："研究历史帮助我理解一切总在变化中，万物不是恒定的。今天发生的这些事情，放在 30 年或者 40 年前，人们会认为根本不可能。苏联的解体、美国的衰退、中国不可阻挡的崛起、万维网……当初谁能预见到这些呢？永恒的变化是历史上唯一不变的。作为投资者，理解这一点，比在大学经济学课堂中老师教给你们的那些具体知识重要。"

研究哲学同样有用。罗杰斯说："它帮助我培养了健康的怀疑主义。你不能被事物的表面价值所蒙蔽，即使媒体、权威人士不停地一再重复。你应当独立思考，有坚守信念的勇气，不断地刨根问底，即使有悖于传统观念和主流思想。"

2007 年 12 月，罗杰斯以超过 1600 万美元的价格卖掉了纽约的豪华联排别墅，搬到了新加坡，至今仍生活在那里。2013年，我和他在新加坡见了面，他告诉我，今天亚洲的地位正如19 世纪的伦敦和 20 世纪 20 年代的纽约。他还说，世界的未来不在美国或者欧洲，而是在亚洲。他想让自己的两个孩子（在他 60 多岁的时候出生的）长大后能讲一口流利的汉语普通话。

与吉姆·罗杰斯第一次会晤时，我们相处甚欢，因为都意识到了特立独行、不随波逐流的重要性。在自传中，我详细列举了自己在柏林房地产市场的各项投资。这里有一个例子，讲述我如何空手赚取了400万欧元。[①] 2004年，我在当时老旧的柏林新克尔恩购入一栋公寓大楼，楼内有24套公寓。当时，所有人都劝我放弃这笔交易，除了房地产经纪人于尔根－迈克尔·希克。他将这栋大楼卖给我，11年后又以中间人的身份帮助我以4倍的价格把它卖给另一位投资者。当初，当我告诉自己的熟人，包括很多不动产专家，我想在新克尔恩买一栋公寓大楼的时候，他们异口同声地反对。德意志银行甚至拒绝了我的融资申请，因为他们认为新克尔恩这个地方对于房地产投资来说，风险太大了。

对于这次投资，大家值得翻看一下旧报纸，从中可以学习到很多投资技巧，因为今天，德国的房地产市场被普遍认为是欧洲最具有吸引力的投资市场。很难想象，当初对新克尔恩的投资竟然被视为荒诞可笑。2002年3月20日德国《每日镜报》（*Tagesspiegel*）报道了由德国经济研究所（DIW）组织的"柏林未来专题研讨"。DIW指出，当时，就欧洲的经济增长而言，德国位列倒数。在德国国内，柏林的位置更加靠后。旅游业下滑，零售额下滑。2003年8月22日的《柏林晨邮报》（*Berliner Morgenpost*）指出，柏林住房市场的空置率达到了创纪录的最高点，共有16万套住房空置。在德国住建议员彼得·施特里德（德国社会民主党）和左翼的赫尔诺特·克莱姆之间爆发了激烈的争论。根据报纸报道，他们争论的焦点

---

① 以下最早出现在我的自传《跌倒重来》（*Wenn du nicht mehr brennst, starte neu!*）中，2017。

是，应该拆除一些战后修建的预制板结构的住宅楼，还是像左翼主张的，将位于市中心的战前建造的房屋拆毁。

2004 年 2 月 10 日，德国房地产界领先的专业杂志发表了一篇题为《压力下的柏林住房市场》的文章，谈到了柏林的 13 万套空置房。该报援引一家银行的一个研究，指出业主自住的不动产价格将继续下跌。银行家们预测，住宅小区的价格也将继续回落。公寓的出售价格在每平方米 1000～5000 欧元，但是，几乎没有人想购买新建公寓，或者买超过两个房间的公寓。

2004 年 11 月，明镜电视台报道说："新克尔恩区被认为是柏林的贫民收容所。该地区有 30 多万居民，近 1/4 为失业人口。这个地区接受社会福利救济的人口密度在欧洲是最大的。"2004 年 1 月，《柏林日报》（Zeitung）的头版大标题是"新克尔恩——濒临失控的边缘"。2004 年 9 月 9 日的《世界报》（Die Welt）发表文章《新克尔恩：贫困的中心——福利成为新常态》。

当时，难道我没有读到这些报纸以及关于柏林的负面研究吗？不，我读了。但是，我认为这些坏消息和观点不应该被市场消化。新克尔恩的公寓楼非常便宜，主要原因是没有人愿意购买。房地产的价格是根据购租比计算的，就是用年净租金除以购房价格。当时，年净租金 15.1 万欧元，购买价格为 102 万欧元。这个价格实际上很划算，因为我是以 6.8 的购租比购入的，或者说总初始收益率几乎接近 15%。

加上经纪人的佣金、土地转让税，以及一些最初的维修金，我总共支出了 122 万欧元。幸运的是，我认识一位非常聪明的银行家，他知道这笔交易多么划算，我的投资不会打水漂。这家银行借给我 116.4 万欧元支付购置成本，还借给我

7.8 万欧元用于这栋大楼的现代化改造。他们总共借给我124.2 万欧元，比收购和大楼现代化改造所需资金多出 2.7 万欧元。所以，我以零产权抵押购买了这处地产。

然而，我的确同意了高达 6% 的初始还款利率。到 2015年 3 月底，剩余债务仅为 22.4 万欧元。随着柏林房地产市场价格的飞涨，一些投资者投入的资金让我难以理解，我决定出售这栋大楼，并获得了 420 万欧元。我持有这个大楼的产权十年，其间租金上涨幅度不大，不过相比于我在 2004 年购入时的 6.8 的购租比，2015 年出售时的购租比已达 24。这就是我如何在大约十年的时间里，想方设法把手里的零欧元变成了400 万欧元。这是一次异乎寻常的房地产投资，也是一次鲜有成功的投资。不管怎样，或者说就是这样，你可以从这次投资中学到很多知识。

当购买房产，或者进行其他投资的时候，你需要拥有未来视野。在千禧年的开端，我跟其他人一样看到了柏林房地产市场的问题：高空置率、交易停滞与租金下滑。然而同时，我也看到了内在机遇。早在 2000 年 4 月 18 日，我就在《世界报》上发表了一篇重要文章，标题是"十年内价格翻倍"。鉴于当时市场的不景气状况——中端市场的居民区房屋价格暴跌50%，几乎没有人接受我的预测。

但是我有自己的逻辑，在文章中，我这样解释："房屋供应短缺即将到来，因为柏林的住宅建造与现代化改造是由税收驱动的。到 1998 年末，特殊折旧补贴期满时，投资者将第一次在没有税收优惠的条件下奋力生存。然而，鉴于租金如此低廉，房地产就不值得投资了。"我的结论是：中长期看来，房屋供应将下降，房租和房价将大幅上涨。

对于投资而言，判断最佳时期并不容易。当价格下降时，我觉得非常安全。只要价格开始上涨，市场行情一变，我就开始紧张。新克尔恩就是个很好的例子。几年前，那里开始繁荣。购租比为 9 ~ 10，价格涨至年净租金的 12 ~ 13 倍。这对我而言太贵了："如果在购租比为 13 的时候购买地产，我疯了吧？那几乎是我当初买入时的 2 倍。"但是高价面前的迟疑，结果证明完全是错的。我没预料到的是价格居然不断上涨，甚至是爆炸式上涨。如果我在购租比 13 的时候买入，今天又可以以翻倍的价格卖出。

然而，这也是反周期投资者必须接受的现实。作为反周期投资者，你很有可能过早抛售，然后看着价格继续上涨。或者你在价格触底之前，就停止了购买。我对此并不恼火，那不是我的心态。我想我们处理今天的事情，计划明天的事情，已经够辛苦了。如果再对已经失去并且不会重现的机会念念不忘的话，那就是浪费精力。我在小规模投资上获得的经验，现在有很多大投资者在不断地重复与借鉴。

对于谨慎的反周期投资者而言，危机与崩盘给他们提供了黄金机遇。当其他投资者忙于舔舐伤口的时候，反周期投资者则赚得盆满钵满。没有比在市场崩溃的恐慌中买进更好的机会了。巴菲特有时候会用几年时间观察一家他喜欢其商业策略的公司，同时等待机会以好价钱收购。在股市大涨，全民狂喜的时候，这些机会就不多见了。当沮丧和恐慌出现的时候，股民们急于出手自己的股票，这才是投资者反周期地采取行动、把握机遇的好时候。

对于像沃伦·巴菲特这样的人而言，即便像"9·11"恐怖袭击这样的悲剧也可以呈现出机遇。他的保险利益经理阿吉特·简，在恐怖袭击发生后，马上开始销售针对恐怖袭击的险种，填补了市场的空白，冲淡了像世贸大厦被摧毁这样的悲剧事件。简帮助位于曼哈顿的洛克菲勒中心和克莱斯勒大楼、美国南部的一家炼油厂、北海的一个钻井平台、芝加哥的希尔斯大厦投保了恐怖袭击险。巴菲特的伯克希尔·哈撒韦公司甚至还为奥运会保了取消参赛险和美国运动员退出比赛险。伯克希尔·哈撒韦的保单还涵盖了盐湖城冬奥会、足球世界杯赛。对于恐怖分子的暴行，巴菲特的震惊程度不低于其他任何美国人。然而，他没有让个人的愤怒妨碍自己的商业利益。他说："在危机中，将金钱与勇气相结合的做法是无价的。"①

基金经理约翰·保尔森肯定认同巴菲特的信念。当大多数美国人还在指望房价上涨的时候，保尔森早早预见到，"9·11"袭击之后实施了多年的低息贷款政策带来的房地产泡沫正在加剧膨胀，马上就要破裂了。

他不是唯一一位预测到房地产泡沫即将破裂的人，但他是为数不多的基于这种认识开始思考如何利用这一机会赚钱的人。哪个金融工具可以被用来下赌他预测的结果呢？什么时候是下赌的最佳时机呢？在每个人都对房地产市场充满狂喜的时候，如何能够赢得其他投资者的支持呢？

保尔森最初尝试着从卖空房地产开发企业不断下跌的股票中获利。当这个策略失败后，保尔森和其他投资者开始寻找从预期下降的房地产价格中获利的更好方式。

他们最终决定依靠所谓的信用违约掉期合同，为大量次级抵押贷款（简称次贷）提供违约担保。由于大多数市场参与者不相信会有违约情况，违约保费低得可笑。购买这些次贷的投资者们盲目地相信评级代理机构的评估，而这些评估又是以对违约风险的估算为基础的。保尔森可不是这么容易上当，他

---

① Schroeder, p. 719.

知道这些估算是基于房屋价格依然上涨时期的历史数据，提供给信用评级可疑的房屋所有者的次贷的比例非常低。他怀疑，基于这些数据对未来进行预测是不可靠的。

最初，保尔森难以找到愿意赌房地产泡沫即将破灭的投资者。绝大多数投资者不会反周期思考，实际上，如果他们能够这样思考，那就矛盾了。当他最终筹到足够的资本，又将面临另外一个问题。正如他所希望的那样，随着其他市场玩家开始意识到违约风险，信用违约掉期合同的价格非但没有上涨，反而持续下跌。他的很多投资者开始质疑他的战略，并想要回他们的资金。

保尔森不会改变主意。他透彻地研究抵押贷款市场，密切关注不良信用评级和高风险抵押贷款，而这些被乐观的参与者系统地忽视了。他花费大量时间辨识美国本土的房地产市场，在这个市场里，投机买卖和可疑抵押贷款的发放导致了抵押失控。

美国银行不加选择地向既没有收入也没有资本的人发放抵押贷款，有时甚至不需要对方提供收入证明。最初两年的抵押贷款利率非常低，然后急剧提高。只要利率低，房屋价格还继续上涨，要想还清房贷的确是一场赌博。

保尔森认为这种状况不会持续得太久。他相信迟早很多按揭借款人将欠缴房贷。从长远看，保尔森的战略成功了。房地产泡沫破灭引发了全球的金融和经济危机，大多数市场玩家认为这是前所未有的巨大灾难，保尔森基金的投资者们却从中赚取了 200 亿美元，保尔森本人持股 20%，收益 40 亿美元。有一本关于保尔森的书，名叫《史上最伟大的交易》（*The Greatest Trade Ever*），这的确是金融史上最伟大的一笔交易。

从别人认为的危机中看到机会，需要强大的精神力量。你必须拥有逆势而为的勇气。不管对自己的战略多么有把握，在某个时间节点，你一定还会对自己产生怀疑：真的是大多数人错了？还是我太固执，看不到自己的想法有缺陷？有没有这种可能，就是我看到了其他大多数市场竞争者没有注意到的问题。

逆潮流而上的能力是所有成功企业家和投资者共有的能力。当霍华德·舒尔茨设计星巴克的全国扩张战略时，他可以找无数的理由，认为自己野心太大，不切实际。"从第一天起，星巴克就不甘落后。"① 星巴克起家的西雅图，在20世纪70年代初陷入了严重的经济衰退。波音公司作为西雅图最大的企业，失去了很多订单，不得不在三年内将其员工数量从10万人削减到3.8万人。很多人搬离了西雅图。星巴克在西雅图开第一家门店的时候，机场附近的一块广告牌上嘲讽道："最后离开西雅图的人，能把灯关掉吗？"

无论从哪个角度看，这都不是创建咖啡连锁店的好时机。过去十年，美国咖啡总消耗量持续下降。如果星巴克的创始人委托研究人员做一个专题研究的话，结果一定是令人沮丧的。但是他们对市场调研不感兴趣，也不想浪费时间找到他们经营理念失败的原因。当然，权衡自己设定目标的利与弊是有道理的。但是，除非你真的进行尝试，否则永远不知道自己的计划是否可行。尝试和失败胜过止步不前，如果不试一试，你就已经失败了。

逆境也可以被视为良机。以谷歌公司的历史为例，它无疑是20世纪90年代末网络狂潮中不可或缺的组成部分。当时，很多预言家预测网络时代即将到来。每天都有新的互联网公司

① Schultz/Yang, p. 31.

成立，其中绝大多数最终损失了大笔金钱。2000 年，谷歌公司成立 18 个月后，互联网泡沫破灭。市场一如既往地剧烈动荡。突然，与互联网相关的一切都被视为高风险的，硅谷中的公司大规模裁员。幸运的是，事实证明，谷歌公司的创始人拉里·佩奇和谢尔盖·布林没有受到经济萧条的影响。

他们二人把这起危机看成以合理价格从其他公司挖走一流人才的最佳时机。对于谷歌这样的新公司而言，原本请不起的软件设计师和数学家，突然到佩奇和布林这里来求职。他们得以雇到最优人才，公司以难以想象的速度发展。如果没有这起危机的话，一切都是不可能的。

总之，在思考和行动上，成功者有着不同于多数人的勇气。他们有足够的自信无视他人的观点，有时，甚至会从特立独行中得到快乐。即便在严重的危机当中，当其他人惊慌失措和绝望沮丧的时候，他们也能鼓起勇气，集中精力捕捉危机带来的各种良机。

有些人难以接受自己与他人不同。你是那种人吗？如果是，那就鼓起勇气，很少有成功者遵守社会规范与惯例。另外，有些人声称不在意别人的看法，对此，我很难相信，因为没有人能完全无视他人的观点。但是，有一个重要的区别：一些人可以应付拒绝和反对意见，而其他人却不能。后者经常表现为缺乏自尊。不过，如果你把大多数非成功人士的观点作为准绳，也会像他们一样不成功。像碌碌之辈一样思考和行动，你也会泯然众人矣。如果你想把目标定得更加远大，那么一定要有独立思考的能力，这样才能有独立行动的能力，也才能取得更大的成就。

第六章　坚持立场

　　没人喜欢争论，除了我们当中那些臭名昭著的捣乱分子，我们都尽力避开他们。争论耗时耗力，任何情况下都是如此。你应当经常问问自己，一件事是否值得争执不休。然而，我们当中竭力回避争论的人永远不会推动和改变任何事情。

　　尤其在管理层面，有两类不同类型的管理者：一类是"可爱的"和事佬型管理者，他们希望所有人在所有事上观点一致，最重要的是希望所有员工都喜欢他。另一类是严厉、追求成功的管理者，为了公司的改变和进步，他做好了应对重大利益冲突的准备。

　　杰克·韦尔奇属于典型的第二类人。1981～2001年，在他担任通用电气公司首席执行官的20年里，他将公司的营业额从每年270亿美元提高到1300亿美元，年利润增长600%，达到了127亿美元。2000年末，通用电气公司成为全球价值最高的公司，市值达4750亿美元。他还将通用电气公司40万的员工裁减了1/4。正如你所想象的那样，他的领导风格引起了大规模的争议和对抗。1999年，韦尔奇被《财富》（Fortune）杂志评选为"世纪经理人"。他的领导原则的确值得研究。

韦尔奇最显著的一个性格特点是乐意在争论中与人较量。当然，他不会为了争论而争论。他知道对于这样一个庞大而僵化的公司来说，促其发展的唯一途径就是彻底改变它的组织结构。他知道，为了使公司适应未来的发展需求，他必须与特殊利益集团、裙带关系、严重的官僚主义，以及懒惰怠工的工作作风进行坚决的斗争。

在成为首席执行官之后，他受邀给爱尔梵协会（Elfun Society）发表讲话，其中汇聚了通用电气公司最有抱负的白领们。

听完韦尔奇的第一次讲话，这些人震惊了。韦尔奇说："感谢各位邀请我过来讲几句。今晚，坦率地说，我首先想让各位反思这样一个事实，那就是对于你们的这个组织，我持严肃的保留意见。"[1] 没有人打断他的话，他继续解释，他认为这个组织的观念过时，无法引起他的关注。当他讲完，这些优秀社员鸦雀无声。

更让他们震惊的是，韦尔奇画了一张图，上面是三个圆圈，表示这家跨国金融集团不同的部门。这三个圆圈之外的所有部门，包括很多具有悠久传统和大量雇员的部门，被要求重组、出售，或者关闭。其中包括小型家电部、中央空调部、电视生产部、音响产品和半导体部，这些都是韦尔奇认为从长远看，无法与亚洲竞争者抗衡的部门。这些部门的负责人和员工非常愤怒，不止一个人说："我是麻风病人吗？还得被隔离吗？这可不是我加入通用电气公司时希望的结局。"[2] 在韦尔奇独立管理公司的前两年，他卖掉了71个部门和产品线，大幅提高了企业生产率，同时也引发了巨大的不满。面对铺天盖

---

[1]　Welch, *Straight from the Gut*, p. 98.

[2]　Welch, *Straight from the Gut*, p. 110.

地的反对意见，换成其他首席执行官，也许就不会进行激进的改革了。

当韦尔奇卖掉小型家电部时，他收到了大量来自愤怒员工的信件。韦尔奇说："如果当时有电子邮件的话，估计公司的每台服务器都要被堵塞。"这些信件表达了相似的情绪："你怎么是这样的人？如果能做出这种事，毫无疑问，你什么事都做得出来！"①

在五年中，韦尔奇从不赚钱的部门中解雇了11.8万名员工。韦尔奇回忆道："在整个公司，人们都在与不确定性进行抗争。"②他没有躲起来，而是与员工公开会面，他每两周跟大约25名员工举行一次圆桌讨论。"我想改变参与规则，要从少数人那里获取更多的利益。我一直坚持，只有最优秀的才可以留下。"③

韦尔奇不仅与自己公司各部门的高管和员工对抗，还与试图给他施压的工会领导、市长和政客们较量。拜访马萨诸塞州州长时，州长表达了希望通用电气公司为该州创造更多就业机会的愿望。韦尔奇说："州长先生，我必须诚恳地告诉您，林恩是我在地球上最后一个增加工作岗位的地方。"位于林恩的工厂是唯一一家反对通用电气公司与工会签订全国性合同的工厂。"我为什么要把工作机会和钱投到麻烦重重的地方呢？我为什么不在人们需要的地方建厂呢？"④

《财富》杂志将韦尔奇列为"美国十大最强硬老板"之首。在对他的一个专题报道中，不愿透露姓名的员工说："为他工作

---

① Welch, *Straight from the Gut*, p. 120.
② Welch, *Straight from the Gut*, p. 121.
③ Welch, *Straight from the Gut*, p. 122.
④ Welch, *Straight from the Gut*, pp. 130 – 131.

就像参加一场战争。很多人被枪杀，幸存者继续迎接下一场战斗。"这篇文章声称，韦尔奇的问题无异于一次身体攻击。[①] 但是他也不吝于赞美，认可并奖励那些做出突出贡献的员工。

如果有人批评他工作方法"粗暴"，他会予以驳斥。在自传中，他甚至说："对于那些精心培养却不成才的人，我当时真不应该感到痛苦。结合多年经验，我感觉自己在很多情况下过于谨慎。我应该尽早打破原有结构，更快卖掉那些疲弱的企业。"[②]

对于不认同公司价值观的员工，不管他们的业绩多么突出，韦尔奇同样毫不客气。他建议那些经理和高管，如果打算解雇这些员工，她们绝不要找类似"查尔斯因个人原因离职，是为了可以有更多的时间陪伴家人"[③] 这样隐晦的借口。相反，他会开诚布公地说，这个员工是因为不认同公司的价值观而被解雇的。"你要保证查尔斯的接任者与他行事方式不同，并且不要考虑聘用那些质疑我们价值观的人。"[④]

韦尔奇无法忍受那些牢骚满腹的人，他们总抱怨公司这里不好，那里不对，自己没有得到应有的重视，等等。按照韦尔奇的观点，如果有员工这么抱怨，老板应该被批评，因为他们在公司里创造了"一个权利文化，在这种企业文化中，员工找不到自己的定位，认为你应该为他们效力"[⑤]。韦尔奇给

---

① Welch, *Straight from the Gut*, p. 131.

② Welch, *Straight from the Gut*, p. 138.

③ Welch, *Winning*：*The Answers. Confronting 74 of the Toughest Questions in Business Today*, p. 58.

④ Welch, *Winning*：*The Answers. Confronting 74 of the Toughest Questions in Business Today*, p. 58.

⑤ Welch, *Winning*：*The Answers. Confronting 74 of the Toughest Questions in Business Today*, p. 84.

"软柿子"高管的建议是："你在管理一家公司，不是一家社交俱乐部，也不是一间咨询服务站。"① 他建议他们尽快改变公司的内部文化，并且坚定自己的立场："无疑，当取消公司的权利文化时，你会听到痛苦的呼喊，你欣赏、重视的一些员工可能抗议、辞职。不要紧，顶住压力，祝他们好运。"②

韦尔奇一再倡导一种沟通文化。他说，通过这种文化，每个员工都知道他们的表现是否达到了标准。很多公司犯这样的错误，就是满足于"人性化，用虚假的善意和乐观将艰难紧急的信息加以弱化"③。很多老板对员工手下留情，而不是"直截了当地警告。直到忍无可忍，他们才解雇那些业绩欠佳的人"④。当他们告诉员工"尤其是那些真正的失败者，找个适合自己的地方吧"，经理们依然为自己"温和""友善"的态度感到骄傲。⑤

这是因为他们不能，也不愿意坚持立场。与通过斗争解决问题相比，回避争论更容易。因为争论的结果通常是公开的，所以斗争不仅费时费力，还会带来风险。

可是，绝大多数人在与过分关注和谐、一致与和解的人打交道时，会本能地感觉到这些人的性格偏好。他们认为这是软弱的品质。追求和谐没有错，不过不能过分。对

① Welch, *Winning*：*The Answers. Confronting 74 of the Toughest Questions in Business Today* p. 85.

② Welch, *Winning*：*The Answers. Confronting 74 of the Toughest Questions in Business Today*, p. 86.

③ Welch, *Winning*：*The Answers. Confronting 74 of the Toughest Questions in Business Today*, p. 99.

④ Welch, *Winning*：*The Answers. Confronting 74 of the Toughest Questions in Business Today*, p. 99.

⑤ Welch, *Winning*：*The Answers. Confronting 74 of the Toughest Questions in Business Today*, p. 128.

和谐的极度渴望其实源于害怕。那些害怕惹怒他人、害怕
争论、害怕拒绝的人，通常严重缺乏自信。由于缺乏赢得
争论的自信，他们回避一切争论。这样，他们其实已经满
盘皆输。缺乏自信的人，常常不愿意坚定立场、直面冲突，
也很难赢得他人的尊重。如果你认为自己软弱，别人也会
这样认为。

在等级制度健全的公司里，这类人不会被提拔到重要岗
位。毕竟，谁愿意将领导职责委托给一个回避冲突、只求和谐
的人呢？其他员工可能喜欢这样的人，但不会尊重他（她）。
老板不应该只想得到员工的喜爱，而应该大力执行必要的措
施，对达不到标准的员工进行公开严格的考评。

如果你天生是个"和事佬"，该怎么办？一方面，需要努
力改变性格。另一方面，需要聘用敢于直面冲突的经理，以弥
补自己的不足。在一定程度上，你可以将一些棘手的任务委托
给他们。

坚定立场是主张自己的观点、对抗他人的先决条件。阿
诺德·施瓦辛格的传记作家这样说："他总想与他人不同，
拒绝被周围的世界同化。所以，他创造了一个被他同化的
环境。"[1]

与戴尔·卡耐基的经典著作《人性的弱点》相似，很多
关于如何与他人打交道的自助类图书在传统上倾向于采取完全
不一样的方法。"赢得争论的唯一方法就是回避争论。"卡耐
基在名为"你无法赢得争论"[2] 一章中这样说。他建议读者：
"尊重对方的意见。永远不要说'你错了'。"[3]

---

① Hujer, S. 23.

② Carnegie, p. 126.

③ Carnegie, p. 139.

关于批评别人时哪些话该说，哪些话不该说，卡耐基在书中给了很多有用的建议。许多经理人听从了他的建议，取得了更大的进步。沃伦·巴菲特以卡耐基的人生哲学为基础，设计了一个个人培训项目，并因此成为有史以来最成功的投资人和管理者。然而，那些害怕冲突的人对卡耐基的建议理解得很片面，把它视为竭力回避争论的借口。我们都知道，现实生活并非如此。

那些身处高位的人，在处理该做的事情时，只有敢于直面冲突才会赢得尊重。这并不意味着要提高声调，或语气强硬，而是意味着优先执行合理的目标和期望。如果可以温和地做到这一点，很棒。但是，每个经理人都知道，有时需要明确地表达批评意见。如果做不到这一点，你就难以坚持自己的意见，也很难引领他人并赢得他们的尊重。

有关领导力的书籍经常描绘出一幅不切实际的画面。成功的管理者不轻易批评手下，只乐于表扬，他们从不抬高声调，从不在别人面前训斥员工。当然有这样理想化的企业家和高管，但是他们的数量绝对不多。相反，更多的企业家与这些关于领导力的书籍上所描述的截然不同。

对成功企业家的分析表明，咄咄逼人的争辩能力有其消极的一面。这种与员工打交道的方式不值得效仿，它会令员工士气低落，情绪消沉，甚至萌生退意。这样，很可能失去有价值的员工队伍。

以比尔·盖茨为例，他是历史上最成功的企业家。在某些方面，他的做法与领导力书籍中提倡的做法完全相反。盖茨经常在深更半夜给员工们发邮件（通常，这时员工依然在工作），他因此"名声大噪"。一封典型的公文邮件是这样开头的，"这是我见过的最愚蠢的编码"①。员工们把这些邮件称为"攻击性邮件"——它们"语言直率，经常充满讽刺意味"②。

在创立微软之前，盖茨就以脾气火爆而闻名。在美国微仪系统家用电子公司工作的时候，他经常火冒三丈，大发雷霆。他从前的老板这样回忆："他入职的第一个夏天，有一天冲进我的办公室，扯着嗓子喊有人偷了他的软件。除非我们将他列入正式员工，否则他永远赚不到钱，也不想从事其他的工作。"③

跟很多老板一样，盖茨缺乏耐心，他经常以一种让别人觉得被冒犯的方式表达自己的不耐烦。微软的一位前经理记得，上班的第一周，盖茨冲进他的办公室，大声喊："你怎么在这份合同上花这么多时间？马上完成！"④ 在讨论中，"盖茨像一台生硬的设备那样运用自己强大的智慧。当他想表明观点的时候，会态度粗鲁，言辞挖苦，甚至口出恶言。一旦查明错误，他恨不得把责任人撕碎"⑤。盖茨经常坐在椅子上前后摇动，盯着前方，思想仿佛已飘到了别处。"然后，突然，当听到了不喜欢或者不同意的观点，他不再摇动椅子，而是挺直身板，勃然大怒。有时还会把手里的铅笔奋力一掷，高声大喊，甚至用拳头猛砸桌子。"⑥

一位微软的生产部门经理回忆："他经常训斥别人。将自己的才智强加给别人并不能赢得战役，但是他不知道这一

---

① Wallace/Erickson, p. 50.
② Wallace/Erickson, p. 277.
③ Wallace/Erickson, p. 101.
④ Wallace/Erickson, p. 149.
⑤ Wallace/Erickson, p. 266.
⑥ Wallace/Erickson, p. 280.

点。"① 当一位部门经理告诉盖茨自己不能同时管理一个项目还编写代码时，盖茨一下子站起身来，将拳头狠狠地砸在桌子上，大喊大叫。②

一位女员工回忆道，"攻击"是盖茨的默认设置。她说："我就等着他发完怒，一旦他喊累了，我们就可以交谈了。他有时还会给我发来言辞激烈的邮件。"③ 在秘书们看来，盖茨"经常居高临下"。他的脾气"令不熟悉这种对抗型风格的员工苦恼万分"。另一位员工回忆："每当他出远门的时候，大家感到如释重负。"④

盖茨有一种奇怪的幽默感。一位去过微软的客人记得："我们大约在晚上 8 点的时候走出办公楼，一位程序员正好打卡下班。见到盖茨，他说：'嗨，比尔，我在这儿整整待了 12 个小时。'盖茨看看他，说道：'啊，又工作了半天？'这真是太逗了，但你看得出比尔是半开玩笑半认真地说话。"⑤

尽管盖茨不易相处，但是员工们很感激这样一个事实，那就是他们总知道他们与盖茨站在什么立场。一位员工说："很多人不喜欢自己的工作，因为他们得不到任何的反馈。在微软，不存在任何反馈。你会清楚地知道比尔对你工作的理解和看法。"⑥

当然，这些关于盖茨臭脾气的轶事只是故事的一个侧面。他比其他企业家更明白如何激励员工实现共同目标。没人能通过给手下施压就能获得卓越的表现。尽管比尔·

---

① Wallace/Erickson, p. 266.
② Wallace/Erickson, pp. 282 - 283.
③ Wallace/Erickson, p. 293.
④ Wallace/Erickson, pp. 161 - 162.
⑤ Wallace/Erickson, p. 266.
⑥ Wallace/Erickson, p. 298.

盖茨因对他人的攻击性态度而出了名，但他也知道如何通过给员工很大的自由空间去发展创造力，鼓励员工创造性地发展。微软开拓进取的精神和鼓舞人心的氛围吸引来了很多才华出众、抱负远大的年轻人。

比尔·盖茨不是唯一一位行为矛盾的企业家。鲁伯特·默多克的传记作家称，这位净资产达 185 亿美元的传媒大亨"不需要被别人的喜爱，看起来，也不喜欢被别人喜爱"①。他能最大限度地激发员工的工作热情，但"对其员工而言，他冷漠、没有耐心、满身商人气，甚至冷酷无情。然而，为他工作，员工们拥有兴奋感和机遇感，尤其是在他做了很多事情来暗示巨大的兴奋和机遇之前"②。

苹果公司的创始人史蒂夫·乔布斯是另一个典型的例子。他的传记作家说，为他工作就像坐跷跷板，"一端是发现史蒂夫讨厌、令人沮丧、无法忍受；另一端是响应他的号召，心甘情愿地、乐此不疲地合着他的节拍前进"③。乔布斯不介意别人反驳他，前提是反驳他的是"那些他尊重的人，做出过真正贡献的人，在某些方面可以跟他匹敌的人。如果其他人敢反驳乔布斯，那么他在公司工作的日子就此打住"④。

乔布斯坚持的一些规则非常荒谬。在白板上写字是他的专属特权。后来，皮克斯动画工作室的共同创始人阿尔维·雷·史密斯违反这个规矩拿起一支记号笔时，乔布斯火冒三丈，大喊："你不能拿记号笔!"乔布斯冲过来，鼻子都要顶到阿尔维的脸上了，并且用侮辱性的语言羞辱他、贬低他、伤害他。

① Wolff, p. 35.
② Wolff, p. 18.
③ Young/Simon, p. 77.
④ Young/Simon, p. 184.

阿尔维震惊了，随后便辞职了。"他在这里奉献了15年，但是他宁愿放弃这一切，因为不想再看到史蒂夫·乔布斯。"①

他的传记作家说，乔布斯身上散发着"令人恐惧的气息，就像乌云一样。你不想被他叫到面前做产品陈述，因为他可能砍掉这个产品，甚至裁掉你。你不愿意在走廊遇到他，因为他可能不喜欢你给出的回答，还会说出有损人格的话，让你几个星期抬不起头来。你一定不愿意跟他一起乘坐电梯，因为当电梯门再打开的时候，你可能就被解雇了"。② 但是，请允许我重申一下：幸运的是，这只是故事的一个侧面。每个亲耳聆听过乔布斯振奋人心的演讲的人，都不难想象，他为何总能在公司里营造鼓舞人心和充满挑战的氛围，激励员工发挥自己的最佳状态。可是，如果你缺乏乔布斯的魅力和非凡领导力的话，最好不要用这种极端方式测试员工的忍耐力。

为营销大师大卫·奥格威工作也不轻松。如他的传记作家所说，奥格威"在施加自己的标准时，也毫不犹豫"。他的一个广告文字撰稿人说："跟奥格威一起开会，你最好有像犀牛皮一样的厚脸皮，或者提前认真做好功课，将你的战略无可挑剔地展示出来。他会恶语相向，或者采用其他的攻击方式让犯错者明白。跟戴高乐一样，他觉得表扬是稀缺商品，除非让货币贬值。"③

当奥格威修改员工写的文案时，感觉就像："一位医术高超的外科医生在做一台手术，他将一只手放在你身上唯一一个脆弱的器官上。你能感到他的手指指向了一个错误的用词、绵

---

① Young/Simon, p. 185.

② Young/Simon, pp. 235 – 236.

③ Roman, pp. 86 – 87.

软无力的句子和不完整的想法。"① 他的兄弟弗朗西斯·奥格威，在他之前经营这家公司，跟他是同一类人。"人们周一早上刚一上班，就会发现办公桌上有弗朗西斯留的便条，上面写着：'你答应在……上面做注解的，请加快速度'，或者'我要求你……，尽快向我解释为什么还没有……'。"②

据亿万富翁投资家乔治·索罗斯的员工说，跟他共事太难了，因为"你经常受到事后批评"。他对待员工就像对待中学生一样，觉得他们的反应有点儿迟钝。"索罗斯很容易发脾气。他用一种看穿一切的眼神盯着你，让你觉得自己仿佛在激光枪的枪口下。他觉得你应该随叫随到，可是从没想过你有自己的事情要做。他会容忍你，就当你是一个低等生物。"③ 由于坚信自己才智过人，索罗斯"难以忍受他人的平庸"④。

麦当劳成功背后的功臣雷·克罗克，一直被认为是有着"专制者外表"，又"和蔼可亲的独裁企业家"。他对员工的穿着打扮有着严格的要求，他讨厌脏兮兮的指甲，无法忍受咬指甲的行为，受不了皱巴巴的西服、短袖衬衫、蓬乱的头发。他还不能忍受员工嚼口香糖、吸烟斗、看漫画、穿白袜。⑤ 克罗克相信"干净整齐的外表体现的是一个人的品德力量"⑥。"他甚至希望员工的汽车都擦得锃亮。"⑦ 他时不时地命令经理们修剪鼻毛，或者刷牙。任何违反这些规矩的人都将被解雇。一个到机场去接他的员工，由于穿着牛仔靴，开着脏兮兮的汽

① Roman，p. 171.
② Roman，p. 52.
③ Slater，p. 94.
④ Slater，p. 114.
⑤ Love，p. 89.
⑥ Love，p. 110.
⑦ Love，p. 89.

车，当场就被开除了。也有这样的时候，看起来克罗克可能解雇所有的经理，不过他的脾气来得快，去得也快。一天上午，他前一天刚刚解雇的一个员工正在清理自己的办公室，克罗克走进办公室问他："你干什么呢？"员工提醒他前一天晚上自己被解雇时，克罗克告诉他将东西放归原位，开始工作。①"实际上，他的大多数'解雇'并没有生效，因为负责人事工作的人知道他只是在发泄情绪而已。"②克罗克脾气不小，可能随时发作。但是，他也愿意倾听解释，并乐于承认自己的错误。③

美国汽车业之父亨利·福特，是另外一位不在意和谐的人。他坚定地坚持自己的 T 型车品牌，不管周围的人怎么劝说他与时俱进，对车型做出相应的改动。一个员工趁福特不在公司，开始研发换代车型。福特回来后，这个员工骄傲地向他展示自己的创意。福特勃然大怒、当场失控。一位目击者这样描述："福特伸出双手，紧握着车门。砰的一声，他居然把门拽了下来。天啊，这是怎么做到的，我真不知道。他气得大跳，又冲向另一个车门，把挡风玻璃也给砸了。他跳到后排座上，猛砸车顶，还用鞋跟将车顶划得稀巴烂。"④

德国食品业巨头奥特克博士公司的创始人鲁道夫－奥古斯特·奥特克非常讲究整洁。如果有人不守他的规矩，他就会大发脾气。一位女员工记得："有一天，一张垫子被移动了，能看到它下面的地板不太干净。这一切都逃不开博士的眼睛。他火冒三丈，用最难听的话骂人。"还有一次，一位工人没脱鞋

---

① Love，p. 90.
② Love，p. 90.
③ Love，p. 102.
④ Snow，p. 299.

就站到一张大理石桌面上，奥特克立即开除了他。①

　　当然，这些企业家并不是靠刁难与挑剔别人才成功的，尽管他们有这样的缺点，可还是成功了。他们敢于面对他人，从原则上讲，这是一种积极的性格特征，为此付出的代价也很高。不要忘了，我们愿意原谅一位具有超凡魅力的商业天才，比如盖茨、乔布斯。他们的个性如果放到普通人身上，估计结果不是成功，而是毁灭。如果处于管理岗位的人，像盖茨或者乔布斯那样对待自己的手下，估计他很难爬到公司的高位。在领导眼里，这种人性格太强势，很难融入集体，也难以和其他员工打成一片。

　　像索罗斯、乔布斯和盖茨这样的人，不会在意老板对他们的印象，因为他们就是老板。但是，即便是史蒂夫·乔布斯也曾被迫离开自己的公司多年，主要原因就是他的领导风格。其他企业家逃脱了类似的命运，只是因为他们拥有这家公司，没人能解雇他们。

　　本书中的很多企业家很难缠。即便在非常年轻的时候，他们也不愿意适应现有组织架构，更不乐意接受其他人的领导。这样的经历正是决定他们成为企业家的关键因素。

　　在《富豪的心理》（The Wealth Elite）一书中，我采访了很多超级富豪。很多受访者把自己描述成难缠的人或者另类，难以融入既有组织架构，也不愿意服从他人。有些情况下，他们用非常激烈的言辞来表达这一点。其中一位这样说，如果让他给别人打工，估计事先得吃点药，否则做不到。他太叛逆，太自以为是了。另一位说，如果他在上市公司工作，估计会被

---

① Jungbluth, Rüdiger, *Die Oetkers. Geschäfte und Geheimnisse der bekanntesten Wirtschaftsdynastie Deutschlands*, S. 69.

逼疯。他无法长期忍受那种工作环境，"估计最后我会被送进疯人院"。还有一位说，一想到给一位能力不如自己的老板打工，还不得不点头哈腰，鹦鹉学舌，他就觉得恶心。这里还有一位，在工作了四周后，毅然辞职。他认为自己是"阿尔法型（统治型）的人"，并且感觉公司正要"杀杀他的威风"[1]。

很多成功者在童年和青年阶段，就学会了如何在与专横的权威人物争论时，坚持自己的主张，这个能力使他们受益终生。网球明星鲍里斯·贝克尔说："多年来，我与父亲之间发生过无数次争论。我们可能几个月互不理睬。他总想占上风，其实，即使作为父亲，他也无权堵住我的嘴。"[2]

鲍里斯首次夺得温布尔登网球锦标赛冠军之后，他父亲帮助一家电视台在家乡莱门安排了一个胜利接待酒会。尽管鲍里斯告诉他父亲不想参加这样的活动，最终还是出席了，他毕竟不想让自己的父亲丢面子。在那之后，他警告他的父亲："这次就这样了，但是没有下一次，知道吗？"[3]

贝克尔第二次赢得温布尔登网球锦标赛冠军之后，他父亲在没有事先征求他意见的情况下，又组织了一个聚会。鲍里斯让父亲取消这个安排，他父亲却称"太晚了"。鲍里斯质问他："你怎么能做出这样的事情来？你不尊重我。"为了息事宁人，他回到莱门，但是没有重申胜利对他意味着什么。"既然这样，我至少六个月不跟你讲话了。"[4] 他父亲不相信他的话，但是鲍里斯说到做到，六个月内没开口跟他父亲讲一个字。

阿尔瓦立德王子的姨妈回忆这个传奇亿万富翁的童年：

---

① Zitelmann, *The Wealth Elite*, 第 10 章。

② Becker, p. 28.

③ Becker, p. 28.

④ Becker, p. 29.

"他是个小叛逆，因为父母离婚了，他站在母亲一边，所以从某种意义上说，他被抛弃了。"①

13 岁时，由于经常逃学，阿尔瓦立德不得不被逼着去上学。里兹·卡恩在王子的传记中写道："最终，他父亲出手干预了，小王子被送到沙特阿拉伯的阿卜杜勒·阿齐兹国王军事学院，他父亲希望学院能给他灌输一些纪律观念。他被送到那里受训，这完全违背阿尔瓦立德的叛逆天性。"② 里兹·卡恩说："阿尔瓦立德从小就与众不同，并且是个问题少年。"③

当阿尔瓦立德一拳打在一位老师的肚子上时，真正的麻烦开始了。阿尔瓦立德在一次考试中偷看别人的试卷，被逮了个正着，老师说这次考试要给他"不及格"，并让他马上离开教室。阿尔瓦立德否认作弊，还提醒老师他是阿卜杜勒·阿齐兹国王的孙子，是黎巴嫩共和国的首任总理里亚德·索勒赫的外孙子。老师的回话里夹杂着一句"去你爷爷、姥爷的吧"。阿尔瓦立德王子站起身说："在我离开之前，我替爷爷、姥爷给你捎个口信。"④ 话音未落，他狠狠打了老师一拳，用力太猛了，手严重挫伤。这不是阿尔瓦立德第一次行为不端，他的老师们已经受够了。校长是阿尔瓦立德家族的朋友，但是别无选择，只能将年轻的王子开除出学校。

史蒂夫·乔布斯年轻时也是一个叛逆者，不断与父母和老师发生争执。由于任性和顽劣，他多次被学校停课。他拒绝做家庭作业，认为那是在浪费时间。史蒂夫·乔布斯承认："在学校里觉得很无聊，我变成了一个可怕的人。"他还是一群小

①　Kahn, S. 22 – 23.

②　Kahn, S. 26.

③　Kahn, S. 30.

④　Kahn, S. 33.

混混的头儿，曾把炸药和蛇藏到教室里。他回忆："你真应该见见三年级时的我们，老师都被我们折磨疯了。"①

他的父母不知如何是好。当乔布斯宣布不打算再去上学时，他们决定搬家。乔布斯的传记作者说："11 岁时，史蒂夫已经展现出足够的意志力，说服父母搬家。"

意志力和专注力使他能够消除前进道路上遇到的一切障碍，这一点，早已不言自明。②

乔布斯 16 岁时，留着及肩长发，吸毒，经常逃课。当他决定去俄勒冈州波特兰市里德学院——西北部的第一家文理学院读书时，他的父母惊诧不已，不仅因为高昂的学费超出了他们的承受能力，还因为家离学校很远。他的母亲说："史蒂夫说里德学院是他唯一想上的学校，如果去不了，就哪里也不去了。"③

乔布斯的父母掏出所有的积蓄把他送进大学。系主任回忆说："史蒂夫的好奇心很强。他非常有吸引力，拒绝不假思索地接受标准真理，更想自己验证一切。"④ 最后，他还是从里德学院辍学了，费用由学校承担，他继续住在那里。

和乔布斯一样，拉里·埃里森——甲骨文公司的创始人，今天美国最富有的亿万富翁之一，也是从小被收养的。他和父亲经常争执。埃里森的传记作家说："显然，他和父亲之间唯一可做的事情就是争论。"⑤ 根据埃里森的说法，他父亲是个因循守旧的人。"我父亲没有理性，他相信政府总是对的。如

---

① Young/Simon, p. 10.

② Young/Simon, p. 12.

③ Young/Simon, p. 21.

④ Young/Simon, p. 22.

⑤ Wilson, p. 23.

果警察逮捕了某人，他会认为那这个人一定有罪。"① 他父亲认为，老师也是永远正确的。

两人缺乏对彼此的尊重。埃里森的父亲对养子的能力一直没多大信心。他一次次地告诉埃里森，他的人生不会取得任何成功。对埃里森而言，父亲对他缺乏信心反倒成了他所需的动力。埃里森的朋友们感觉到了父子俩的紧张关系。一个朋友说："他恨他父亲。对他而言，根本没有幸福的家庭生活。"②

在学校，争执继续着，埃里森开始与老师对抗。他不愿意学习看不出有任何意义的知识，并且开始破坏他无法忍受的一切。毕业后，他的态度使他在公司里也陷入了麻烦。最终，他意识到唯一的选择是成立自己的公司，这样就可以做自己想做的事情了。

比尔·盖茨在学校的表现不错，尤其擅长数学。但是，他也很顽固，经常跟老师唱反调。十年级时，他跟物理老师发生了激烈的争吵。他的传记作家写道："在进行课堂展示的讲台上，俩人激烈地争执起来，下巴都要顶到一起了。盖茨扯着嗓子大喊，挥舞着手指，反复向老师强调，说他把一个物理知识点讲错了。最后，盖茨赢了这次争论。"③ "盖茨对那些反应慢的人缺乏耐心，哪怕对方是老师。"④

与之前提到的那些成功企业家相比，比尔·盖茨与父母的关系要好很多。但是，他的家庭生活也不总那么和谐。他从哈佛大学退学的决定引起了与家人的激烈争论。盖茨说，他去哈佛大学是希望能够遇到比他聪明、比他有智慧的人，可是一无

---

① Wilson, p. 23.
② Wilson, p. 24.
③ Wallace/Erickson, p. 38.
④ Wallace/Erickson, p. 38.

所获。他早就决定成立自己的公司，想搬到新墨西哥州的阿尔伯克基市去实现这个目标。

他的父母竭尽全力阻止他这样做，他们认为盖茨的想法太荒谬了。他们请了一位令人尊敬的成功企业家，也是他们的熟人，过来跟儿子谈谈，劝他放弃自己的打算。盖茨告诉这个人他的计划，谈到即将到来的个人计算机的革命。他说，总有一天，每个人都能拥有自己的计算机。本来是劝说盖茨放弃计划的人，结果成了他的支持者。[①] 当他真的从哈佛大学辍学的时候，他的父母完全惊呆了。但这个决定带来了微软，也使他成为世界上最富有的人。

特德·特纳是 24 小时新闻频道 CNN（美国有线电视新闻网）的创始人，也是当前美国最大的产权人、超级亿万富翁，也有着相似的人生经历。他跟父亲以及老师之间爆发过无数激烈的冲突。他的父母将他送到麦克利中学学习。这是一个位于田纳西州查特怒加市的男生寄宿学校，也是美国南部管理最严格的一所学校。特纳谈到他的学生时代时说："我想尽一切办法反抗这个体系。我在房间里养小动物，到处惹是生非，然后像男人一样接受惩罚。"他甚至迫使学校重新审视整个惩戒制度。"与学校历史上其他人相比，我犯的过失更多。每犯一个错，就要罚走四分之一英里。好吧，周末有那么多时间可以用来罚走，走不完的就留到以后吧。"

在学校的第一年，特纳已经被记了 1000 多次过，这意味着他完不成所要求罚走的英里数。"所以，他们必须设计一个新的惩戒制度，你不可能有无穷无尽的缺点。"[②] 特纳上大学

[①] Wallace/Erickson, pp. 89 – 90.

[②] Bibb, p. 18.

后，依然是个麻烦制造者。他去了位于普罗维登斯的布朗大学，与一个女生在宿舍里鬼混被抓住了，特纳被学校停了课，这只是他无数的违纪行为之一。带女生进宿舍严重违反了校纪，为此，其他 21 名学生被停课，并永远被踢出了学校。

在这一幕发生之前，特纳与父亲就因为专业的选择爆发了严重的冲突。在一封信中，他的父亲写道："亲爱的儿子，我很震惊，甚至很恐慌，你居然决定选择古典文学作为专业。实际上，我今天在回家的路上差点儿吐了。这些课程也许能让你对几个离群索居、不切实际的梦想家和一群经过精挑细选的大学教授产生兴趣。"① 在信的结尾，他父亲这样警告他："我认为，你正在迅速地变成一头蠢驴。你越早离开那个肮脏的氛围，就越合我的心意。"② 作为报复，特纳把他父亲的这封信一字不差地发表在《每日先驱报》（*Daily Herald*）的社论版上。尽管信是匿名发表的，他父亲还是愤怒不已。

沃伦·巴菲特与父母和老师之间的争执也不少，他甚至还跟警察发生了冲突。回顾青年时代，他承认自己"反社会"："我与坏家伙们混在一起，做了不应该做的事情。我就是叛逆，我不快乐。"③ 沃伦的行为让父母难以接受。到 1944 年末，他的传记作家说："他成了学校里的问题学生。"④ 他的成绩很糟糕，还难以相处，老师最后把他一个人留在房间里。巴菲特回忆："我在班里就像汉尼拔·莱克特，实在是太反叛了。我创造了学校行为缺陷检查的纪录。"⑤ 在毕业当天，巴菲特拒绝穿西

① Bibb, pp. 29 – 30.
② Bibb, pp. 31 – 32.
③ Schroeder, p. 86.
④ Schroeder, p. 87.
⑤ Schroeder, pp. 87 – 88.

装和打领带。"他们不让我跟班级同学一起毕业。因为我太爱捣乱，不穿规定的服装。"①

"叛逆"也是法国时装设计师可可·香奈儿一生的指导原则。她在自传中写道："我是一个叛逆的孩子，一个叛逆的情人，一个叛逆的时装设计师，一个真正的撒旦。"② 正是她的骄傲使她成为叛逆者。香奈儿说："骄傲是我的坏脾气、我像吉普赛人似的独立性、我的反社会本性的关键，也是我获取力量和取得成功的秘密。"③

她的经历让她明白"叛逆的孩子可以成长为一个为未来做好准备的、强大的人"④。香奈儿声称，"我不从任何人那里接受命令"⑤，"我就是人们常说的那个无政府主义者"⑥。内心强大、自信看起来似乎是在与他人的冲突中磨砺出来的品质，尤其是在童年与青年时代。反抗权威可以强化独立性和自信心，这些是未来成功中必不可少的品质，香奈儿就是一个极好的例证。

大卫·奥格威的学校报告单上称赞他具有"独创性"，有用母语准确表达自己的能力。但他对自己的倾向表示担忧，"经常跟老师争论，并试图说服他们，自己才是正确的，书上的知识是错误的。不过，这也许是他独创性的进一步的证明。这是一种习惯。然而，劝阻一下这种习惯是明智的"⑦。多年后，奥格威成名了，他被邀请回母校参加校庆并发表演讲。他

① Schroeder, p. 88.
② Charles-Roux, p. 21.
③ Charles-Roux, p. 21.
④ Charles-Roux, p. 30.
⑤ Charles-Roux, p. 73.
⑥ Charles-Roux, p. 31.
⑦ Roman, p. 23.

在演讲中承认："我憎恨平庸之人掌握大权。我是一个不可和解的叛逆者，一个与周围环境格格不入的人。……学校里的成功与人生中的成功没有相关性。"①

本书列出的很多成功人士，比如沃伦·巴菲特、比尔·盖茨或者史蒂夫·乔布斯这样的男士，还有像可可·香奈儿这样的女士，可能都认为自己在智力上优于老师，而且就多数情况而言，他们完全有理由这样认为。有史以来最成功的国际象棋大师加里·卡斯帕罗夫记得老师曾给他的父母打电话，抱怨他在课堂上质问老师。这样的行为在苏联的教育体系内几乎是闻所未闻的。老师告诉卡斯帕罗夫不要调皮，还说他的表现就好像自己比其他任何人都聪明似的。卡斯帕罗夫的回答是："难道不是吗？"②

亿万富翁理查德·布兰森在学校期间也过得很艰难，主要因为他有阅读障碍。跟本书中的大多数人不同，他与父母的关系非常好，双亲竭尽全力地支持他。他父母培养孩子的方式，从根本上讲，不同于大多数孩子的父母。他母亲经常重复这样的话，比如"胜者为王"，或者"追求梦想"。在布兰森还是孩子的时候，母亲就让他经历各种严酷的考验。在磨炼中，他获得了充分的自信。"我四岁时，就上了人生的第一节自力更生课。我们出去玩儿，回来的路上，母亲把车停在离家几英里外的地方，然后让我自己跨过田野找回家。随着年龄增长，这些磨炼我的课程也变得越来越难。"③

在他 12 岁的一天凌晨，母亲把他摇醒，让他穿好衣服。

①　Roman, p. 29.
②　Kasparov, p. 64.
③　Branson, *Screw It, Let's Do It. Lessons in Life and Business. Expand*, pp. 70 - 71.

117

那是冬天，外面又冷又黑。母亲递给他一份包好的午饭，让他朝着海边的方向骑行 50 英里。"我出发时，外面依然黑着天，我带着一张地图以免迷路。我当晚在亲戚家过夜，第二天才回家。"他非常骄傲完成了任务，期待着母亲的表扬。但是她只说了这样两句话："做得好，里基。觉得有意思吗？现在，快去吧，牧师想让你帮他劈些木头。"[1]

布兰森将自己的成功归功于父母"严格的爱"。"这些训练课程，随着我们渐渐长大，变得越来越难，这是因为父母想让我们变得强大，可以自力更生，并且拥有自由独立的精神。"[2] 布兰森不像其他许多成功人士，他总能得到父母无条件的支持，即使在他早早离开学校，专心投入自己项目的时候也是如此。他的项目包括：发行一份全国学生报纸，创立一家邮购唱片公司。

布兰森是个罕见的例外。本书描写的很多成功男士和女士，在成长过程中甚至不知道谁是自己的亲生父母。他们中的大多数——尤其是未来的企业家们，反抗所有权威人士，尤其反抗父母和老师。那些激烈的争论与对抗赋予了他们自信，给予他们内在力量，并伴随他们一路前行。

正如我们所看到的，叛逆性格通常能引领人们创业。因为拒绝忍受别人施加的条条框框和各种限制，成功者决定做自己的老板。我们只需看看这些成功者的职业生涯就会明白，他们之所以成功，是因为拥有特殊才干和智力资源。当然，并不是每个人都难以遵守其他人的规矩和标准，也不是不断挑战权威并与之斗争的人都会成功。如果他们愿意服从和妥协，当然这

---

[1] Branson, *Screw It*, *Let's Do It. Lessons in Life and Business. Expand*, p. 71.

[2] Branson, *Screw It*, *Let's Do It. Lessons in Life and Business. Expand*, p. 71.

是管理岗位所必需的素质，那么，他们中的很多人将会失败。

　　这一切对你而言意味着什么？为了实现更高的目标，你需要有魄力。如果你天生是个追求和谐的人，那必须学会站稳立场。魄力，与其说是与生俱来的天赋，不如说是后天习得的技能。跟自信一样，我们在前一章已经阐述过了，魄力就像我们身上的一块肌肉，需要训练，训练的方法就是进行对抗。

　　当然，这并不意味着你要挑起事端。争论耗费时间、体力和精力。重要的是，不要让别人把你拽入不必要的纷争中。"我选择自己的战斗"——这是我父亲传给我的座右铭之一。换句话说，不要因为别人想让你陷入冲突，你就必须经历他们设置的种种考验。不要让其他人将冲突强加给你，你要自己选择把时间和精力用在何处。在很多情况下，避免冲突是更明智的选择，把力气省下来，以迎战更重要的挑战，这将使你更加接近自己设定的目标。

第七章　拒绝接受"不"

　　了解 20 世纪 80 年代的人都知道，史蒂夫·乔布斯发明了麦金塔电脑，它是第一台取得商业成功的带有图形界面的电脑。1984 年，它一经推出就令消费者和专家大吃一惊。现在的年轻人知道乔布斯是因为他是 iPhone 的创始人。

　　史蒂夫·乔布斯的苹果公司使乔布斯在 24 岁就成为百万富翁。1980 年 10 月，在他做成了金融史上最成功的首次公开募股（IPO）后，他的财富据估已达 2.175 亿美元。2011 年他去世时，个人财富大约 83 亿美元。他是美国最富有的人之一，在很多人看来，也是我们这个时代的营销天才。在他去世的前一年，苹果公司是世界上第三大最有价值的公司。他所开创的公司，即便在他死后，依然保持着成功。2018 年，苹果成为历史上第一家市值上亿美元的公司，并成为全球市值最高的公司。

　　正如我们在前一章所看到的，史蒂夫·乔布斯有着跟其他成功者一样的特点。他很难相处，性格极端，口碑两极分化：人们要么崇拜他，要么憎恨他。如果他轻易就能接受对方的回绝，也不会取得后来的成功。

　　1974 年春天，18 岁的史蒂夫·乔布斯到雅达利公司求职，这家公司刚刚推出一款深受欢迎的电子游戏。这家公司刊登了广告，招揽想要"开心赚钱"的人，这个理念吸引了乔布斯。一天，人事经理告诉工程部的负责人阿尔·奥尔康："我们这儿来了一个怪家伙，他说如果不雇他，就不离开。我们要么叫警察，要么留下他。"[1]

当时，乔布斯是个吸毒的嬉皮士，和其他几个技术怪咖混在一起，刚刚发明了一种违法设备，可以骗电话公司，免费使用他们的电话线路。不过，乔布斯并没有被视为适合这个岗位的求职者。奥尔康记得，"他只是一个18岁的里德学院的辍学生，身着破烂的嬉皮士服装，我不知道自己当时为什么录用了他，也许是一个闪念吧，我在他身上看到了朝气，感受到了内在的力量，还有一种志在必得的态度"。阿尔康的同事问他打算怎么安置乔布斯。"他有狐臭，举止怪异，还是个该死的嬉皮士。"[2] 他们最终决定让乔布斯上夜班，这样他的出现就不会打扰到任何人了。

大约两年后，1976年4月，乔布斯和他的朋友史蒂夫·沃兹尼亚克创办了苹果公司，一家电脑商店从他们这里以每台500美元的价格订购了500台第一款原型机，他们把这款机型称为"苹果1"。对于两个年轻的企业家而言，这是一个巨大的成功。但是，如何给必要的投资筹措资金呢？这个问题仍未解决。两个好朋友用1000美元创办了公司，这笔钱还是他们卖掉了一辆大众厢式货车和一台电子计算器筹来的。乔布斯曾多次寻找愿意为他们提供资金的人，可一直没有成功，直到他遇到一家电子公司的经理鲍勃·牛顿。牛顿答应联系这家电脑

①　Young/Simon, pp. 22 – 23.

②　Young/Simon, p. 23.

商店的老板，确认一下这笔 2.5 万美元的订单。

乔布斯的传记作家杰弗里·S. 杨和威廉·L. 西蒙说："意志不那么坚定的人可能会说，'好吧，我过几天再给您打电话'，然后就走了。史蒂夫直到牛顿给对方打完电话才离开。"①牛顿最终同意为他们提供一个高达 2 万美元的信贷额度。

在成功推出了苹果 1 的后续产品苹果 2 后不久，乔布斯看到了英特尔公司的一个广告宣传活动，他认为这个广告做得太棒了，乔布斯马上产生了一个为自己的新电脑发起类似广告宣传的强烈想法。他与英特尔公司的市场营销部联系，对方告诉他这次广告宣传是由里吉斯·麦肯纳广告公司承接并负责的。乔布斯马上给广告公司的经理打去电话，对方将他交付给负责新客户的项目经理。这位项目经理十分明确地告诉他，像苹果这样的新公司，支付不起里吉斯·麦肯纳广告公司的服务费用。

乔布斯不会接受这样的回绝。他每天不停地打电话，那个项目经理终于同意到苹果公司的"总部"——一个车库，去看看乔布斯在电话里夸赞的那台电脑。"开车到了那个车库，我心里想'天啊，这个家伙真是另类啊。我怎么能在最短时间内摆脱这个小丑，还不会显得粗鲁，然后回去做更有收益的事情呢？'"②

那个项目经理被乔布斯的坚持打动了，不过依然没有接这个项目。这个时候，换成别人早就放弃了，肯定会再找一家广告公司，毕竟在美国有上万家这样的公司。但是，乔布斯下定

① Young/Simon, p. 51.
② Young/Simon, p. 42.

决心非这家广告公司不可，因为英特尔公司的那个广告创意的确太精彩了。他拒绝接受对方否定的回答，开始每天给经理办公室打三四个电话，终于里吉斯·麦肯纳广告公司的秘书受够了每天接听他的电话，她劝老板亲自跟乔布斯谈谈。

当乔布斯和沃兹尼亚克与里吉斯·麦肯纳广告公司的经理麦肯纳面对面坐在一起时，麦肯纳依然不为所动。乔布斯的传记作家这样写道："那位经理看起来有些犹豫，乔布斯摆出希望对方特事特办的架势，不肯离开办公室。最终，麦肯纳同意接受这个任务。史蒂夫太有说服力了，里吉斯·麦肯纳终于同意接受苹果公司作为客户。这个决定给双方都带来了巨大的收益。"①

只有一个问题：乔布斯怎么支付《花花公子》（*Play Boy*）杂志的广告费，这是麦肯纳给苹果公司提出的建议，因为苹果公司产品的目标消费群体主要是男性。麦肯纳建议乔布斯跟唐·瓦伦丁谈谈，瓦伦丁在 20 世纪 70 年代初成立了一家风险投资公司，专门为电子行业中有发展前途的初创企业提供资金。

瓦伦丁喜欢乔布斯和他的苹果电脑，但是除非苹果公司的董事会里面增加一位经验丰富的营销专家，否则他不会投资苹果公司。乔布斯让他推荐几个人选，瓦伦丁回绝了这个请求。乔布斯又一次不肯接受对方说"不"，他每天给瓦伦丁打三四个电话，终于，瓦伦丁答应给他几个人的名字，其中就有迈克·马库拉。1977 年 1 月 3 日，乔布斯和沃兹尼亚克到马库拉家中与他会面，并签署了文件，将苹果公司变成了股份公司。早期，他们每人拥有公司 30% 的股份，马库拉也是苹果

---

① Young/Simon, p. 42.

最大的投资者。

乔布斯的坚持又一次赢得了胜利，使他得偿所愿。不过，员工们经常发现跟他打交道非常困难。当苹果公司的下一个大项目麦金塔电脑还在规划阶段时，他拿着一个电话号码簿出现在会议现场，然后把它往桌子上一扔，坚定地说："麦金纳电脑就这么大，不许超出这个电话号码簿的尺寸。如果比这个大，消费者将无法忍受。"[①]

他的员工们盯着这个电话号码簿，面面相觑。乔布斯的任务是不可能完成的。电话号码簿的尺寸是当时最小电脑的一半。技术人员认为，电子部件装不进这么小的外壳里。显然，他们认为乔布斯对电子产品一无所知，否则的话，他不会提出这么荒谬的要求。他的传记作家淡淡地说："史蒂夫可不是把别人的'不'当成最终答案的人。"[②] 他坚持：他的员工必须找到制造这个尺寸电脑的方法。

按计划，麦金纳电脑将在 1984 年 1 月 24 日投放市场。苹果公司为此发起了巨大的广告攻势，覆盖美国所有的电视频道。但是，1 月 8 日，乔布斯的软件设计师告诉他，他们无法在截止日期前完成任务。他们坚定地告诉乔布斯，只有一周的时间解决剩下的技术问题，这是不可能完成的。乔布斯明白，产品的推出时间必须推迟了。

乔布斯从来没有做过这样的事情。听说什么事情"不可能"，只能激发他更大的斗志。但是这一次，他没有发怒，这让他的团队成员感到非常意外。相反，他平静地解释道，团队里的每一个人都非常优秀，公司里的所有人都指望他们了。他

---

① Young/Simon, pp. 76-77.

② Young/Simon, p. 77.

们必须在截止日期前完成任务，因为另一个计划——发行试用版本，也不可能了。他说他对自己的团队有信心，相信他们做得到。然后，他放下了电话。软件设计师们一言不发，他们为了这个任务已倾尽全力，接近崩溃。但是，他们别无选择，只能站起身，回到工作岗位。1 月 16 日凌晨，产品发布前，他们完成了乔布斯下达的"不可能"完成的任务。

但是，那些不顾一切完成"不可能"任务的人很容易会被胜利冲昏头脑，开始认为自己不会犯错，并且永远正确。这种事在乔布斯身上发生了不止一次。他预测在 100 天内，能售出 7 万台麦金纳电脑。每个人都认为他疯了，但是他又一次料对了。

不久，形势发生了变化。IBM 推出了一款个人电脑，跟麦金纳电脑相比，它拥有更多实用功能，也更有特色，而且价格更低。苹果公司的麦金纳电脑销量急剧下滑。当初苹果公司乐观地生产了的 20 万台电脑，大部分不得不低价出售，造成了巨大的损失。公司里也出现了内讧，很多人将问题推到乔布斯身上，批评他的领导风格无法赢得员工的喜爱。

乔布斯手下的经理们联手抵制他，强迫公司的创始人乔布斯搬出他的办公室，到街对面的一个小房子里办公，乔布斯将那里戏称为"西伯利亚"。不久，苹果公司从百事公司挖来的约翰·斯卡利宣布："公司的正常运转不再需要史蒂夫·乔布斯，现在不需要，将来也不需要。"[1] 乔布斯感觉仿佛挨了一记重拳。他卖掉了全部股份，卖价远远低于公司上市时的价格。然后，组建了自己的新公司，他命名为 NeXT。当时，电影制片人乔治·卢卡斯急需一笔钱来应对离婚官司，乔布斯从他手中收购了皮克斯电脑动画工作室（简称皮克斯）。

---

[1]　Young/Simon, p. 119.

最初，这两家公司一点儿都不赚钱。月复一月，年复一年，公司在巨额亏损的状态下持续运营。他们生产的电脑卖不出去，乔布斯最终决定砍掉皮克斯的硬件部门，全力以赴专注于计算机制图。后来，他成功地与迪士尼公司达成一项协议，迪士尼公司委托皮克斯制作几部动画片。迪士尼公司的首席执行官迈克尔·埃斯纳感到他的公司正在被其他的制作人超越，比如詹姆斯·卡梅隆就在阿诺德·施瓦辛格主演的《终结者》中大量使用电脑动画特效，让影片有了惊人的视觉效果。

皮克斯受托制作《玩具总动员》（*Toy Story*），迪士尼公司为这部电影投入了 1 亿美元的广告费，是电影制作预算的三倍。《玩具总动员》的票房大获成功，也成了 1995 年 12 月皮克斯首次公开募股的一块招牌。

在成立之初，公司遭受了巨大的损失，经营惨淡。接下来的几年，投资者才开始购买技术公司的股票，认为这些企业有光明的发展前景。《玩具总动员》的成功为皮克斯带来了大量正面报道，并激发了投资者的想象力，正如乔布斯准确预测的那样，这些促成了皮克斯在股市上的良好表现。

乔布斯希望公司的股票上市开盘价可以达到每股 22 美元，他的顾问和投资银行家认为这个价格太高了，他们建议开盘价在 12 ~ 14 美元。他们警告乔布斯，22 美元的开盘价可能引发高风险，导致股票卖不出去。然而，乔布斯再一次拒绝接受"不"这个回答，坚持 22 美元的开盘价。

交易开始时，皮克斯所有高管们的目光都盯着屏幕，半个小时之后，该股交易价为 49 美元。到这一天结束的时候，价格稍稍回落，但依然为每股 39 美元，远远超过了预期的开盘价。史蒂夫·乔布斯成了亿万富翁，至少在那一刻他是。曾多年苦苦挣扎的皮克斯开始创造一部又一部的票房神话，为电脑动画企业设定了新的标准。凭借 25 亿美元的营业额，皮克斯很快跻身好莱坞史上最成功的工作室。2006 年 1 月底，迪士尼公司宣布，它将以 74 亿美元的价格接手皮克斯。史蒂夫加入了迪士尼公司的董事会。由于持有 50.1% 的皮克斯公司股份，他成为迪士尼公司最大的个人股东。

1996 年，乔布斯成功地回归了苹果公司。他把他的 NeXT公司以 4.02 亿美元的价格卖给了苹果公司，1997 年，他进入董事会，不久被提升为临时首席执行官。通过推出 iPhone 和iPad 等新产品，苹果公司的财务状况开始好转，摆脱了破产的危险，成为世界上最成功的企业之一。记住这一切是如何开始的：一个人拒绝接受他人"不"的回答。

你不需要成为史蒂夫·乔布斯，就能从他的故事中学到一些重要的东西。我们中的绝大多数人在面对拒绝时，太容易放弃。

下一次，当有人对你说"不"的时候，问问自己：等一等，为什么我要把它当作最终的答复呢？让我看看，能不能想办法把"不"变成"是"。这个战略不仅对史蒂夫·乔布斯起作用，也适用于你和我。

如果有人拒绝你，首先要做的是换位思考，暂时把自己的利益放在一边。这个方法在合同谈判中对我很有帮助。我会说："让我先把自己放在你的位置上，从你的角度看一下这个问题。"一旦你对事情有了宏观的了解，考虑了对方的利益，谈判成功的概率会大大提高。

和经常说"不"的人相比，与那些经常说"是"的人打交道更危险。我为什么这样说？我过去推销人寿保险，因为我认为这是学习销售最好的方法。我和同事挨家挨户地上门推销，人们会在家里等着我们去按门铃吗？当然不是。秘诀是什么？那就是哪怕当你的面，人们把门狠狠地关上，你也要坚持下去。

让我给你讲述一个人的故事，他是一位爱说"是"的人。我向他介绍购买人寿保险的好处，滔滔不绝地讲了45分钟，他不断地点头称"是"，还时不时地说"听起来不错！"这让我充满信心，觉得这笔交易一定能够成功。当我开始填写保单申请表的时候，眼前这个一直彬彬有礼、对话题充满兴趣的谈话对象突然质问我："你在干什么？"我很不自然地解释说我正在输入一些信息，万一……他甚至还没等我说完，就严词拒绝："对我来说，这绝不可能！"

那以后，从推销员的视角，我明白，那些凡事都点头说"是"的人，比提出反对意见，表达自己忧虑的人更难对付。他们说"是"，是为了避免冲突，尽快摆脱推销人员。他们心里暗想："让他说吧，如果幸运的话，我很快就能摆脱他。"其实，他们并没有给谈话对象任何机会去反驳他们的观点。经验告诉我，在他们乐意告诉你他们的真实想法并保留意见之前，必须把他们从厚厚的壳里拽出来。

在我做网络顾问的时候，也经常见到类似的情况。我工作的一个重要内容是促成两家房地产公司之间的会谈，因为我认为它们有共同的利益点。这样的会谈经常带来上千万欧元的收购、合资或者交易。在会谈的第一轮，与会者一般先要寒暄几句，强调一下共同利益。会谈进展到这里，一切看起来都很顺利。但是经验告诉我，你越早处理可能阻碍合作的分歧和反对意见，会谈就能进行得越深入。

如果各方都持保留意见，那么就永远没有探讨分歧的机会。这就是为什么在这些会谈中，往往是由我打破僵局。我会说:"我很高兴看到大家有这么多的共同点,这正是我所期待和希望的。但是现在,我想请各位陈述反对合作的三个重要的理由。"然后,我需要耐心地保持安静,直到有人率先说明自己的意见。通常,没人"敢于"提出一个以上的反对意见,因为这多半不是他们的主要关注点,所以,我坚持询问:"对于这个项目,从您的角度看,还有反对意见吗?"在确信所有潜在的反对意见都被提出之前,我是不会放弃提问的。

好的推销员必须学会如何处理态度不明朗的"是",还有斩钉截铁的"不"。看起来,"不"好像阻止了所有反对意见,没留下继续探讨的空间。弗兰克·贝特格曾是美国最成功的保险推销大师,在《我是这样从销售失败走向成功的》(*How I Raised Myself from Failure to success*)一书中,分享了他的策略。

如果有人对贝特格说"不",他通常会换个话题。下面就是一个典型案例。一天,在熟人的推荐下,他去见一家大型建筑公司的主管。他习惯找一个双方都认识的熟人写一封介绍信,当他把信递给这位主管时,他的潜在客户说:"如果你想跟我谈保险的话,我没有兴趣。我一个月前刚刚买了大额保险。"听起来,他下定决心,绝对不谈保险事宜。想说服他,贝格特只能白费口舌。不过这时,贝特格问:"艾伦先生,您当初如何从建筑业起步呢?"接下来,他听对方讲了3个小时的人生故事。几周后,这位建筑公司主管和一些员工从贝特格这里购买了22.5万美元的人寿保险,在当时,这可是一大笔钱。[①]

"您是如何开始的?"是贝特格最喜欢的开场白之一,它

---

① Bettger, p. 66.

可以打破僵局，将对话进行下去，然后他再尝试其他的说服手段。成功的企业家们尤其喜欢讲述他们的人生故事，从当初的一文不名到后来克服的困难，都是他们喜欢的情节。贝特格通过表现出浓厚的兴趣证明自己是一个好听众，从而赢得了对方的同理心。在见潜在客户之前，贝特格会搜集一些他们的信息，这对推销保险非常重要。贝特格建议："推销中，最重要的秘诀是知道对方想要什么，然后帮助他找到获得它的最佳方法。"①

下面几个简单的规则可以帮助你把"不"变成"是"。

1. 不要过早地把"不"看成最终答案，把它视为谈判中的过渡阶段。

2. 试着理解对方的观点。站在他们的立场上，从他们的角度看待问题。寻找创造性的解决方案，保全双方的利益。发挥你的想象力吧！

3. 给对方提供另一种选择，这样，他们既可以改变主意，又可以保全面子。没人想在交易中落败，你要做的就是让对方觉得自己赢了。

4. 在谈判中，最有魔力的字眼是"公平"。如果你想在双方之间找到一个公平的解决方案，下面这个简单的词会带来奇迹，它就是"妥协"。提出一个妥协方案后，你可以指出："谁也不会100%满意，这就是妥协的本质。但是我认为，这个解决方案对双方都是公平的。"

5. 让对方了解你的处境和态度。你刚刚站在他们的立场上，现在让他们站在你的立场上，从你的角度看问题。动之以情，晓之以理，帮助对方理解你的处境和立场。

---

① Bettger, p. 49.

6. 很多人会犯这样的错误：在谈判中过于"公开"，但事先，头脑里还没有清晰明确的目标。在谈判开始之前，你必须清楚地知道自己想要什么，在多大程度上可以做出让步。对方必须知道你每个字、每句话的真正含义是什么。

第八章　设定内心的 GPS

　　甲骨文创始人拉里·埃里森身边的人经常觉得好奇，他讲话时为什么要引用数字而且内容明显不实？他的员工最后得出结论，埃里森是个生活在未来的人，并没有活在当下，更别提过去了。他的一名员工回忆："他总用错时态。他说'我们将有50名员工，那么不妨说，我们现有50名员工'。"他的长期私人助理说："他没有活在今天，因为今天有问题，而明天就有解决办法了。"①

　　成功者关注未来，不会浪费时间追悔过去，他们能从过去的错误中汲取教训，然后继续前进。沃伦·巴菲特说："我们只展望未来，回首过去没什么意义，得往前看。"② 巴菲特从不对以往的不快念念不忘，他把自己的记忆比作浴缸："浴缸里装满了想法、经验和让他感兴趣的事情。当这些对他没有价值的时候，他就'嗖'的一声拔掉塞子，让记忆溜走。有些

---

①　Wilson, pp. 89 – 90.

②　Buffett, Mary, Clark, David, *The Tao of Warren Buffett: Warren Buffett's Words of Wisdom: Quotations and Interpretations to Help Guide You to Billionaire Wealth and Enlightened Business Management*, p. 138.

事件、事实、记忆，甚至有些人，不复存在。"①

阿诺德·施瓦辛格也是如此。根据传记作家的说法，他从不浪费时间考虑那些无法改变的事。"当他还是孩子的时候，就选择将过去的不快统统抛在脑后，不管是过去的特定事件，还是生活中的心理现实。"② 他不再沉湎于过去，而是展望未来。在他眼中，强健的肌肉就像山地景观，而不仅仅是血肉。③ 他也以同样的方式实现了自己的财务目标，为了激励自己，他早在成为百万富翁之前，就把自己想象成一位成功的百万富翁。④

在本章中，你将学会如何像编程一样把自己设定的目标输入潜意识。我将着重介绍一种特殊的自我催眠术，它能帮助你将这个过程变得简单易行。如果没有这个方法的帮助，我很难实现自己设定的很多目标。你先不必急着相信我的话，我先给你讲一个关于德国内科医生汉斯·林德曼博士的故事。20 世纪 50 年代，他成为世界上第一个乘坐可拆卸小船单独跨越大西洋的人。他所创造的纪录直到 2002 年才被打破。做到这一点，是因为他运用了一个名为"自律训练"（也称"自生训练"）的方法。20 世纪 30 年代，这个方法由德国精神病学家约翰内斯·海因里希·舒尔茨率先提出，舒尔茨把它称作"自律训练"，在身体处于深度放松状态时，这种训练能使大脑将目标编入潜意识。

在他计划横跨大西洋六个月前，林德曼开始将某些固定语句输入潜意识，其中一句是"我能成功"。他每天早晨都

① Schroeder, p. 208.
② Leamer, p. 22.
③ Lommel, p. 119.
④ Lommel, p. 91.

对自己重复这句话，在白天，尤其是刚到下午的时候，还这么做。

"带着'我能成功'的决心生活了大约三个星期之后，我'知道'自己可以横渡大西洋，并且能够平安顺利地返回。"①在横渡大西洋的过程中，在不同时段里，这个信念会自动地出现在他的脑海里。当他的小船在第 57 天倾覆的时候，他不得不整夜躺在光滑的船底板上，直到第二天黎明才把小船翻过来。在这个过程中，他原先不断灌输到潜意识里的信念浮现出来，帮助他渡过了难关。

著名的提洛尔登山家莱茵霍尔德·梅斯纳也有类似的经历。几年前，我听过一次他的讲座，其中，他讲述了自己与死神擦肩而过的一次经历。他掉进了一个冰隙里，然后决定，如果能在这种根本无法逃离的绝境中脱身，他立即踏上返程。可是，当最终爬出冰隙的时候，感到一种继续攀登的冲动。梅斯纳说："我别无选择，因为每天早晨醒来，我想的就是登顶。每天晚上入睡前，想的还是这件事。日复一日，我把这个念头一次又一次深深地刻入我的潜意识里了。"在登顶之前，他的潜意识不允许他放弃。

让我们再回到汉斯·林德曼和他的大西洋横渡之旅。他最坚定的信念是"正西方向"。哪怕他稍微偏离一点航线，内在就有个声音提醒他"正西方向"。由于严重缺乏睡眠，他开始出现幻觉。但是，只要听到"正西方向"，他马上就能清醒过来，立刻调整航线。"这个例子说明，反复强调的信念甚至可以穿透幻觉，这是医学研究的新发现。同时也表明，反复强调

---

① Lindemann, p. 16.

的信念可以像催眠后的暗示一样带来强大的效果。"①

实际上，舒尔茨教授的心理自律训练法起源于催眠术。20世纪初，舒尔茨在一个催眠实验室里工作，他早期关于催眠的文章为他开创性地研究自律训练和冥想放松法奠定了坚实的基础。②

严格地讲，自律训练是一种自我催眠术。舒尔茨发现，催眠师使用的反复强调的语句能够被受试者自我应用，并带来深度放松的状态，在这个状态下，语句进入潜意识深处。

通过掌握自律训练方法，你不仅能学会非常有效的放松方法，还能够在潜意识里设定目标，就像你在全球定位系统（GPS）里设定目的地一样。GPS 为你规划并显示路线，与此类似，潜意识会帮助你朝着自律训练中设定的目标前进。

我进行自律训练 40 多年了，每天都进行训练。但是，我没遇到几个真正掌握其技巧的人。这并不是因为自律训练很难，相反，学习它的技巧非常容易。你必须做好准备，最初九个月，每天训练两次，不得间断。绝大多数人因为缺乏自律而做不到这一点。这个过程或长或短，取决于每个人的具体情况。有的人仅仅几周后就取得明显进展，而有的人可能需要几个月。舒尔茨自己评论道："训练 600 次后，任何人都可以掌握自律训练的技巧。"③ 一旦掌握了这项技能，就将终生不忘，就像学会了读和写，或者学会了骑自行车一样。

你可以采取课堂学习的方法，也可以从书本上自学。我曾经教过几次课，也针对个人讲过课。以冥想的姿势躺下或者坐

---

① Lindemann, p. 18.

② 该文章为：《自律训练：心理治疗中的心理生理学方法》（*Autogenic training: A Psychophysiologic Approach in Psychotherapy*），1959 年。

③ Mensen, p. 45.

着，然后背诵几遍固定语句。一开始，你可以对自己说："我非常平静。"然后，继续下一项训练："我的右臂很重，我的双臂和双腿很重。"一旦掌握了这个技巧，你将有非常愉悦的温暖感。你所有的肌肉将完全放松。

接下来，将血液导向四肢时，你同样会产生愉悦的温暖感。然后告诉自己："我的右臂很温暖；我的双臂和双腿很温暖。"还有更多语句可以背诵："我的心跳又稳又规律""我的呼吸又稳又规律""我的腹部很温暖""我的额头很凉爽"。

训练效果是可测量的。在全世界，已有 60 多个不同的测试和实验，被用来测量自律训练带来的生理和心理变化。热成像读数和其他科学测量数据证实了体温、心率和呼吸节律的变化。

一旦掌握了如何运用这些基本语句使自己深度放松，你的潜意识就会很容易接受暗示性语句。从这一点上看，自律训练与催眠非常相似。如果在完全放松的状态下，通过不断重复，将这些语句输入潜意识，它们将产生强大的力量。这是最有效的自我暗示。

我靠每年把新的财务目标设定到潜意识里，赚取了大量的收益。为了这个目的，我运用这样的语句，比如，"我一年挣×欧元，潜意识为我指引道路。"或者"今年 12 月 31 日，我拥有×欧元，潜意识为我指引道路"。我把账户保留了十多年，目的就是比较一下当初在内心设定的 GPS 里的目标和最后的实际结果。结果显示，成功率为 85%。这其中还没有考虑到设定的目标一年比一年高。

这样做为什么有效果呢？在 1962 年出版的经典著作《潜意识的力量》（*The Power of Your Subconscious Mind*）一书中，约瑟夫·墨菲解释了自我暗示是如何帮助一个人实现目标的。

"下达'健康'命令，潜意识就会确立'健康'的目标。不必太在意细节和方法，但要知道最终结果。无论是对于健康、财务，还是就业，努力获取一种找到解决办法的幸福感。"[1]

你也许觉得这听起来很奇怪。绝大多数人立刻开始用显意识批判性地审视：这个目标能不能实现？怎么实现？他们想象可能遇到的各种障碍，寻找可能失败的原因。但是我们从经验中得知，将目标设定到潜意识里的方法，显意识不见得知道。重要的是，通过不断复述，将你的目标印在潜意识里。我们的潜意识比显意识更聪明，总能找到实现目标的途径。

拿破仑·希尔在他的成功学经典著作《思考致富》的第三章里，将自我暗示确定为成功的关键。他建议读者放松自己，然后生动形象地想象某些具体目标，就好像它们早已实现了一样。希尔认为这是实现财务目标或其他目标的唯一方法。

很多人对这些方法持怀疑态度，尽管他们体验到了每天重复关键语句对行动产生的影响。广告的力量就是这种影响的典型例子。

在写《富豪的心理》这本书前，我的很多受访者强调了把目标以书面形式写下来的重要性。他们给自己设定了精确的财务目标，还有实现这些目标的确切期限。有数量惊人的受访者每年进行一次目标设定，他们还分别描述了详细的目标设定过程。他们花时间确定下一年的目标，同时回顾上一年设定的目标，为的是评估自己的目标完成情况。

很多人描述了可视化技术或方法，还有其他的仪式，他们认为这些能帮助他们实现目标。一位受访者还曾经听从一位风

---

[1] Murphy, p. 132.

水大师的建议，在家里设置了一个"财富角"，他每天在那祷告，祈求自己的财务目标可以实现。还有一个受访者居然把自己梦寐以求的 10 亿美元以书面的形式要写在横幅上，贴到了办公室门的上方。

为帮助人们实现目标，墨菲和希尔这样的作者提供了一些重要建议。但是他们并没有提供一个将目标设定到潜意识里的有效方法。自律训练是让你通过放松，进入意识的最深层，然后通过不断重复一些关键语句把目标设定到潜意识里的技巧。当然，无须任何正式的自律训练，你也可以"在脑海中默念"这些目标、图像和决心。19 世纪，埃米尔·库埃成为第一个开发自我暗示法的人。在承认前辈在此领域做出的巨大贡献的基础上，舒尔茨指出，库埃将积极思想的"种子"撒到了风中，其中只有一些发芽并结果，因为他缺乏"耕种土地"所需的知识。"与自律训练中的反复强调的信念和座右铭不同，库埃的方法是说服并使自己相信一个渴望的事物状态，但是并没有为此打好基础。它缺乏通过自律训练所要求的渐进准备，而这种准备是自律训练的一个重要特征。"①

与催眠相似，自律训练是在一定时间内抑制甚至暂停批判思维和价值判断的一种手段，目的是直接进入潜意识。尽管与分析思维一样重要，但它也有其局限性。人类行为经常受潜意识冲动影响，而不是由显意识决定来引导。通常，后者只是前者迟来的合理化。我们的潜意识里储存着大量的信息，这些是内隐学习的产物，而我们用显意识是无法获取并使用的。如果你成功地把目标输入潜意识，它将能够自己检索实现目标的信息。你会很快发现，那些能帮助你实现目标的人和事，一下子

---

① Mensen, S. 20.

出现了，就像被磁铁吸引来的一样。

真的能把全部目标都输入潜意识里吗？用自律训练法能实现这些目标吗？前提条件是你必须坚信自己的目标。如果你设定内心的 GPS 是明年成为美国总统，或者后年飞向火星，你肯定不会相信自己的目标，所以也就无法实现这些目标。

但是，我们很少把目标设定得过高，大多数人把目标设定得过低。我们在生活中取得的成就很少能够超越自己设定的目标。当你走到生命尽头，意识到如果自己没有把目标定得太低，就会取得更大的成就，这难道不令人沮丧吗？

设定多高的目标取决于自己。如果你超重，可以给自己设定一个减掉几磅体重的目标，或者给自己设定一个减到拥有完美身材的目标。我相信，在某些方面，跟谨慎的目标相比，高目标反倒更容易实现，因为目标越远大，你的积极性和热情就越高。我还认为，给自己设定一个远大目标，努力实现它并不比忍受平淡乏味的生活更难。总之，除非你努力尝试，否则可能永远不知道自己是否拥有隐藏的天赋，是否能够在人生中取得更大的成就。

设定在内心 GPS 里的目标必须清晰明确、可量化，还要有时限。没人会跟亚马逊联系，让他们"寄给我一些好东西"。这家网上销售巨头会不知道如何处理这样的要求。你的潜意识也不知道如何处理这样类似的不明确的要求，比如，"我想发财""我想有个好身体"，或者"我想成功"。但是，如果目标明确，如"到某一天，想拥有多少钱"，那么潜意识就知道如何指引你了。你还应该有能力监控和评估自己是否实现了目标。

总是把目标写下来。这样做的重要性已经得到了哈佛大学一项研究的证明。哈佛大学的毕业生被问及是否把目标以书面形式写下来，其中 84% 的人说对未来没有明确的目标，还有 13% 的人说有目标，但"只在脑子里"。只有 3% 的人把自己的一两个目标认真地写下来。十年后，同一批受访者再次接受采访。13% 有目标的人（即使没有写下来），平均收入是那 84% 没有目标的人的 2 倍。3% 将目标写下来的人的收入是其他人的 10 倍。①

设定目标和企业家们取得成功之间的相关性已经得到了学者们的验证。埃德温·洛克（马里兰大学）和加里·P. 莱瑟姆（多伦多大学）提出的"目标设定理论"至关重要。② 1981 年，他们发表了一篇评论，是这一课题 20 世纪 70 年代以来的研究成果综述。这篇评论中 90% 的研究结果发现：与简单的目标、"尽其所能"的目标，或者毫无目标相比，明确而具有挑战性的目标能带来更大的成就。当目标非常具体并具有充分的挑战性时，目标设定才最有可能提高任务绩效。他们还研究了这些目标的具体程度和实现难度。得出的结论是：跟简单、模糊的目标相比，目标越具挑战性、越具体，越能带来好的结果。

目标设定理论是在对 8 个国家的 4 万名参与者的研究中，通过实地测试和实验归纳发展起来的。洛克和莱瑟姆认为，远大而具体的目标十分重要，因为它们能将一个人的注意力集中到与目标相关的活动上，还因为个体增加了实现目标所需的强度和时间。为了实现目标，那些有明确目标的人比没有目标的

---

① Tracy, Brian, *Goals! How to Get Everything You Want-Faster Than You Ever Thought Possible*, p. 20.
② 有关更多细节，请参阅参考书目中洛克（Locke）和莱瑟姆（Latham）的著作。

人坚持得更久，也更刻苦。①

　　实现远大目标最可靠、最快的方法是把几个主要目标写下来，然后把它们分解成年度目标，每天把它们编入你内心的 GPS 里。你不一定非要通过自律训练实现目标，但是我相信，如果运用这个技巧，你把自我暗示的信念输入潜意识里，将更快地实现目标。

　　读完此书，我建议你重读本章。它教给你一个既好用又可靠的方法。通过这个方法，你可以把很多作者敦促你做的事情付诸实践；通过这个方法，还可以调动你的潜意识去实现自己的目标。你能成为少数自律的人吗？用好几个自律训练技巧，日复一日地运用它，把目标设定到自己内心的 GPS 里吗？你是对此持怀疑态度、不去尝试的人，还是缺乏自律、不肯每天进行训练的人？这些问题的答案很可能决定你在接下来的十年将取得多大的成就。

　　一旦你设定好内心的 GPS，就准备迈出下一步，学习另一个公式，它将使你离目标更近。这个公式就是：成功 = 持之以恒 + 勇于尝试。不管是有意识，还是无意识，所有伟大的发明家、企业家、运动员和艺术家都在运用这个方法。

---

　　① 该研究在《富豪的心理》3.2.5. 中有论述。

第九章　成功＝持之以恒＋勇于尝试

　　1984 年，加里·卡斯帕罗夫第一次参加国际象棋世界锦标赛。他的对手是阿纳托里·卡尔波夫。卡斯帕罗夫向卡尔波夫挑战的时候，刚刚 21 岁。锦标赛于 9 月 10 日开始，沿袭1978 年锦标赛时的比赛规则，第一个赢下六盘的人获得冠军。

　　尽管卡斯帕罗夫充满自信，但他还是很快连续输了四盘比赛，并且"距离耻辱地溃败只剩两场比赛"[1]。在分析了前面四盘比赛后，卡斯帕罗夫决定彻底改变战术："我要换成游击战，降低风险，寻找机会。"[2]

　　接下来的 17 盘比赛全是平局。锦标赛持续了好几个月。为下一场比赛做准备，卡斯帕罗夫在棋盘前花了数百个小时。他研究自己的每一步棋和当时的思路，分析错误，并不断地改变战术。起初，事情似乎朝着他设定的方向发展。但是，他又输了。卡尔波夫 5：0 领先，看起来，经验丰富的老牌冠军将取得最终胜利。

　　巨大的压力让双方都难以承受。卡尔波夫的体力和精力消

---

　　①　Kasparov, p. 9.

　　②　Kasparov, p. 9.

耗殆尽，体重减轻了 30 磅，比赛期间还几次住院。卡斯帕罗夫的精神更强大一些，努力把比分差距缩小到 5∶3。终于，在赛事进行了 5 个月、赛时超过 300 个小时之后，比赛在 1985 年 2 月 15 日宣告终止。

卡斯帕罗夫运用了成功人士使用的公式：成功 = 持之以恒 + 勇于尝试。他的毅力简直惊人，没有一届世锦赛持续这么长时间，此前的纪录是 3 个月。但同样重要的是，即使是在比赛中，他也愿意学习。"在 5 个月胶着的比赛中，这位世界冠军就是我的私人教练。我不仅学会了他的比赛方式，还深切地了解了自己的思考过程。我可以更加轻松地发现自己的错误以及犯错误的原因。"①

成功需要毅力，但是如果一次又一次犯同样的错误，那么毅力本身毫无用处。它需要有高度实验意愿的陪伴。除非你寻找新方法，并且在找到后有勇气尝试，否则你永远找不到解决问题的新途径。当然，它们不一定像你所期望的那样管用。你尝试的次数越多，取得成功的可能性就越大。打破定式，甚至改变你喜欢的模式，看看是否能找到新的、更好的方法。②

与卡尔波夫比赛一年后，22 岁的卡斯帕罗夫成为历史上最年轻的国际象棋世界冠军。他把这个头衔保持了 15 年。他在 2005 年退役时，他是世界排名第一的国际象棋选手。

在企业界，顽强的毅力和乐于尝试也是成功的关键，正如芭比娃娃的故事所展示的。芭比娃娃可能是世界上最成功、最有名的玩具了。

1959 年，纽约。露丝·汉德勒坐在宾馆的房间里哭泣。

---

① Kasparov, p. 11.

② Kasparov, pp. 72 – 73.

她来参加玩具贸易洽谈会，并对这次大会寄予厚望，希望可以成功推出美泰玩具公司的最新产品——芭比娃娃。可是，事与愿违。这个娃娃跟当时市场上其他所有娃娃都不同：它看起来不像一个孩子，更像一个女人。人们嘲笑露丝·汉德勒：哪个母亲会给女儿买这样一个大胸、细腰、长腿的娃娃呢？代表大型连锁店的业内专家也有同样的想法：美泰玩具公司很难接到销售订单。露丝·汉德勒害怕了，她给日本方面发电报，要求供应商将产量削减40%。由于过度乐观，她签下了每周生产2万个娃娃、连续生产6个月的订单。

1950年初，露丝·汉德勒第一次萌生了生产这种娃娃的想法。她发现女儿芭芭拉·汉德勒（后来以她的名字命名芭比娃娃）和她的朋友们非常喜欢玩一种剪纸娃娃，她们可以不停地给娃娃穿衣服、脱衣服。她还注意到女孩们尤其喜欢其中的一款，那款娃娃是成年女性。她们认同她，想长大后跟她一样：外表迷人、衣着漂亮、妆容精致。汉德勒想，如果她们有一个逼真的、立体的娃娃，而不是用纸剪出来的娃娃，那么女孩不是更感兴趣吗？"我知道，如果我们采用这种游戏模式，把娃娃立体化，我们将生产出别具一格的产品。"[1]

她一直有这个想法，但是她脑海里的这种娃娃无处可寻。直到1956年，她去欧洲待了六个星期。在瑞士的卢塞恩市，她在商店的橱窗里看见了一个名叫莉莉的娃娃。莉莉1英尺（1英尺约为30.4厘米）高，梳着金色的马尾辫。露丝和她15岁的女儿芭芭拉从来没有见过这样的娃娃。莉莉的销售对象不是儿童，她是按照德国画报《图片报》（*Bild*）上的一个卡通形象设计的，作为送给男人的新奇礼物推向市场。汉德勒买下

---

[1] Gerber, p. 6.

144

了莉莉。她知道，莉莉正是她苦苦寻找的那个娃娃。它就是她想为小姑娘们制造的娃娃。

说起来容易做起来难。这个娃娃应该看起来像真人一样，有胶粘的眼睫毛，还有满衣柜的衣服。汉德勒很快发现，娃娃的生产成本太高了。她知道，应该在日本生产娃娃，当时，那里的劳动力非常便宜。她远赴日本，跟不同的玩具制造商实验了好几年，想方设法以每个大约 3 美元的成本制造出了这款芭比娃娃，再加上服装的费用，芭比娃娃的价格很高。那时美国白领工人的平均月收入是 200～300 美元，这意味着第一款芭比娃娃是真正的奢侈品，只有中产阶级和上流社会的人才买得起。

1945 年，露丝·汉德勒和她丈夫，还有第三位合伙人共同成立了一家公司。他们一开始生产镜框，然后转向生产娃娃房间的家具。她丈夫有发明的天赋，但是非常内向，所以推销商品绝对不是他的强项。汉德勒天生善于营销和宣传，于是她负责这方面的业务。她的公司是第一家在电视台全年播放广告的玩具公司。1955 年，她的公司在当时最受欢迎的少儿节目——迪士尼的"米老鼠俱乐部"掀起了全国范围的广告攻势。

他们的宣传彻底改变了玩具业，从那以后，不再是父母为孩子挑选玩具，而是孩子念叨从电视上看到的自己喜爱的玩具，父母再买回来。

至此，汉德勒专注于营销，把发明新玩具的任务交给了丈夫。芭比娃娃是她的第一个作品，她支付了一大笔钱，请当时的销售心理学专家欧内斯特·迪希特写了一份专家报告。他对 191 名女孩和 45 位妈妈的调查显示：绝大多数女孩喜欢这款娃娃，而妈妈们则讨厌她。迪希特的妻子后来说："他采访了一些女孩，问她们希望从芭比娃娃身上得到什么。结果，她们想要的是性感的外表，这也是她们希望自己长大后的样子：长腿、大胸、迷人。"① 迪希特建议把芭比的胸做得更大，最后，胸围定为 39 英寸（1 英寸约等于 2.5 厘米），腰围 18 英寸，臀围 33 英寸。但是，这些真是女孩们追求的吗？

在电视广告歌曲中，女孩的梦想是这样表达的："总有一天，我会跟你一样。那时，我才知道我会做什么。芭比，美丽的芭比，我将让自己成为你。"② 最初，美泰玩具公司的竞争对手们嘲讽这个广告："你能相信疯狂美泰的做法吗？它上电视，还指望妈妈们为孩子买那种看起来像妓女一样的娃娃。"③ 他们不是唯一持怀疑态度的人，即使汉德勒的员工也对她貌似疯狂的想法没多少信心。

在一片怀疑和否定声中，芭比取得了轰动性的成功，并使美泰玩具公司成为美国最大的玩具制造商之一。推出芭比娃娃仅一年后，公司就上市了。五年后，美泰玩具公司的年营业额达到 1 亿美元，首次跻身"财富五百强企业"。

露丝·汉德勒之所以能取得成功，是因为她能突破万难，坚持自己的想法。她丈夫、员工以及身边所有人都曾反对她的创意。他们说，即使消费者想买那样的娃娃，以合理价格把它们生产出来也是不可能的。没人认为她的计划是可行的，这反倒使汉德勒的决心更加坚定，她要证明给所有人看，计划是可行的。汉德勒通过"毅力＋尝试"这种方法取得了最后的成功，这也是所有成功者的公式。她需要毅力，因为她用了十年才把想法变成现实，又用三年改进在瑞士看到的那款娃娃。她

① Gerber, p. 107.
② Gerber, p. 108.
③ Gerber, p. 109.

重视每一个细节，从芭比的手指甲到她的妆容和衣柜，结果证明，这些是芭比娃娃非凡商业成功背后的基本要素。芭比的主人们不断地购买新衣服，为的就是把她打扮得更加时髦。竞争对手们没能复制她的成功，汉德勒认为这是因为他们缺乏毅力和对细节的关注。这些看起来似乎无关紧要，而实际上却在她的成功中发挥了巨大的作用。

霍华德·舒尔茨的耐心也经历过考验。他接手星巴克后，公司每年都盈利，不过一共只有五家门店，而舒尔茨在全国开设连锁店。"我很快意识到，我们无法既保持现有的收入水平，又能为公司的快速发展打下坚实的基础。"他告诉员工和投资者，他预计未来三年公司会处于亏损状态。[1]

一切都在按照他的想法进行。1987 年，星巴克亏损 33 万美元。一年后，亏损增长到 76.4 万美元，第三年，达到了120 万美元。但是到了第四年，公司重新开始盈利。舒尔茨回忆："对所有人而言，那是一段让人大伤脑筋的时期，每天神经高度紧张。尽管我们知道自己是在为未来投资，也接受了亏损的事实，不过，我还是经常心存疑虑。"[2]

曾有一个月，亏损额超过了预算的三倍。这种状况一出现，咨询委员会马上在一周后安排了一次会议。舒尔茨知道，他会被叫去对自己的行为做出解释。他一夜没有合眼，非常害怕看到那些委员们的反应。在会上，正如他所预料的，气氛非常紧张。一个董事说："事情毫无进展，我们必须改变战略。"舒尔茨的心砰砰乱跳，为了说服委员们坚持最初的方案，他不得不攒足全部勇气。他努力保持镇静，不让自己的声音颤抖，

---

① Schultz/Yang, p. 141.

② Schultz/Yang, p. 141.

然后说："在做三件事之前，我们会一直亏损下去。我们必须引进一个管理团队，他们的能力足以应对扩张的需求。我们必须建造世界级的烘焙设备。"最后，他补充说，公司需要"一个精密的信息技术系统用来跟踪几百家门店的销售情况"[①]。他说的是几百家吗？一些投资者深感疑惑。星巴克当时才只有20家门店，可现在，这个名叫舒尔茨的家伙居然想投入巨额资金建立一个可以管理几百家门店的计算机系统？

这些怀疑者问他为什么想聘请经验丰富、薪酬丰厚的高管？谁那么倒霉，愿意在这里大材小用呢？在自传中，舒尔茨这样思考："在企业增长曲线出现之前聘请高管，在当时看起来似乎成本高昂。不过，在需要之前就引进人才总要胜过带领新手跌跌撞撞地前行。新手未经历过考验，很容易犯一些本可避免的错误。"[②]

但是，公司一直在烧钱。在克服重重困难、筹到380万美元收购星巴克后，舒尔茨不得不再筹集390万美元，支持自己雄心勃勃的扩张计划。1990年，公司发展需要更多的资金，他设法从一家风险投资基金筹集到了这笔钱。一年后，舒尔茨还需筹集1500万美元。在1992年星巴克上市之前，他们总共进行了四轮公司股份私募发行。

试想一下，他需要多大的毅力才能熬过那个艰难的阶段。如果舒尔茨把眼界放低一些，把成本压低一些，他的人生是不是能轻松很多？他本可以更快地让公司盈利，这会使他省去很多面对投资者和倾听批评意见的麻烦。他真的选对了路吗？是不是每多花掉100万美元，风险就多一分？

---

① Schultz/Yang，p. 142.

② Schultz/Yang，p. 143.

　　舒尔茨可不这么看。他觉得最大的风险在于投资不足。"当公司倒闭，或者停止发展的时候，大部分原因在于：他们在所需的人才、体系，以及流程上的投资不够。绝大多数人低估了这些方面所需的资金，也低估了自己听到巨额亏损报告时的感受。"① 公司成立初期的巨大投入不仅会导致每年的巨额亏损，而且意味着创始人不得不越来越多地放弃公司股份。不过，舒尔茨愿意付出这个代价。最终，他的毅力带来了巨大的回报。

　　舒尔茨为未来的企业家们提出了以下建议："当你创业的时候，不管公司规模大小，重要的是，要认识到创业的过程比你想象的要长，投入比你想象的要多。如果你的计划宏大，即使暂时销售量增长迅速，你的投入也将超过你的收入。如果你招聘了富有经验的高管，建设了超出当前所需的生产设备，制定了清晰的战略，管理公司并度过了困难时期，那么当公司步入发展的快车道时，你已经做好了充分的准备。"②

　　舒尔茨展示出的毅力依赖于两个关键因素：对失望的高度忍耐力和真正远大的目标。远大的目标能使你身处困境也不会轻言放弃，但是成功的关键是对失望的高度忍耐力。早年，舒尔茨在施乐公司当推销员的时候，就培养出了忍耐力。

　　六个月时间里，舒尔茨敲遍曼哈顿42～48街，从东河到第五大道之间每座办公楼里的每一扇门。他回忆说："在企业界，上门推销是最了不起的训练方式。当推销一个叫文字处理机的新玩意儿时，我记不清曾有多少扇门在我面前砰地关上，我必须得练出厚脸皮，想好简洁的销售语。"③ 他成为非常成

---

① Schultz/Yang, p. 145.
② Schultz/Yang, pp. 142－143.
③ Schultz/Yang, p. 21.

功的推销员。"我卖出去很多台机器，远远超过了很多同行。在证明自己的过程中，自信心也随之增长。我发现，推销与自信有很大的关系。"①

这种自信是培养毅力的必然要求，可以帮助我们从失败中迅速站起来。同时，你越有毅力，自信心就越强。如果你有毅力，也有对失望的高度忍耐力，这些品质将帮助你获得成功，你的自信心也将随之更强。只有在这个时候，你才能设定更远大的目标，克服成功路上的种种障碍，取得一个比一个更好的成绩。无疑，本书重点讲述的很多人物是优秀的推销大师，推销这份工作要求你对失望具有高度忍耐力，同时应具备同理心和自信心。

没有毅力，你在商界就无法立足。迈克尔·布隆伯格为所罗门兄弟公司工作了15年，然后被解雇了。他才决定成立自己的公司。在自传里他写道："谢天谢地，每次当别的公司来挖我的时候，我都客气地回绝了。我总能找到留下来的理由，对自己在所罗门兄弟公司的职业展望，让我再一次把自己托付给公司。"②

布隆伯格的耐心经常被挑战，甚至超过了他的极限。在所罗门兄弟公司工作六年后，事情越发一帆风顺。他成了华尔街的宠儿，还经常受到媒体的宴请。布隆伯格挣着大钱，同时等待着唯一的荣誉：成为公司的合伙人。成为合伙人带来的声望"对我而言，超越一切"。他写道："我在为自己挣这个合伙人的身份，现在，想得到大众对我的价值的高度认可，把我看成这个大池塘中的一条大鱼。"③

---

① Schultz/Yang, p. 21.
② Bloomberg, p. 32.
③ Bloomberg, p. 33.

1972 年 8 月，新的合伙人名单出炉。布隆伯格一直期望能登上这个名单，对这个荣誉的期待超越了其他事情。但他震惊地发现，名单上没有他的名字。名单上的人根本没法跟布隆伯格相比，而他被忽略了。"一大群人被纳入合伙人名单，我却被越过了，这是奇耻大辱。"布隆伯格失望沮丧，心烦意乱，眼含泪水。他开始伺机报复。"我想找一个人发泄。我告诉自己'我不干了'。在众多疯狂的抱怨中，第一个出现在脑海里的想法是'我要杀了他们''我要开枪打死自己'。"①

绝大多数人会有同样的反应，并把自己的失败归咎于别人没有认识到自己的成就，或者有人密谋推翻自己，诸如此类。不过，布隆伯格很快恢复了理智。他的座右铭是："去他们的！"他甚至比以前更刻苦、更专注，并且付出了能够付出的一切。他不停对自己说："去他们的！"三个月后，他得到了梦寐以求的合伙人身份。②

1981 年，当布隆伯格创建自己的公司时，耐心和毅力再一次经受了考验。他的毅力得到了所罗门兄弟公司给予的丰厚回报，当他离开时，公司给了他一笔丰厚的遣散费——1000万美元。他跟几个同事成立了自己的公司。为了开展业务，他们在曼哈顿麦迪逊大街租了一间约 30 平方英尺的小办公室。"公司成立的第一天，我们在办公室的杂物间打开一瓶香槟，庆祝新的开始。"③

公司成立后，一直勤奋的布隆伯格每天工作 14 个小时，每周工作 6 天。随后，他遇到了霍华德·舒尔茨经历过的困

---

① 　Bloomberg, p. 33.
② 　Bloomberg, p. 34.
③ 　Bloomberg, p. 46.

难："我没有足够的发展资金。"① 他的支出远远超过了最初的预期。

布隆伯格计划推出的产品是一款用于显示和分析财务信息的全新电脑终端，但他无法预测消费者是否愿意为这款产品付费。他甚至开始怀疑，拿自己的财富和名声冒险是不是个好主意。从所罗门兄弟公司那里得到的1000万美元，已经花掉了400万，他的新企业依然在亏损经营。"幸运的是，即使我不想再管公司了，也没有什么光彩的退路（感谢上帝指引），所以我们只有努力前进。"② 毅力和对失望的忍耐力至关重要。除非你愿意尝试并接受新理念，否则毅力与忍耐力也不会让你走得更远。如果你固守僵化的方案，再强大的毅力也无法让你成功。迈克尔·布隆伯格不相信详尽的计划。"你免不了会面临与当初没预料到的问题。有时，业务蓝图告诉你'这样'，可是你不得不'那样'。当你需要立刻做出反应的时候，你不会想让详尽却死板的方案成为障碍。"③

让我再重复一遍：毅力，只有愿意尝试时才能带来成功。托马斯·爱迪生是历史上最伟大的发明家，在成功发明电灯泡之前，意志坚定地进行了1万多次不同的试验。我们当中有多少人，在经历了100次，或者1000次的失败后就放弃了呢？

与不断完善自己的想法，并一直犹豫是否执行的人相比，那些行动积极并且能够快速从错误中吸取教训的人往往更成功。布隆伯格承认："我们当然会犯错，其中绝大多数是疏漏，就是我们当初编写软件时没有想到的地方。通过一遍又一遍的运行，我们修复了这些疏漏。今天，我们在做同样的事

---

① Bloomberg, p. 53.

② Bloomberg, p. 43.

③ Bloomberg, pp. 45 – 46.

情。"当他的竞争对手们还忙着拿出完美的最终设计方案时，他已经在开发第五版样机了。"我们从第一天就开始行动，而其他人用了好几个月在想如何制订计划。"①

如果你正在创业，不要死搬教条，要乐于学习和尝试。布隆伯格一直强调，无论银行和其他投资者如何坚持，对新商业理念的预测大多毫无用处，也没有意义。"你做出各种假设，想法很宏大，可对于陌生领域的知识，你掌握得非常有限，所以所有的详细分析通常都是不相干的。"②

还有一位企业家跟布隆伯格一样，对刻板的计划也持怀疑态度。这位企业家身上还体现了坚持不懈和不断尝试所带来的巨大力量，他就是马云，阿里巴巴的缔造者。在美国和欧洲，亚马逊的知名度依然高过阿里巴巴。不过，将两者相提并论显示出了马云，这位电子商务巨头的重要地位。每年 11 月 11 日的"光棍儿节"促销足以证明阿里巴巴的市场实力。2009 年，马云提出把这一天作为特价销售日。日期中的四个"1"象征单身男女，他们在光棍儿节这天应该互赠礼物，他们也的确这样做了。2016 年 11 月 11 日，阿里巴巴网站商户的收银机共入 151 亿欧元，2017 年光棍儿节，商户的收入提高到 220 亿欧元。相比之下，美国的网络零售商在网络星期一、黑色星期五、感恩节、会员日加起来的营业额是 71.1 亿欧元。

2018 年，阿里巴巴的品牌价值是 1130 亿美元，领先于美国知名企业，如 IBM 公司（960 亿美元）、可口可乐公司（800 亿美元），迪士尼公司（540 亿美元）。通过他的公司，马云从一位名不见经传的学校老师成为世界上最富有的人之

---

① Bloomberg, p. 52.
② Bloomberg, p. 78.

一。2018 年 10 月，《福布斯》（*Forbes*）杂志将马云列为中国最富有的人，资产为 390 亿美元。根据"福布斯富豪排行榜"，2018 年，他是世界上最富有的 20 人之一。此前一年，《财富》杂志评选出的"世界上最伟大的 50 位领导人"中，马云位居第二。在"福布斯排行榜"中，他多年来被评为全球"最具影响力"人物之一。

马云是一个很好的例子，说明坚持不懈和不断尝试的结合可以达到什么效果。马云出生于 1964 年。小时候，他抓住一切机会学习英语。他酷爱马克·吐温的著作，利用一切机会提高自己的英语水平。12 岁时，他突然想出一个提高英语水平的办法：每天早晨 5 点钟，他骑 40 分钟自行车去一家国际酒店，在那里等待游客。马云主动接近他们，然后提出一笔交易：他做导游带他们游览这个城市，作为交换，游客教他英语。不管刮风还是下雨，他日复一日、月复一月、年复一年地在酒店外面等候。有一天，他遇到了一家澳大利亚人，跟他们交上了朋友，这家人邀请他去了澳大利亚。那里的生活水平比中国高，给马云留下了深刻的印象。

马云的英语水平不断地提高，但是他的数学很差。数学满分为 120 分，他只得了 1 分。他在高考中落榜。第二年，他又参加了高考，这次的数学成绩是 19 分。但是，他的总成绩太低，还是没考上大学。可是，他依然不肯放弃，最终被一所师范院校录取。1988 年，他获得了英语专业的学士学位，找到了一份英语老师的工作。

在 1995 年的西雅图之旅，朋友领他第一次见识了互联网，结果证明，这次旅行对塑造他的未来产生了决定性影响。马云立即对它产生了浓厚的兴趣，而且直觉告诉他互联网在未来将扮演重要角色。同一年，他创办了中国黄页公司，但效益并不好。他几乎把所有的钱都花在了注册公司上，钱所剩无几。公司的办公室只有一个房间，中间是工作站，摆着一台旧电脑。

当时最大的问题是，在他的家乡杭州无法访问互联网。鉴于这种情况，所有人都会放弃在那里成立一家互联网公司的想法。马云则不同，他把互联网的发展潜力告诉了所有的朋友，还说服一些人委托他设计网站。马云让客户把公司的文件寄给他，他译成英文，再寄到西雅图，网站在那里被设计出来。西雅图的朋友拍下设计好的网页，寄回中国，马云再把它展示给客户。他甚至在家乡找到愿意支付 2 万元（约 2400 美元）制作网页的公司，这足以证明马云强大的说服力。回忆创业初期的岁月，马云说："在三年时间里，我一直被认为是一个骗子。"[1]

在接下来的几年，马云将坚持不懈和不断尝试结合在一起，不断地改变他的商业模式。1999 年，他成立了一个企业对企业的商业平台——阿里巴巴。起初，业务进展得并不顺利，马云后来回忆说："第一周，我们有 7 名雇员，自己买，自己卖。第二周，开始有人在我们的网站进行销售了，我们把他们所有的商品都买空了。营业前两周，我们仅有两个房间，装满了买来的各种没用的东西，都是垃圾。我们这么做，就是为了告诉人们这种交易模式是可行的。"[2] 从一开始，他就有远大的目标与理想。公司成立后不久，他告诉一位记者："我们不想做中国第一，我们要做世界第一。"[3] 他相信自己在未来会取得巨大的成功，1992 年，他甚至在简陋的办公室里将一次会议录制下来，以记录公司的成长历史。在这次小型会议

① Clark，p. 73.

② Lee/Song，p. 29.

③ Clark，p. 110.

上，他抛出一个问题："在五年或者十年以后，阿里巴巴会变成什么样子？"他自问自答："我们的竞争不在中国，而在硅谷……我们应该把阿里巴巴定位成一个国际网站。"①

马云想从硅谷帕洛阿尔托的风险投资家那里筹钱。他遇到的投资者都希望他能拿出一份完全成熟的商业计划。但是，跟谷歌公司的创始人布隆伯格，还有其他很多成功的企业缔造者一样，马云并没有商业计划。他的座右铭是："如果你计划，你就输了。不计划，你就赢。"② 令人遗憾的是，这些投资者难以理解马云的做法。马云承认："我们的确没有清晰明确的经营模式。如果您认为雅虎是一个搜索引擎，亚马逊是一家网上书店，易趣网是拍卖网站，那么阿里巴巴就是一个电子商务平台。"③ 凭着超凡的感召力，马云想方设法说服了高盛集团中国区负责人为他的公司注资 500 万美元。

马云的例子展现了企业家的直觉，还展示了企业家接受新思想和新理念的意愿，而且随时为适应新的商业模式做好充分的准备。这些远比世界各地商业管理课程所教的书本知识重要得多。在一次演讲中，马云表示："没有必要读 MBA，绝大多数的 MBA 毕业生都没用。除非他们学完 MBA 回来后，把所学的东西都忘了，那么他们就是有用人才了，因为学校传授的是知识，创业需要的是智慧。智慧是通过经验获得的，而知识是通过勤奋获得的。"④

马云的观点得到了企业研究的证实：企业家的成功不是外显的、学术性学习和掌握书本知识的结果，而是内隐学习过程

---

① Clark, p. 93.
② Clark, p. 111.
③ Clark, p. 121.
④ Clark, p. 123.

的产物，一般表现在直觉上。这并不意味着不合理或者神秘，它源自经验的累积。反过来说，经验又是坚持不懈和不断尝试的结果。在《富豪的心理》一书中，我对此有更多的叙述。

在马云看来，技术知识不是必要的。作为一名互联网企业家，他努力取得了非凡的成就。2014年，他宣称："我不擅长技术，我接受的培训是成为一名中学教师。这真是一件有趣的事，我现在竟然管理着中国，也许是世界上最大的一家电子商务公司，而我对电脑竟然一无所知。我只知道怎么用电脑发送和接收电子邮件，以及浏览网页。"①

马云最初是一名网页设计师，后来进入B2B电子商务领域，他的企业继续朝着新的方向发展。2003年，他成立了淘宝——中国最大的企业对顾客B2C的购物网站。当他公布淘宝的方案时，遭到了来自公司内部和投资者的普遍质疑。毕竟，阿里巴巴的B2B尚未实现盈利，再加上当时很难从风险投资公司那里筹集资金。在B2B这一领域还没有取得成绩的情况下，再开辟一个新的业务领域有意义吗？与他交谈的很多人非常谨慎。但马云的决定是正确的。2007年，他甚至击败了最强劲的对手易趣网，易趣网的财务实力远超马云的公司。易趣网被迫结束了在中国的业务，因为它从未设法了解中国市场，包括大量使用淘宝的小型零售商的心理。2004年，马云又创立了支付宝，提供世界上最大的互联网支付服务。

无论过去还是现在，马云一直乐于接受新思想。他在2004年表达了这样的观点："从第一天开始，所有的企业家都知道，他们的人生是应对困难与失败的，而不是用'成功'来定义的。我最艰难的时刻还没有到来，但它肯定会来。近十

---

① Lee/Song, p. 19.

年的创业经历告诉我，这些困难既不能逃避，也无法由他人承受。创业者必须能够面对失败，永不放弃。"①

谷歌公司的创始人拉里·佩奇和谢尔盖·布林与马云有一些共同之处。他们一开始也没有翔实的商业计划，并且一次又一次地改变他们的商业模式。

谷歌公司的两位创始人都生于 1973 年，他们有一个聪明的想法，想建成世界上最好的搜索引擎。他们对维斯塔等现有的搜索引擎并不满意，并且坚信自己能做得更好。在使用维斯塔的时候，他们发现搜索结果不仅显示一个网站列表，还显示一些毫无意义的链接信息。他们发现，通过将链接的流行因子集成到用于搜索的算法中，该引擎的性能可以得到显著提升。

这两个大学生痴迷于创建世界上最好、最先进的搜索引擎。最初，他们并没打算开办自己的公司，但是他们需要购买几百台电脑的资金，并将这些电脑连接起来进行互联网搜索。

他们成功地找到了风险投资人，但是依然没有明确的商业计划。戴维 A.·怀斯和马克·马西德在《撬动地球的谷歌》（*The Google Story*）一书中说："这两个小伙子都没想清楚公司要怎么赚钱，在他们看来，如果他们有最好的搜索引擎，其他人肯定愿意购买它。"② 与商学院学生经常听到的建议相反，他们不愿意费力起草企划书。至于谷歌公司如何赚钱的问题，依然没有答案。

佩奇和布林最初的想法是把他们的搜索引擎技术的销售许可证卖给其他互联网公司。不过，这个想法非常难以实施。红

---

① Lee/Song, p. 83.

② Vise, p. 59.

杉资本的迈克尔·莫里茨是谷歌公司最初的两个风险投资之一。他这样回忆道："在第一年，我们共同关注的是，所追求的市场远比最初预想的棘手得多。与潜在顾客的对话和谈判一再拖延，行业竞争非常激烈，我们甚至还没有自己的直销团队。"①

佩奇和布林并没有因此停下脚步。一开始，他们反对出售广告位，因为他们认为搜索结果的客观性可能会受到损害。他们指出，其他走上这条路的公司树立了反面教材。无论如何，事实证明，当时使用的横幅广告的效果并不明显。

最终，他们发现有一家公司似乎成功地把广告和搜索结果结合在了一起。看起来这个想法还是可行的。佩奇和布林决定对其进行调整，并将它作为他们商业模式的基础。这是一个简单的策略：他们的搜索引擎向用户免费开放，收入主要来自广告。

早期，谷歌公司遭受亏损。2000 年，公司亏损了 1470 万美元。但仅仅 1 年后，就盈利了 700 万美元。接下来，盈利稳步增长，从 2002 年的 1 亿美元增至 2004 年的 4 亿美元，再到 2005 年的 15 亿美元。2017 年，谷歌公司实现了营业额 1100 亿美元，利润 250 亿美元。今天，谷歌公司的品牌价值超过了可口可乐或者麦当劳，资产净值超过 3000 亿美元。2018 年，谷歌成为全球最有价值的品牌。

1998 年，佩奇和布林为后来谷歌公司的搜索引擎奠定了技术基础，并想把许可证卖给雅虎这样的公司时，竟然没有人愿意搭理他们。他们为这个系统开价 100 万美元，大家都认为要价太高了。对于谷歌公司的创始人而言，这次"失

---

① Vise, pp. 84 – 85.

败"后来被证明是好运，如果当初那些人接受了他们的开价，他们也许就不会成立谷歌公司了。"挫折"再一次被证明孕育了今后更大的成功。

正如我们从谷歌公司的故事里看到的，成功创业的关键不是完美的方案，而是善于学习和具有快速适应的能力。很多人嘲笑这两个既没有商业计划也没有明确赚钱方法的准企业家，他们认为世界上没有一家银行愿意给他们发放贷款，支持他们的商业理念。但是，一个伟大的愿景，再加上务实的、乐于尝试的精神，还有学习能力，远比一张写着详尽商业计划的纸更有价值，只有经济学教授才对商业计划书兴奋不已。

务实的精神和敢于尝试的态度早年帮助佩奇和布林渡过了一个个难关，直至今日，仍是他们取得成功的标志。佩奇和布林不断以测试版的方式推出新服务，这表明他们仍在进步和发展。

成功的运动员需要强大的毅力。但是，在他们职业生涯的不同阶段，所有成功的运动员都遇到过瓶颈期。坚持例行训练，但是想靠加大训练力度和延长训练时间来突破这种状态，会出现训练过度的风险，这对身体和运动成绩往往产生负面的影响。为了克服每个运动员职业生涯中不可避免的停滞期，不断取得进步和提高，他或者她必须乐于接受新的训练计划。

职业足球运动员奥利弗·卡恩曾经引用过阿尔伯特·爱因斯坦的话："一遍又一遍地重复同一个实验，而不改变实验的设置，是一种疯狂的行为。"[1] 卡恩建议顶级运动员和其他想成功的人，"在自己想取得成功的领域，大胆进行以目标为导向的尝试。永远不要做无意义或荒谬的事，但要大胆、疯狂地

---

[1]　Kahn, S. 275.

尝试"。① 他还对被误导的完美主义者提出警告："技巧没有完美的，讲究技巧会浪费时间。'完美是事情开始的敌人'。"② 我们也可以这样认为：完美经常成为不开始的借口，因为人们认为条件还没有成熟。

要勇于尝试，人们就需要有不怕犯错的勇气。卡恩强调："专注于把事情做对，而不是专注于别把事情搞砸。"③ 成功者和那些一生都在躲避潜在失败的人的不同之处是：后者一心关注成功，关注如何把事情做对。令人遗憾的是，那些努力避免犯错的人更适合在大企业和政府部门工作，在那里，成功无足轻重，错误却会带来严惩。最糟糕的情况下，这会带来这样的态度：如果我干得多，风险就高，那么犯的错误就多。如果我干得少，冒险少，那么犯的错误就少。如果我什么都不干，就永远不会犯错。不管怎样，对犯错的过分恐惧会阻碍你尝试，使你固守自认为"可靠"的程序。

即便你的商业模式失败了，也不意味着你是失败者，而是恰恰相反。很多人太害怕自己的经营理念会失败，甚至不敢付诸实践。实际上，很多成功的企业家的一个或几个经营理念或模式遭遇过失败，但是他们从失败中吸取了教训，这些经验成为他们今后取得更大成功的基础。

美国计算机领域的先驱，英特尔公司的联合创始人之一，戈登·摩尔说过："如果你所有的尝试都能取得成功，就说明你尝试的事情太简单。"他说得太正确了！胜者之所以成为胜者，不是因为他们做什么成什么。相反，胜者设定远大目标，在实现目标的路上不断尝试和求证，最终取得了胜利。他们不

---

① Kahn, S. 134.
② Kahn, S. 213.
③ Kahn, S. 263.

需要确保唾手可得的胜利。他们知道并且接受努力也可能失败的现实。美国演员伍迪·艾伦恰当地指出："如果你没有偶尔的失败，就说明你凡事求稳。"耐克公司的创始人菲尔·奈特说："如果我们不犯错误，说明我们没有尝试足够多的新事物。"即使像沃伦·巴菲特这样聪明的投资家，每年都要报告他所做出的失败投资。你没有必要，也不可能永远正确，你只需保证自己对的时候比错的时候多就行。如果你迈出新步伐，并且不害怕接下来的那一步，说明你迈的步子还不够大。

不管你是企业家、员工、自由职业者、学者、艺术家，还是运动员，除非勇于尝试，不怕出错，否则永远不会取得成功。

说自己"什么都试过了"，这很简单。但如果用自我批判的视角审视自己的人生，你可能会发现自己说的不对。在体育界，跟在企业界一样，有无数的尝试新事物并取得进步的方法，没人可以认真地说自己"尝试了所有方法"。通常，这只是向自己和其他人解释自己为什么毫无进步的一个借口。

麦当劳餐厅因精心设计的运营系统而闻名于世，为了实现最高效率，每一个细节都被优化。这个系统不是灵光乍现的产物，而是随着时间推移，通过毅力与尝试相结合的方法而完善的。在 20 世纪 50 年代，麦当劳的高管中没有一个有餐饮业的从业背景，可结果证明，这反倒成为一种优势。雷·克罗克的继承者弗雷德·特纳说："正因为我们缺乏从事餐饮业的经验，所以没什么是理所当然的。我们必须学习，我们不断地寻找更好的方法，再修正更好的方法，然后再修正修正过的更好的方法。"①

---

① Love, pp. 120 – 121.

雷·克罗克经常鼓励他的餐厅经理发表不同意见并且尝试新事物，乐于接受新观点。他说："我以前没有做汉堡包生意的经验。实际上，我们中没有一个人在这个领域有发言权。因此，如果这些经理的意见跟我的想法不一样，我允许他们试行六个月，看看效果怎么样。"他坦言，自己和同事们犯的错误一样多，但是"我们共同成长"。[①] 詹姆斯·库恩是麦当劳早期的一位资深员工，这样总结他们成功的秘诀："实际上，我们是一群充满活力的人。我们发出的炮弹并不能全部击中目标，我们犯过很多错误，但正是这些错误造就了我们的成功，因为我们不断地从错误中吸取教训。"[②]

约翰·F. 洛夫在《麦当劳：金黄色拱形标志背后的生意经》一书中说："每件事都是在反复尝试的基础上进行的。任何想法都值得探讨……总之，麦当劳的经营模式在经营实际门店的无数尝试中得到了发展和完善。"[③]

尝试要求乐于承认错误，乐于从批评中学习。与其他人相比，那些教条和固执己见的人觉得做到这一点太困难了。但在这方面，自信的确是非常宝贵的财富。你越自信，就越不害怕受到批评的威胁。比如比尔·盖茨，如果别人有更好的理由，他愿意改变自己的主意。微软早期的一位程序员说："在争论一件事情的时候，盖茨直言不讳，据理力争。一两天后，他会说他错了，然后让我们按自己的想法去做。像他这样的人不多，有干劲儿、激情，也有企业家的创业精神，同时还能把自尊和面子放到一边。"[④]

---

① Love, p. 106.

② Love, p. 7.

③ Love, pp. 120－121.

④ Wallace/Erickson, pp. 128－129.

比尔·盖茨的另一位员工说："如果他认同一件事情，他会表现出强烈的热情，并支持它。盖茨会在公司推行它，在人前称赞它，告诉大家这件事有多么了不起。但是如果它不再了不起，他会转身走开，忘了它。盖茨具有敏锐的商业嗅觉。"①

在20年的职业生涯里，加里·卡斯帕罗夫一直是世界级的国际象棋选手。他必须应对"接二连三的谴责和赞扬"。他警告我们不要受这样的诱惑，即"忽视前者（谴责），拥抱后者（赞扬）。我们必须对抗自我和防御性本能，要认识到一些建设性的批评是值得听取的，这样，我们就能把批评当作工具。"② 卡斯帕罗夫坚信自我批评的重要性。他敦促其他选手不仅要从失败中学习，也要从胜利中学习，在胜利中寻找失误。赢下比赛并不意味着选手没犯一点儿错误。他认为，胜者只是幸运而已。③ "我们很少像分析失败那样认真地分析胜利，我们急于将成功归于自身优势，而不是外在环境。当一切进展顺利的时候，怀疑才显得尤其重要。过度自信会导致错误，让人误以为一切已经足够好了。"④

如果你是经理、高管或企业家，必须学会允许员工犯错。当然，不停地犯同样的错误是不能接受的，因为这样的人不愿意或者无法从错误中学习。如果某人因为敢于承担风险或者勇于尝试新事物而犯了错误，他们不应该受到责备。

惩罚每一个错误，实际上你就压抑了员工勇于尝试的意愿。当初，当杰克·韦尔奇为通用电气公司工作的时候，很幸运地遇到了允许他犯错的老板。当时，他的部门正在试验一种

---

① Wallace/Erickson, pp. 298 – 299.

② Kasparov, p. 185.

③ Kasparov, p. 184.

④ Kasparov, p. 52.

新的化学工艺，结果发生了一起事故。"爆炸发生了，我当时正坐在位于匹兹菲尔德的办公室里，就在试点工厂的对面。巨大的冲击波把房顶掀翻了，把顶楼的玻璃震碎了，还把人们，尤其是我，震得直不起腰来。"①

因为韦尔奇负责这个项目，应该由他承担责任。第二天，他驱车100英里去康涅狄格州的布里奇波特，向上司汇报这起事故。韦尔奇回忆："我知道，我能解释爆炸发生的原因，也有解决问题的方案，但还是非常紧张。我的信心像被自己摧毁的大楼一样摇摇欲坠。"②

韦尔奇不太了解自己的老板，也不知道对方会做出什么反应。在整个过程中，老板表现出了充分的理解，并问了该问的问题：事故是如何发生的，韦尔奇从中学到了什么。老板没有发怒，也没有将错误归罪于韦尔奇，而是采用了理性的方法。老板说："从问题中吸取教训，宜早不宜迟。我们的发展规模越来越大，如果将来发生这种情况，岂不是更糟糕？谢天谢地，没有人受伤。"③ 这些话给韦尔奇留下了深刻的印象。

韦尔奇认为，你必须培养一种本能，要对员工的错误做出恰当的反应。"什么时候给个拥抱，什么时候该踢一脚。当然，拒绝从错误中吸取教训的傲慢家伙，必须让他走人。如果我们面对的是优秀员工，他们因犯下的错误自责不已，我们的任务就是帮助他们从自责走出来。"④

下一次，当你的员工犯了严重错误时，你可能会记起这个故事。如果你不能学着接受错误——不管是自己的错误还是他

---

① Welch, p. 27.
② Welch, p. 28.
③ Welch, p. 29.
④ Welch, p. 30.

人的错误，就不可能取得成功。因为成功是建立在持之以恒和勇于尝试相结合的基础之上，尝试的意愿包含犯错误的可能。英国亿万富翁理查德·布兰森在自己的职业生涯里取得了巨大的成功，但因为他一直勇于尝试新事物，所以他也必须品尝属于自己的那份失败和挫折。布兰森问过这样一个问题："偶尔犯错和因思想僵化而错失良机相比，哪个更糟糕？"[1]

审视一下自己的不足：你缺乏毅力吗？你容易放弃吗？你缺少尝试的意愿吗？对于目标远大的人而言，小有成就可能比彻底失败更可怕。经历失败之后，任何头脑正常的人都会从中吸取教训，下一次会做得更好。另外，小成就经常阻碍你尝试新事物。一旦人们取得了一定的成绩，往往倾向于坚持那些他们用过且有效的方式，而不是问自己，如果采取不同的方式，会不会取得更大的成功？

为了不陷入适度成功的陷阱，你需要特意把目标设定得非常远大。这样一来，除非你尝试新的做事方式，否则难以实现目标。你必须强迫自己去做自己从未尝试过的事。

你倾向于用大量的时间制订计划吗？你把计划当成不采取行动的借口吗？我告诉你一件事：计划经济已经被历史经验驳倒了。建立在竞争、自发和尝试基础上的自由市场经济取得了成功。不管你在其他成功学著作中读到过多少关于详细计划的重要性，都不要放在心上。当然，适当的计划是必要的，但请不要做得太过。不要害怕犯错误，现在就开始尝试吧！

---

[1] Branson, Richard, *Screw It, Let's Do It. Lessons in Life and Business. Expanded*, p. 2.

第十章　不满是一种驱动力

"开阔眼界！勇于创新！与众神竞争！"① 这些是大卫·奥格威的座右铭。奥格威是广告界的传奇式人物，他开创的广告公司是全球最大的广告公司之一。一位奥美广告公司的前雇员回忆说："奥格威对懒惰有着近乎病态的仇恨。在他眼中，没有最好，只有更好。"② 奥格威说他最重要的座右铭是"设定高标准，不断尝试，竭尽所能，比别人做得更好。否则，从头再来"③。

成功者身上散发出一种满足与不满足的特定结合。他们从已经取得的成功中获得基本的自信，也可以称之为满足。与此同时，他们又从不满足已取得的成绩。他们总在奋力追求更高的成就，并且坚信，通过改进，"好"可以变得"更好"。从积极的意义上说，很多成功者是"完美主义者"。

找到完美主义的平衡点绝非易事。麦当劳的创始人雷·克罗克的故事在本书中经常出现，他就成功地做到了这一点。克罗克制定了非常高的标准，一位他最亲密的商业伙伴曾这样

---

① Roman, p. 232.

② Roman, p. 7.

③ Roman, p. 220.

说："如果看到一家糟糕的麦当劳，他会暴跳如雷。"① 克罗克发明了 QSC ［质量（Quality）、服务（Service）、整洁（Cleanliness）］标准，这个标准成为他的人生信条。

估计没有什么人会用大量时间去思考，把土豆变成炸薯条的技巧，而克罗克把它变成了一项科研项目。在麦当劳公司成立的头 30 年，公司在如何制作完美薯条的研发上投入了 300 万美元。

在研究过程中，他们发现炸薯条的质量在很大程度上取决于土豆的种类，要炸出最好的薯条，土豆的固体含量要至少占 21%。雷·克罗克派专家拿着一种外表奇特的液体比重计到供货商那里去测量土豆的固体含量。看到拿着液体比重计的麦当劳专家，一些种植土豆的农场主哑口无言。这是第一次有人用科学的方法检测他们的土豆。

克罗克依然不满足，他开始调查土豆的储藏条件。当听说大多数供应商用铺满泥炭的地窖储存土豆时，他震惊了。随后，克罗克着手寻找加工厂，准备投资建设能自动控温的存储系统。

对他而言，这还不够。克罗克为了找到更好的改进办法，科学精确地分析了餐厅的油炸过程。他秘书的丈夫曾在摩托罗拉做电气工程师，后来和妻子一起开了一家麦当劳餐厅，他在餐厅的地下室里，用七个月的时间研究油炸过程。这位工程师得出结论，公司需要有自己的研究实验室，因为尽管他们做出了种种改进，可是炸薯条的质量依然参差不齐。这是克罗克无法忍受的，他同意建立一个小型研究实验室。

一些人嘲讽克罗克的完美主义，但是他想让所有麦当劳餐

---

① Love, p. 115.

厅的炸薯条口味一致。这使他超越了竞争对手——他们没有投入那么多时间和金钱去挑选合适的土豆，也没有完善油炸工艺。

克罗克最亲密的伙伴弗雷德·特纳，也是一位完美主义者。实际上，是他起草了麦当劳食品与服务质量标准。他到公司后不久，就推出了一本 15 页的操作手册，很快就被一本 38 页的指南所代替。在跟几百名员工和特许经营商交谈之后，特纳马上印刷了另一版指南并装订成册。多年来，他一直在不断增补，这本指南从 1958 年的 75 页，增加到 200 页，最后超过 600 页。

特纳将经营快餐的技艺变成了一门科学。他在书中告诫所有想经营麦当劳的人："你必须是一个完美主义者！这里有成百上千条的规则要遵守，没有折中选项，不能妥协。"[1] 克罗克和特纳都深信，经营麦当劳只有这一种唯一正确的方法。他们无法容忍特许经营商违反他们制定的标准，为所欲为。"两个选择：第一，密切关注细节，使业务增长。第二，不苛刻，不挑剔。如果对行业没有自豪感也不热爱，那么你将被市场淘汰。如果你属于第二类，那么，麦当劳不是你的舞台。"[2]

操作手册的内容非常翔实，从如何制作奶昔，如何翻动汉堡，到如何炸薯条一应俱全。为了保证质量标准，操作手册对于每种产品的烹饪时间和温度都有详细的信息。对于加工的每一个步骤都有精准的指令，具体到每一个手部动作，每个汉堡用多少洋葱、多少克奶酪，甚至薯条的长度都是标准化的。

如果你在追求这种程度的完美，不要只见树木，不见森

---

① Love，p. 141.

② Love，p. 141.

林，否则你最终很可能成为自己最大的敌人。过度完美主义情结不能激励你，而是麻痹你、摧毁你。就麦当劳而言，完美主义的做法之所以奏效，是因为克罗克和特纳对他们自己设置了的一些限制，包括供应的菜肴种类和供应商的选择。弗雷德·特纳说："不是因为我们更聪明，实际情况是我们只销售十种食品，操作间不大，供货商数量也有限，这些为我们创造了一个理想的环境，可以进行真正深入的钻研。"①

克罗克认为这些标准是必需的，并严格执行这些标准。如果只有几家模范餐厅严格执行这些标准，而其他餐厅不达标，又有什么意义呢？

1958 年，他给麦当劳兄弟提建议："跟你们一样，我们也发现，不能信任那些不遵守既有规则的人，我们应快速将他们培养成遵守规矩的人。因此，站在最坚实的基础上，从成长的角度看，我们应该确切知道这些门店正在做他们应该做的事情……让他们别无选择。组织不能相信个体，但个体必须信任组织，否则，就不应该从事这一行。"②

尽管他痴迷于标准和规范，但是克罗克依然鼓励员工勇于尝试、大胆创新。因为意识到特许经营商更接近市场，所以他欢迎各种意见和建议，这些建议会经过系统的测试，不断改进和提高麦当劳品牌。克罗克最不希望看到的是特许经营商违反他的标准，随意尝试新事物。

在强化和执行标准时，克罗克毫不动摇。他坚持认为留胡子违反基本卫生规定。他的朋友鲍勃·唐丹维尔是果岭高尔夫俱乐部的会员，也是麦当劳的第一批特许经营商。他以让克罗

---

① Love, p.120.
② Love, p.144.

克感到烦恼为乐，全然不顾克罗克让他刮掉胡子的劝告。一想到蓄着胡须的唐丹维尔在汽车餐厅的橱窗里切烤牛肉，克罗克的内心就万分沮丧。唐丹维尔在等候自己的餐厅开业期间开始留胡须，当初他承诺，等到盛大开业那天就把胡子刮掉。但是，他后来决定留着胡须，因为这样会让克罗克生气。

当然，这些是克罗克完美主义管理体制中的小问题。一开始，他跟那些拒不执行他的 QSC 标准的特许经营商之间摩擦不断。他的毅力、固执和坚定使他能够把这些标准强加到那些不情愿的特许经营者身上。这也是他成功的关键。

有些人认为克罗克是独裁者，即便他是，至少他能够也愿意倾听和尊重他人的意见。特纳说："我们知道他随时可能发脾气，但是，他愿意听我的意见，让我有机会阐释，也让我知道他的想法是什么。如果我有足够的说服力，他通常就会让我放手去干。"[1] 克罗克不在乎是否要在别人面前显示自己的权威，也不在乎不计代价赢下每一场争论。他为事业而战，欢迎任何有助于他实现目标的建议，他要让所有麦当劳餐厅的生产过程和服务都完美无缺。

所有取得巨大成就的人都追求完美。克罗克把对完美炸薯条的追求变成了一门科学。但对鲍里斯·贝克尔来说，给网球拍穿线时，应该有最好的球拍。他说，他的球拍对他来说就像小提琴神童安妮－索菲·穆特的乐器对她一样重要。每根线的直径精确到 0.8 毫米，球拍重量精确到 367 克。他经常把 80% 的球拍返厂，声称它们不适用于打职业比赛。

"像我、阿加西、桑普拉斯这样的职业选手能支付起这样的费用，我们有自己的球拍专家。我的球拍专家带着他的机械

---

① Love，p. 102.

设备跟着我参加比赛，最远到达过澳大利亚。这个投入是值得的。我近乎完美的赛场表现在一定程度上要归功于我使用的设备。"①

贝克尔对球拍上任何细微的改变都极为敏感。当他的球拍制造商由彪马公司换成台湾制造商山河森实业股份有限公司时，他要求对新开发的样拍进行无数次修正和调试。"我的要求让商业合作伙伴非常烦恼，他们从美国请来一位顶级的球拍专家。他们把山河森球拍和我从前用的旧彪马球拍都喷成了黑色，然后让我告诉他们哪个是彪马的。我只挥了两拍就准确地找出了彪马球拍。问题就这么解决了。"②

贝克尔跟山河森实业股份有限公司签的合同到期后，他的罗马尼亚经纪人约恩·提利亚克买下了山河森球拍的全球库存。这些球拍用完后，贝克尔找了另一家公司，这家公司"准备按照我的要求生产几百个球拍。最后，为了确保球拍的供应，我从他们手中买下球拍生产设备"③。

不断追求完善和提高，我喜欢称之为"不满是一种驱动力"，这是成功的必要条件。它无疑驱动了维尔纳·奥托——维尔纳·奥托邮购公司的创始人。他在 1949 年用 6000 德国马克原始资本创建的公司，已经发展成世界上最大的邮购公司，远远早于后来出现的亚马逊这样的网络零售巨头。奥托家族拥有 100 亿欧元的财富，2018 年成为德国最富有的 12 个家族之一。

维尔纳·奥托从战场回家后，在 1948 年创办了一家制鞋厂，但是在激烈的竞争中没能站住脚。奥托并没有因此气馁，

---

① Becker, p. 128.
② Becker, p. 128.
③ Becker, p. 128.

40 岁时，创立了维尔纳·奥托邮购公司。他带着三名员工，在两个简易棚里开始了邮购业务。他们于 1950 年发行了首个商品目录，共 14 页，收录了 28 双鞋，一共印刷了 300 份，奥托亲自把产品图片粘在了商品目录上。

第二年，奥托印了 1500 份，营业额达到了 100 万德国马克。为了激发消费者的消费欲望，提高销量，他不断提出新想法。1952 年，他推出了所谓的团购，就是说，如果顾客和朋友、亲戚或者邻居一起订购商品，他们能得到折扣优惠。1958 年，他们的营业额已经超过了 1 亿德国马克，并且印刷了 25 万份商品目录，每份 168 页。

奥托不断地追求成长和进步。1954 年 4 月，他给所有的部门经理写了一份备忘录，要求他们开设一个"个人绩效账户"。至于账户上的信息，需要逐条列出，这会帮助他评估员工的"心理弹性"。他明确规定："如果月报上列出的都是琐事，我将在个人绩效账户上标记一个'零'，这说明没取得任何进步。"他还补充说，经理们应该"除了他们自己的天才之举之外，其他的不要写进月报里，因为只有天才之举才能带来部门的进步。如果月报里什么都没有，就要注明：'本部门没取得任何进步'"①。

很显然，一些部门经理认为，如果不断地用他们自己的语言重申奥托表达过的观点，一定能给他留下深刻印象。这就是为什么奥托的指示里包含这样的警告："任何部门经理对公司或部门未来发展的想法，如果是我以前或者现在已经提出的，那就不算数。我希望部门经理能比我快一分钟。因此，我不希

---

① Schmoock, p. 73.

望任何部门经理向我介绍我自己的工作。"①

奥托经常告诫他的员工不要"兜圈子"。他支持这样一种类型的经理，奥托把他们称为"公司的建设者"。"他们能感知未来、促进发展并推动部门开拓创新。"② 奥托担心所取得的成绩会使员工自满，阻碍他们对社会变革做出积极反应，阻碍他们预测自己对企业未来的影响。

维尔纳·奥托这句话将解释我所说的"不满是一种驱动力"的含义："与被我们抛在身后的前一阶段发展相比，接下来做的事情更新、更好。接下来要做的事情才是真正的进步。那些原地不动、一遍遍重复同样事情的人，那些固守惯例的人，那些不想让事情更进一步发展的人，在这里是不会有前途的，因为我们在打造未来。"③

奥托最瞧不起的是那些有公务员心态的员工，他们首先想到的是别犯错误，永不冒险或永不尝试。在公司的圣诞节聚会上，他甚至表扬了在上一财年犯过错误的员工。他对员工们说，他感激那些犯错的员工，因为他们敢于走别人没有走过的路。

正如他所说，他的商业原则的第一条是"了解你自己"。他解释道："努力正视自己的错误，这意味着正视自己。我们只有通过仔细审视自身的不足，才能提高。"④ 这的确是成功最重要的因素，无论是对个人还是企业来说都是如此。当然，人们直面自己的弱点和错误，一开始肯定觉得不舒服，不断关注那些本应发展得很好，却未能如愿的事情也是如此。但是，

---

① Schmoock，p. 73.

② Schmoock，p. 76.

③ Schmoock，p. 76.

④ Schmoock，p. 219.

这是唯一的出路。

奥托说，那些最勤奋、最有能力和最积极主动的人犯的错误最多。但是他们与那些能力平平的人的不同之处在于，他们敢于自我批评，愿意直面错误。只有那些缺乏自信的人才想为自己的错误辩解，而不问问自己是什么导致了错误，他们怎么做才能阻止错误再次发生。

奥托在公司内部推出一种他称之为"缺陷分析"的企业文化。他相信，除非不断监控和分析那些进展不如预期的流程，否则他的业务不会取得进展。他惊讶地发现，其他公司，比如他的供应商，如果被指出缺陷，通常会很不高兴。他自己，对别人的批评意见却心存感激，尤其是来自外界的批评。"公司外的人也许缺乏内部人员的专业知识，但是他们在远处往往能发现公司内部需改进的地方，专业人士则对此往往熟视无睹。"[1]

奥托在人事决策方面有很高的标准，所以，做他公司的高管并不是那么容易的事。在七年的时间里，他解雇了12名没能达到他期望的营销主管。他说："绝大多数人会在第三次或者第四次没找到合适的雇员之后就放弃了，可我一定会坚持自己的原则。"[2] 第13个营销主管的表现非常优异，负责营销部的工作超过了20年。

不要把"不满是一种驱动力"和过度完美主义混为一谈，后者弊大于利。表面上，那些不断追求卓越的人好像与完美主义者类似。维尔纳·奥托指出企业家不必太关注眼前的问题时，特意强调了两者的不同。"他绝不可能百分之百地去完成

---

① Schmoock，p. 226.

② Schmoock，p. 227.

任何事，因为这意味着要不断地回想过去。"奥托说，这种态度是对精力、时间和金钱的浪费。"为了赢得未来，企业家需要足够的时间，去认识公司需要进行哪些改变。"①

消极意义上的完美主义者，往往在应该开始行动并边做边学的时候表现得犹豫不决。他们总有完美的借口来解释为什么他们没有做好准备去做自己一直谈论的事情。奥托从不这样。当他在战后成立自己的制鞋厂时，他对这个行业一无所知。他认为对该行业的懵懂反而对他有利。"作为一个制鞋新手，我确实有一个优势：我对鞋一无所知，以前也从来没见过鞋厂。"因此，他的乐观"从未受到过任何专家知识的影响"②。

跟其他成功的企业家一样，奥托从不羞于征询意见。1955年，当他与其他邮购业务零售商一起去美国的时候，他向美国的商业伙伴提了很多问题，问题数量远远超过了其他同行。"他们的表现得似乎无所不知，我认为这是完全错误的态度。"他整夜"纠缠"美国的邮购业务专家，希望能想出改进他自己企业的新点子。③

特德·特纳从不满足于自己在不同领域所取得的骄人成就。在发展其他事业的同时，他创建了 CNN。1980 年 6 月 1 日 CNN 开播时，有 170 万个美国家庭收看。现在，CNN 是仅次于福克斯新闻的美国第二大新闻广播机构，节目收视覆盖 200 多个国家。特纳还是美国第二大私有土地所有者，拥有 8000 平方公里（大约 3100 平方英里）土地。他还有世界上最大的水牛繁育基地，拥有全世界约 15% 的水牛。他还是全球

① Schmoock，p. 229.
② Schmoock，p. 46.
③ Schmoock，p. 78.

顶尖帆船运动员，即便在打造自己的媒体帝国时，特纳也要找时间扬帆出海。1974 年，他赢得了传奇性的美洲杯帆船赛冠军。1993 年，特纳作为荣誉全员入选美洲杯名人堂。他还是声名狼藉的花花公子，直到 1991 年娶了第三任妻子演员简·芳达后，才算收了心，他们共同生活了十年。

他的传记作家波特·比布说："特纳精心安排自己的生活，想方设法避免止步于自己所取得的荣誉。"① 当特纳年轻时，他就给自己设定了远大的目标。用他以前的数学老师的话来说："他下定决心之后，一定会坚持到底，要么是坚持取得最后的成功，要么是坚持到在努力中失败。"② 特纳的父亲是一位成功的百万富翁，但是按照他儿子的标准来看，他是一个失败者，因为他没把自己的目标定得足够高。"我爸爸总说不要设定有生之年可以达到的目标。当你完成这些目标之后，就没什么可做的了。"③ 埃德·特纳教儿子树立远大的目标，当他在成功的阶梯上越爬越高时，要不断地重新定义自己的目标。④

十几岁时，特德·特纳就津津乐道地讲着英雄做事。特纳说："我对一件事情很感兴趣，那就是想看看如果你真的努力了，究竟能达到什么高度，实现什么目标。"他又补充道："我的兴趣一直在于人们为什么做他们所做的事情，又是什么促使他们达到人生巅峰。"⑤

特纳 1930 年 11 月 19 日生于辛辛那提，在佐治亚州的萨凡纳长大。他的爸爸，跟特德一样患有躁狂抑郁症，于 1963

---

① Bibb, p. 408.

② Bibb, p. 19.

③ Bibb, p. 43.

④ Bibb, p. 154.

⑤ Bibb, p. 23.

年自杀。此后，特德接管了特纳广告公司。他很早就看到了有线电视的潜力，那时，它还是个利基市场，可特纳总比竞争对手想得更远。在他看来，"经商就像一场国际象棋比赛，你必须看到接下来的几步棋，但是大多数人做不到，他们只想着眼前的一步棋。优秀的棋手都知道，当你和只有一步棋的对手过招时，场场必胜"①。

1980 年，特纳提出了创建一个 24 小时新闻频道的想法，当时还没有全天候这个概念。当他向有线电视网的高管们提出他的想法时，被他们拒绝了。但是特纳信心十足，他愿为此承担一切风险。里斯·舍恩菲尔德是特纳聘来管理新闻频道的记者，他回忆："这不是钱的问题，甚至不是信念的问题。如果CNN 失败的话，他愿意为此失去一切，包括他的电视台、运动队、庄园、游艇。"② 为了申请信贷额度支持这项计划，特纳不得不拿自己的不动产、黄金，以及其他个人财产做抵押。特纳说："你做的每件事情都有风险，天会塌，棚会落，谁知道会发生什么？我要做世界上从未有过的新闻。"③

特纳不得不与来自美国大型电视频道的巨大阻力做斗争。在员工面前，他挥舞着放在办公室里的一把大刀，他把它高高举过头顶，大喊："什么都挡不住我们！无论付出什么代价，我们决不后退！"他的竞争对手们运用法律手段，调动手头的其他资源，竭力阻挠这个频道的推出，但是特纳毫不退缩。"我说过我们在 6 月 1 日签协议，我们就在 6 月 1 日签协议。不到世界末日，我们不会停播，就算那一天来临，我们也要现

---

① Bibb, p. 153.
② Bibb, p. 166.
③ Bibb, p. 171.

场直播最后时刻。"①

　　新频道一开始就遭受了巨大的损失，而维持其运营所需的投资远远超过了特纳预计的 2000 万美元。对海湾战争的现场报道成就了 CNN。在入侵伊拉克之前，CNN 就已经跟伊拉克方面进行了协商，获得可以使用新的便携式卫星发射器从巴格达进行报道的权利。CNN 以每天在 1 万美元租的一架私人飞机已在安曼准备就绪，必要时，协助撤离 CNN 团队。总统乔治·布什亲自请求特纳在死伤发生之前，把他的队伍撤出巴格达。但是记者们选择留下，CNN 是唯一一个从战区进行报道的频道。从战争的第一天开始，1080 万个家庭收看 CNN 频道，远远超过以往的收视数字。在战争开始之前，观看 CNN 频道的人数很少超过 100 万，可现在，数字增长到 5000 万到6000 万。

　　1996 年，泰德·特纳以 74 亿美元的价格将新闻频道卖给了时代华纳传媒公司。他继续担任主管电视的副总裁。2003年 6 月，时代华纳与美国在线合并之后，他辞去职位。2010年，特纳联合比尔·盖茨、沃伦·巴菲特、拉里·埃里森、迈克尔·布隆伯格，还有其他亿万富翁，共同发起倡议，承诺将一半的个人财富捐赠给慈善事业。

　　如果你想知道不满的驱动力有强大，看看美国化妆品巨头雅诗·兰黛不凡的职业生涯就知道了。那个在父母厨房里配制保湿乳液起家的女人最终成为亿万富豪，还是《时代周刊》评选的 "20 世纪 20 位最具影响力的商界人士" 中唯一的上榜女性。

　　雅诗·兰黛的舅舅约翰·肖茨是一名从匈牙利移民到美

---

① 　Bibb, p. 166.

国的化学家。他在自家房后的马厩里建了一个实验室，在里面配制润肤乳。生于埃斯特尔·门策家族的兰黛帮助舅舅推销他的乳液，在此过程中，她意识到自己有着卓越的销售天赋。在雅诗·兰黛的自传中，她说："在我的一生中，每一天都在推销。"① 她的舅舅建议她去迈阿密，因为棕榈滩那里到处都是富有的女人，是一个开展高端化妆品业务的最佳地点。兰黛不是个害羞的姑娘，她经常在街上拦住陌生女性，建议她开了改变妆容，请她们试用样品，甚至直接把乳液卖给她们。她的一个朋友开了一家美容院，在客人们弄头发的时候，兰黛会给她们化妆。她很快发现："接触到顾客，你就成功一半了。"②

后来，她终于说服纽约第五大道上的邦威特·泰勒百货公司从她那里进货。她最大的梦想是在著名的萨克斯百货公司做一个展示柜。如果萨克斯百货公司卖她的产品，她一定会引起全国的关注。她不断地劝说萨克斯百货公司的采购员从她这里进一些化妆品，但是对方不肯。一方面，萨克斯百货公司坚持要成为独家存货商，而她的产品已经在邦威特销售了。另一方面，买家说，还没有任何客户要求购买兰黛产品的诉求。萨克斯百货公司有一个以客户满意度为导向的政策：如果有顾客想购买某种商品，但是萨克斯百货公司没有库存，那么销售人员会从其他商店采购，并以同样的价格卖给顾客。如果不断有顾客询问该商品，萨克斯百货公司会将其加入商品目录中。

兰黛从中看到了机会。她必须创造需求。当她受邀在一个慈善活动中发表讲话的时候，她将成本 3 美元的时髦口红分发

① Estee Lauder, *Estee：A Success Story*, quoted in Meiners, p. 141.
② Israel, p. 29.

给现场的嘉宾，这些口红受到了在场女性的喜爱。这演讲结束后不久，一排排顾客到萨克斯百货公司的门外等候，想要购买同一款口红。采购员没有办法，只好开始从兰黛这里进货。很快，她跟丈夫成立了雅诗兰黛公司，她的丈夫后来担任了该公司的财务总监。

在赚了五六万美元之后，兰黛决定聘请一家广告公司。她联系了天联广告公司，这家公司因成功推出露华浓产品而名声大噪，而露华浓公司是兰黛的竞争对手之一。广告公司的主管告诉兰黛，她支付不起巨额的广告宣传费用。

正如我们在前面那些篇章中所读到的，成功者很少将对方的"不"当作最终的回答。在兰黛看来，这反倒激励她拿出有创意的方案，为自己赢得竞争优势，战胜竞争者。今天，在店里向顾客分发免费的试用品已经是惯例，可在当时，这是新颖的推销方法，而这正是兰黛想出的主意。兰黛问萨克斯百货公司，她能不能发起一场营销活动，给顾客发放可以领取免费样品的礼券，顾客们可以拿着礼券到萨克斯百货公司兑换商品。

兰黛的最大突破是在几年后，当时她推出了一款由鲜花和草本精华制成的沐浴油，她称之为"青春露"。兰黛的秘诀是：她不是销售产品，而是销售承诺。在此营销案例中，承诺被神奇地封装在一款可以让你永葆青春和美貌的沐浴油里。青春露的销量极好，20 世纪 50 年代中期，占她在萨克斯百货公司柜台营业额的 80%。它的年营业额从最初的 5 万美元提升到 30 年后的 1.5 亿美元。在接下来的几十年里，深蓝色浴缸里散发出魔幻的香气依然是公司的经典标志。

以前，化妆品的零售价格是 2~5 美元。兰黛有勇气把她的乳液和香水的定价定成高价位。她凭直觉知道，顾客为一款产品付出的钱越多，就越珍惜。她的"白金级紧肤精致精华水"的广告语是："什么使一款面霜值 115 美元？"兰黛的竞争者赫莲娜·鲁宾斯坦很快也意识到了高定价的价值。当有人问鲁宾斯坦最新的乳液销量不如预期的原因，她说："还不够贵。"[1] 它仅售 5.5 美元。

兰黛通过吸引富豪、名人等高端传播者来推销她的高端产品，这些人就是商品的宣传者。为了这个目的，她重返棕榈滩，那是美人聚集的地方。"你看，全世界的人都来到了棕榈滩。你在这里招待他们，当回到欧洲、法国南部的时候，他们就能回报你了。"[2] 她还想到一个最好的办法，就是在通俗小报上做广告，因为很多女性爱读这样的报纸。

兰黛把目标客户对准了温莎公爵夫妇这样的名人，他们当时是棕榈滩最著名的游客。她千方百计查清了他们乘坐的列车车次，然后登上了同一辆列车，制造了偶遇的场景。（"噢，您也乘坐这辆列车。"[3]）她提前暗中通知的一个报纸摄影师，拍到了他们的会面。这对贵族夫妇适时成为兰黛的朋友，其他社会名人紧随其后。这可能是雅诗兰黛公司最好的广告了。

很多竞争者开始仿制兰黛的产品。成功的化妆品品牌露华浓的创始人查尔斯·郎弗迅，对此感到十分内疚。正如他的一名员工所说，郎弗迅的座右铭是："复制一切，你不会出错。让你的竞争对手去做基础工作，去犯错。当偶然发现好东西的时候，把它做得更好，包装得更好，宣传得更好。然后埋葬竞争者。"[4]

兰黛一直在思考如何应对越来越严峻的市场竞争。最后，

---

[1] Israel, p. 50.

[2] Israel, p. 53.

[3] Israel, p. 67.

[4] Israel, p. 62.

她决定再成立一家公司。为了跟自己的公司竞争，她给了这个公司不同的定位。她把这个企业命名为"倩碧"。兰黛说："成立倩碧公司是因为我感到自己应该进入一个跟雅诗兰黛竞争的领域，这就是我做出的选择。"①

但同时，兰黛也致力于不断改进自己的产品，这证明了她完美主义者的倾向。当她召回一款刚刚送到商店的产品时，萨克斯百货公司的销售人员非常惊讶。因为这些商品缺少了一种成分，所以它们被召回了。反正没有人注意到区别，他们不理解为什么要把产品下架，还因此跟兰黛争论。兰黛答道："我知道其中的差异。"她坚持召回该产品。

兰黛说："研制香水就像创作一首交响乐。"她最基本的准则是：一款香水必须能够激发强烈的情感反应。人们要么喜爱它，要么讨厌它。"然后我知道，自己走对路了。如果它的味道只能引起不冷不热的反应，那我就把配方扔掉。"②

对于成功者和平庸者而言，"不满"的含义截然不同。平庸者将不满与消极的无力感联系在一起，在成功者看来则恰恰相反，它是一种强大的驱动力。对于这两类人，完美主义的含义也不一样。失败者被动地等待完美机会，并且为迟迟不采取行动或者没能完成任务寻找牵强的借口。成功者在条件不完美的情况下也会立即行动，并在行动中改善条件。

阿诺德·施瓦辛格曾向《新闻周刊》（*Newsweek*）承认，他一直被对失败的恐惧所驱使，并且总感觉自己所做的一切还不够好。③麦当娜也把她对成名的极度渴望归因于自己对能力不足的对抗。"我有钢铁般的意志，我一直在征服某种可怕的

---

① Israel, p. 70.
② Israel, p. 97.
③ Lommel, p. 16.

自我怀疑和否定，一直在跟那种恐惧做斗争。熬过了那段时间，我发现自己成为一个不同的人，一个独特的人。然后，再进入下一个我认为自己非常平庸的领域……"①

这些自我分析表明，不满作为一种驱动力，其本身是由内心深处的不足感驱动的。很难说这句话是否正确。麦当娜和施瓦辛格可能只是重复了流行心理学中人们最喜欢的一些话，这些话表面上听起来很有道理。

毫无疑问，缺乏雄心壮志的确是成功路上最难克服的障碍。然而，这似乎不太可能是你正在遭受的痛苦——如果是的话，你根本不会买一本关于给自己设定目标和更高目标的书，更不用说读完第十章了。

你如何利用不满来驱动自己走向成功？首先，正如我在第八章中所建议的那样，把更高远的目标设定到自己内心的 GPS 里。一旦你在潜意识里植入了更远大的目标，那么现实情况和预期目标之间的差异会让你不断地感到紧张。这种紧张能产生出必要的能量，点燃你的不满情绪，推动你前进。

你今天所拥有的和所展示的，与你的远大目标之间的距离，只有通过培养创新思维才能被缩短。仅靠拼命工作和努力尝试，无法实现你的经济目标以及其他目标，理念才是成功的关键。你拥有的东西和你想要的东西之间的差异、你的现有状况和内心 GPS 中目标之间的差异带来的紧张只能通过创新思维加以解决，你的潜意识会让这些新思维听从差遣，帮助你实现目标。

① O'Brien, p. 185.

第十一章　创意引领创富

19 世纪中叶，美国被淘金热所笼罩。听到"加州发现了黄金，所有人都能马上发大财"的传言之后，成千上万人辞掉工作，搬到了加利福尼亚。当然，大多数人没有发财，而是最终破产，然后又回到了他们原来的地方。李维·施特劳斯是成功的淘金者之一。18 岁的时候，他跟着妈妈和姐姐、妹妹从德国移民到美国。然而，让他发财的不是黄金，而是一条工装裤。

当施特劳斯听说加州的繁荣时，他正生活在纽约。他没有成为勘探者的野心，相反，他希望把有用的产品卖给成千上万因为黄金诱惑来到加州的人。在德国时，还有后来在美国的时候，他就靠挨家挨户推销商品维生。

一天，施特劳斯接待了几位很不开心的顾客，顾客们抱怨说他卖的帆布材料质量非常不好，与他当初得到的承诺相反，这种材料根本不防水，他们要求退款。施特劳斯手里没钱赔给他们，他答应用手头剩下的材料给他们加工成裤子，这样的裤子肯定比他们在别的地方买的所有裤子都结实。这些人同意了，剩下的故事不用讲，大家都知道了。

施特劳斯很快发现，这些淘金者需要耐磨的裤子。在以一条 6 美元的价格售出第一条裤子后，他的裤子成了抢手货。最初的裤子是棕色的，因为是由大麻纤维材料制成的。后来，施特劳斯开始使用蓝色斜纹粗棉布，这种布料被称为牛仔布。

很快，他的产品供不应求。施特劳斯带着布料去找旧金山的裁缝，让他们根据自己的具体要求加工裤子。唯一的问题出现在裤兜上，因为淘金者们把工具放在里面，裤兜经常被撕裂。

来自里加的裁缝雅各布·戴维斯提出了解决办法。在一位顾客向他抱怨她丈夫的裤子总是撕裂之后，他试着使用铜铆钉，这样的铆钉通常用于加固马具。他把这个小金属件加到裤子的前后兜上，还有大腿侧面的缝合线上。这个当时灵光乍现的想法，后来成为带来丰厚利润的创意。顾客喜欢他的牛仔布裤子，不到 18 个月，他卖出了 200 条这样的裤子，价格是没有铜铆钉牛仔裤的三倍。[①]

戴维斯提出了给这个发明申请专利的想法。但是，他没有足够的钱，还不会写字。在一个朋友的帮助下，他煞费苦心地给李维·施特劳斯写了一封信，希望他能够明白这项发明的重要性，并帮助他注册专利。施特劳斯一打开装着这封信和一条样裤的包裹，马上就明白了戴维斯的想法。他以他们两个人的名字申请了专利。

专利局最初拒绝了他们的申请，因为在南北战争中，北方军队已经采用铜铆钉加固战靴了。施特劳斯并不是一个轻易放弃的人，他修改了申请书，但是又一次被拒绝了。"他花了 10 个月的时间，润色、修改申请表上的权限，一次次地支付费用，终于在 1873 年 5 月 20 日，拿到了编号为 139.121 的专利

---

① Doubek, S. 269.

证书。"① 两周后，1873 年 6 月 2 日，他卖出了第一条专利裤子。施特劳斯随后买下了戴维斯的专利分享权，并承诺给他建一座漂亮的房子。这绝对是一项值得的投资！

这样的裤子取得了巨大的成功，施特劳斯决定建厂，只生产裤子。第一年，他生产了 5800 条带铜铆钉的裤子和其他带铆钉的衣服，一年后，裤子产量达到 2 万条，总值达 15 万美元。

当然，竞争对手很快就赶了上来，他们纷纷试图仿制这种裤子。施特劳斯奋力反击，赢下了很多反剽窃的官司。他的公司依然是这款裤子的市场领跑者，他决定把这样的裤子称作"牛仔裤"。150 年前成立的公司，现存的已经不多。150 年前发明的产品，现在依然受欢迎并且畅销全球的也不多。牛仔裤是这些为数不多的产品中的一个。李维·施特劳斯创立的公司如今拥有 1.7 万员工，产品销往 110 个国家。

还有一个人，因为拥有正确的理念，成为美国最富有的人，他就是亨利·福特。他被公认为工业化批量生产的发明者，并在美国把汽车变成了批量生产的商品。尤其他那款传奇福特 T 型车，销量超过 1500 万辆，创造了历史，改变了美国的面貌。

当时福特的主业是爱迪生影业公司的职员，喜欢在业余时间搞搞发明。工作之余，他开始发明汽车。1899 年，在得到可能被提拔的消息后，他的反应竟然是辞职。他意识到，一旦获得晋升，自己就没有时间研究汽车了。他辞去了公司的职位，成立了自己的第一家公司。然而，他的第一家公司，只卖出不到 12 台汽车，最终倒闭了。

---

① Doubek, S. 278.

1903 年，福特第一次出名，作为 A 型车的驾驶员，他赢下了一场重要的赛车比赛。不同于其他发明家，福特本人并不是一位出色的工匠，但是他善于激发灵感，知道如何把任务委托给别人。他明白，想法最重要，却把实现想法的任务留给了别人。他的一个早期助手说："我从来没见福特先生做过什么，他总是指导别人。"① 如果福特的思维跟其他发明家一样，我想他不会变得如此富有。

从一开始，福特就致力于开发轻型汽车。最重要的是，与其他市场竞争者相比，他想制造出更便宜的汽车。在那个时候，汽车还是奢侈品，只有富豪才买得起。一辆汽车的费用超过了一个家庭的独栋房屋，按今天的价格，汽车将花掉我们几百万美元。当时（1906 年），美国一半汽车的价格在 3000 ~ 5000 美元。福特经常与汽车领域的投资者发生冲突，因为他想以 1/10 的价格生产汽车。结果证明他的做法是对的，10 年后，只有 2% 的汽车售价在 3000 ~ 5000 美元了。

随着他研发的汽车面世，福特开辟了一个新的购买群体——普通农场主，也是美国当时最大的群体。福特将 2/3 的汽车卖给了农场主们。他的传记作家强调了这对美国的社会影响："仅仅十年，T 型车打破了农场长期以来与世隔绝的局面。"② 很多农场主开始抵押农场借贷，就为了买一辆汽车。

T 型车不再只是一个汽车品牌，它成了美国的神话。福特不断改进 T 型车，车体变小，但是总体保持原貌。最大的变化是价格，福特经常降价。1910 年 10 月，福特把汽车的价格从950 美元降到 780 美元，一年后降到 690 美元，再过一年降至

---

① Snow, p. 49.
② Snow, p. 194.

600 美元，1913 年它的售价仅为 550 美元，1914 年为 490 美元，1915 年 440 美元，1916 年是 360 美元。到了 1924 年，福特汽车仅售 290 美元了。

在降低汽车价格的同时，他大幅提高工人的工资，给他们每天 5 美元的最低工资，这在很多情况下意味着他们的收入翻了一番。这造成了大量工人涌到福特公司来求职的场面。拥有福特公司大部分股份的投资者们，对福特不断降低汽车价格，不断提高工人工资的做法很不满，因为福特这样做意味着在资本投资之后，几乎没有什么可以留给股东分红了。他们把福特告上法庭并赢了官司，迫使福特不得不支付更高的股东红利。

福特随后成功来了一招虚张声势，他宣布将离开公司，另起炉灶，员工规模将达到福特员工总数（5 万人）的四到五倍。他还宣布已经有了新车的方案，这款新车仅售 250 美元。这可吓坏了那些投资者，他们愿意把手中的股票卖给福特。他的传记作家说："1919 年底，亨利·福特拥有了公司的绝大部分股份。他的公司时值 10 亿美元，他拥有它就像拥有自己的钢琴和鸟舍一样彻底。"①

所有人造的东西都始于一个想法，始于某个人头脑里的影像。今天，理念比以往任何时候都更具价值。将想法变成巨额财富不必等几十年，有时候，也许几年就能实现。互联网的发明加快了这个进程，正如我们所看到的谷歌公司创始人的成功故事一样。以马克·扎克伯格为例，借助他的发明——脸书，几年之内，他就成了最年轻的白手起家的亿万富翁。根据福布斯富豪排行榜，2019 年，他是世界上最富有的人之一，资产约 630 亿美元。

---

① Snow，p. 261.

脸书是目前世界上最成功的社交网站，它的故事始于哈佛大学。该网站得名于许多美国大学发给学生的所谓"facebook"，其中包含了该校所有学生的照片。

马克·扎克伯格是哈佛大学心理学专业的学生，他偶然发现了社交网站的吸引力，和它们传播的速度。2003 年 10 月末，他非法进入哈佛大学的服务器，下载了同学们的照片。这一切都始于一个小玩笑，他打算让其他学生根据女生的长相给她们打分。

他给网站命名为 Facemash.com，并把链接用电子邮箱发给了一些朋友。当他下课回到宿舍时，由于点击量太大，手提电脑竟然死机了。一个同学还把他的电子邮件推送给了政法系。一些女性群体，比如哈佛大学的拉丁女性问题组织、黑人妇女协会等也得到了这个链接。这下子可就不好玩儿了。他们试图为反对该网站的活动争取支持，无意中却激发了更多人的兴趣。

突然之间，Facemash 无处不在。本·麦兹里奇在《偶然的亿万富翁》（*The Accidental Billionaires*）一书中说："在一个网站上，你比较两个女生的照片，投票选出哪个身材更火辣，然后看到用复杂算法计算出的结果——校园最热辣美眉出炉。这个游戏像病毒一样席卷校园，不到两个小时，网站收到 2.2 万张投票。不到半个小时，就有 400 名学生登录。"[①]

如果换成其他学生可能会就此打住，但扎克伯格则开始思考 Facemash 的迅速流行意味着什么。这不仅仅是他把漂亮女生的照片挂到网上那么简单，当时也有很多这样的网站。使 Facemash 脱颖而出的是，它上面挂出的是哈佛大学学生的照

---

① Mezrich，p. 65.

片，绝大多数学生见过或者认识这些人。

　　在接下来的几个月，他致力于创建一个网站，这个网站将代表真实世界的社交网络，上面不仅有照片，还有个人简介和各种应用程序。每个用户都有自己的个人相册，可以上传照片和视频。还有公告栏，用户可以在那里公开留下访问的消息，或者发布笔记和博客文章。用户会收到好友个人资料更新的提醒。

　　扎克伯格把这个项目称作"脸书"。当他把这个想法告诉他的朋友爱德华多·萨维林时，爱德华多非常喜欢这个项目。为了回报爱德华多给他的 1000 美元启动资金，扎克伯格给了他 30% 的股份。不久之后，另外两名学生达斯汀·莫斯科维茨和克里斯·休斯也加入进来。

　　最初的脸书网站向用户承诺："脸书是一个在线目录，通过大学社交网络将人们联系在一起。我们在哈佛大学开放脸书供大众消费，您可以用脸书搜索校园里的人，搜索班级里的人，查找朋友的朋友，查看自己的可视化社交网络。"①

　　脸书于 2004 年 1 月 12 日被注册为域名。不久，其他一些学生开始找扎克伯格的麻烦，说他窃取了他们的创意。在他的 Facemash 恶作剧之后，他们曾找扎克伯格，想让他帮助设计他们自己的网站。出于这个目的，他们给了扎克伯格一个源代码，现在他们说这个源代码是脸书真正的起源。他们坚称扎克伯格违背了他们之间的口头协议，并一路投诉到哈佛大学校长那里。校长让他们自己解决争端。2004 年，脸书上线，这些学生代表他们的公司 ConnectU 起诉扎克伯格涉嫌剽窃。脸书已经跟 ConnectU 公司庭外和解了，并为此支付了

---

① 　Mezrich, p. 105.

6500 万美元作为补偿。

尽管困难重重，脸书还是发展起来。最初，网站只向哈佛大学的学生开放。随后，扎克伯格允许美国其他大学的学生加入，最后也向中学和企业开放。2006 年 9 月，脸书向其他国家的大学生开放，之后不久，所有剩余限制全部解除。2008 年春天，德语、西班牙语和法语版的脸书相继推出，其他许多语言版本也相继推出。

2010 年夏天，脸书在全球范围内突破了 5 亿用户的门槛。仅仅过了三年，脸书的用户首次超过 10 亿。在 2014 年开通 WhatsApp 即时信息服务后，到 2018 年，脸书在多个平台上注册的活跃用户超过 25 亿。扎克伯格过去经常强调，他还没有形成一个完整的商业模式。这是他跟谷歌公司的创始人拉里·佩奇和谢尔盖·布林的共同之处。扎克伯格坚信，只要他的网站拥有足够多的用户来主导市场，大量的赚钱机会就会呈现在眼前。跟谷歌公司的创始人一样，他的判断是正确的。2017 年脸书的利润总额为 43 亿美元，收入达到 406 亿美元。

尽管直到 2009 年扎克伯格的网站才开始赢利，但早在这之前，扎克伯格就说服了许多金融投资者，他的想法可以赚到很多钱。2004 年，扎克伯格的朋友爱德华多·萨维林提供了 1.8 万美元，在这笔钱的支持下，脸书得以推出。2012 年 5 月脸书上市时，公司获利 160 亿美元，这是互联网初创企业有史以来规模最大的首次公开募股（IPO）。以每股 38 美元的发行价计算，该公司市值达到 1040 亿美元。尽管公司股价在接下来的几周急剧下跌，到 2012 年 8 月，跌至发行价的一半，但是随后反弹，到 2018 年 7 月，甚至超过了每股 180 美元。

与拉里·佩奇和谢尔盖·布林一样，扎克伯格也属于新一代企业家。在公司发展初期，他的着装方式是经过精心设计的，就是为了把自己跟企商界的规范和惯例区分开来。他最喜欢的全套服装是人字拖、牛仔裤、毛衫和 T 恤。有一次，他穿着睡衣出现在风险投资公司红杉资本的办公室里。对此，扎克伯格说："我不是另类，史蒂夫·乔布斯才是，他进来时甚至都没有穿鞋。"[①] 现在，当出现在人们面前时，扎克伯格经常穿着精致的西装，打着领带，就像美国参议院听证会上的情形一样。

脸书的历史验证了思想的力量，由于有了互联网，现在思想的传播速度比以前快得多。然而，只有正确想法是不够的，为了挣大钱，需要构建宏大的思想蓝图。在脸书成立的时候，已经有大量的社交网站存在。扎克伯格不仅有很多竞争者没有的想法，他还能给自己的项目起一个朗朗上口的名字。短时间内，他在没有任何商业计划的情况下，甚至能够找到乐意拿出几亿美元支持这个项目的投资者。

我所见过的其中一个最有创造力、最足智多谋的就是汉斯·沃尔。我是在柏林买他房子的时候碰巧认识他的。你可以在德国首都的每个公交车站看到他的名字，他创建的公司沃尔 AG，业务遍及欧洲 50 多个城市。2009 年，他把公司卖给了竞争对手法国德高集团。德高集团是全球公共设施领域的领导者，其业务涉及世界 55 个国家。这桩买卖使沃尔成为柏林最富有的人之一。

在完成义务教育之后，沃尔离开学校当了一名技工学徒。在 20 世纪 70 年代初，他想出了一个绝妙的主意。沃尔向德国政府提出了一项令人几乎无法拒绝的提议：他要在城市里建造公交巴士候车亭，包括附属设施。他负责清理维护工作，而且

---

① 2008 年 10 月 29 日，扎克伯格接受《名利场》(Vanity Fair) 采访。

完全免费。唯一的条件是：他的公司将保留所有广告收入。

沃尔看到了别人也看到但没有想到的事：当时多数的候车亭环境极差，乘客不得不在一个个透风漏雨又无比简陋的地方候车。人们只能挤在金属板、木板或塑料板下。显然，这对潜在的广告客户来说并不具有吸引力。

沃尔使用带有照明的、玻璃制式的广告箱替换掉简陋的候车亭，以此吸引新的广告客户花高价做高质量的广告，而不是在简陋的候车亭墙上贴简单海报。

沃尔到各个城市去宣传他的理念。三年间，在德国的40多个城市里，他共计建造了1300个候车亭。然而，他还是低估了定期清洁和维护工作所涉及的后勤问题。他很快意识到这个方案在经济上行不通。他很幸运，为他的汽车候车亭找到了一位买主。

他的想法很好，但它只适用于大城市，因为城市里有很多公交候车亭，而且距离很近。沃尔痴迷于用他的想法征服德国首都。当时，市政公共交通服务部门正在为一个项目招标，其中就包括设计适合坐轮椅的人使用的公共厕所设施。

沃尔的竞争者们宣称这是一个不可能完成的挑战。他们看起来从一开始就得出了结论：市面上常见的残障人士厕所普遍偏大，不宜在市中心安装。"我知道，如果我告诉柏林市政府同样的事，即为什么这个项目不可能完成，那么我在那些国际知名的大公司面前，根本就没有胜算。我必须想方设法让它成为可能。"

对沃尔而言，失败不是他的选择。他认为："在一个可以把人送上月球，能够制造原子弹的时代，建一个适合残障人士使用的厕所必须成为可能。想让它成为可能，需要的就是做成这件事的意愿。"学徒时的训练为他打下良好的基础，经过数夜的苦思冥想，加上聘请了能干的工程师，他终于发明了空间很小的适合残障人士使用的厕所。如今，他的设计专利享誉全球。他的解决方案是将马桶向左或向右旋转 72 度，总宽度不超过 6 英尺。世界上最小的残障厕所问世了，沃尔也由此获得了欧洲委员会颁发的 2001 年度"突破障碍"奖。沃尔后来说道："如果没有那个厕所，我不可能打败强大的竞争对手，一家巨无霸式的公司。"

今天，对许多创业者来说，沃尔是一种激励的象征。"即使是一个小公司，你仍有机会战胜那些资金雄厚的竞争者。如果你没有钱，没关系，你可以用创意、效率和承诺来弥补。"最让他津津乐道的，是 2001 年赢得美国大都会波士顿之战。

如同多年前的柏林一样，波士顿也就街道公共设施项目进行公开招标。有些参与公司在资本和影响力方面远超沃尔的公司 100 倍以上，其中包括维亚康姆公司，还有他的老对手法国的德高集团。为了想出一个比竞争对手更具视觉吸引力的设计，沃尔聘请了世界著名设计师约瑟夫·保罗·克莱修斯，他的设计理念很简单，就是设计出一些非常特别的东西，以彰显这座城市的历史和传统。

然而，华尔意识到即使这样，也不足以战胜那些强有力的竞争对手。"我只能孤注一掷，不选择像我的竞争对手那样展示小型模型，而是让我的团队做了 20 个仿真模型，并把它们搭建在波士顿的街道各处，和竞争者相比，我们展示出了更多的诚意。"波士顿市长对他们为这座城市所做的贡献赞不绝口。当市长宣布沃尔公司因其设计忠实地展现了该市的历史传承而中标时，这个德国企业家由衷地感到了自豪。

"我始终把公司的弱势视为一种优势。因为，大公司通常受官僚主义的束缚，这也是他们低效的症结所在。由于他们低估了我们这样规模较小的竞争对手，尤其是我比这些知名公司更渴望成功，我知道我的机会来了。"沃尔从不骄躁，即便在打败强大的竞争对手后也是如此。"起初，我常常不得不毫不嫉妒地承认，我的竞争对手比我更优秀、更专业。我没有诋毁竞争对手，而是从那些打败我的人身上学习，并把这看作一种挑战，让自己变得比现在更好。"他从来没有把竞争的残酷性看作不利条件。"正相反，如果没有遇见像德高集团这样一个高素质的对手的话，就没有不断的被迫竞争、不断的自我突破，那么我们就不会发展成今天这个样子。激烈的竞争带来的不是伤害，而是促使我们不断提高质量、效率和提出创意的动力。"

许多人会质疑自己有没有足够的创造力。然而，本书提供的例子表明，成功并不一定需要发明任何新东西。创造财富所需的，是基于他人发明的一种创意。从李维·施特劳斯到沃尔玛的山姆·沃尔顿，再到比尔·盖茨，成功的企业家总是从他人那里获取创意。众多发明，无论是可口可乐的配方还是 MS-DOS 磁盘操作系统，都未能令原创者发财致富。真正获益的，是那些把创意转化为可行性商业模式的人。

埃克哈德·斯特莱茨基说："重要的不是拥有创意，而是把创意付诸实践。因为伟大的想法天天有，但没几个能过夜。"除了其他业务，斯特莱茨基还拥有欧洲最大的会议、娱乐和酒店综合体——柏林艾司特尔酒店及其会议中心。酒店拥有 1125 间客房，是德国同业之首。即使入住率仅 35%，酒店仍可盈利。

斯特莱茨基看到，在德国统一之后，酒店的入住价格节节攀升，由每晚 100 德国马克升至 400 甚至 500 德国马克。他承认，之前对酒店业不感兴趣，也不懂行。可他决定建一家四星级酒店，标准间每晚的收费不超过 100 德国马克。然而他对酒店地点的选择是颇具争议的。他在新克尔恩买了一处土地，紧邻着一个旧垃圾场，距离市中心几英里远，人们认为这是柏林最不靠谱的一块地。就在这里，他要打造德国最大的酒店。

几乎没有人公开认同他的疯狂想法，毕竟斯特莱茨基早已是一个成功的企业家和地产投资商，而且赚了很多钱。"但是你可以从他们看我的表情还有说话的语气里得知，他们认为在新克尔恩建德国最大的酒店是一个多么不切实际的想法。实际上，我是唯一认可这个伟大想法的人。"即使这样，在夜里注视着拥有17辆大型起重机的建筑工地时，他承认饱受困扰。斯特莱茨基曾自言自语："我一定是疯了，才会这么做。"

斯特莱茨基的野心并不止于此。一旦酒店建成，他要亲自经营。他没有找大型连锁经营机构，而是招募了一名曾经在华美达酒店工作过的经理，并在开业数月前雇用了220名员工，这意味着酒店从开业第一天就人手齐备。斯特莱茨基回忆道："开业的前期阶段，我就花费了1200万德国马克。"项目的初始阶段总共花费了2.4亿德国马克，这占了他在一项精明的房地产交易中赚取的1/3。

斯特莱茨基没有花大价钱雇佣营销机构设计广告噱头，而是依据自己的理念开展他的宣传活动："四星服务，二星价格。"艾司特尔酒店向世人证明，一经开业，它便取得了巨大成功。他说："我们在第一年就已经开始盈利了，这意味着我们有能力偿还利息和贷款了。"五年后，他又耗资1亿德国马克增建了会议中心。德国的一些大型企业和跨国集团在这里定期举办会议。

斯特莱茨基决定建设这个酒店的初衷是因为柏林当时的市长埃伯哈德·迪根曾对他承诺首都新国际机场将最迟于1996~1997年投入使用。正如斯特莱茨基所言："没人能够预测，它是否需要 20 年才能够运营。"2013 年，在那些责任方一次又一次不断地推迟新机场揭幕式，以及媒体开始猜测其运营的可能性微乎其微时，斯特莱茨基举办了一次建筑设计比赛，旨在为其会议中心增加 800 个客房和一个附属新建筑。

非传统的想法一直是斯特莱茨基的强项。20 世纪 70 年代，在取得工程师资格之后，他在慕尼黑拥有了一家小型建筑工程公司，员工只有 10 人。"从公司创建，一直到 1972 年奥运会期间，我们的工作量非常充足，但是后来几乎一夜之间所有的建筑都停滞了。"

英国作家约翰·福尔斯发明了这句谚语："需求是发明之母。溺水的人很快就会学会游泳。"一位熟人告诉斯特莱茨基，一位慕尼黑的建筑师正在沙特阿拉伯工作。这引起了他的兴趣和思考，既然中东地区需要建筑师，那么那里一定也需要结构工程师。他的直觉被证明是正确的。"听说这个在沙特工作的建筑师的事情没几周，我就开始做了一些调研，并收集了一些文件，然后搭乘飞机去了德黑兰。"第一站去了德国大使馆，他简单地做了自我介绍，并询问他们是否知道当地有公司需要结构工程师。10 分钟后，大使馆的一名工作人员载我去了一家最近的公司。

随后的几年里，斯特莱茨基的公司参与了一个巨大的建设项目：在德黑兰建造新的高层建筑和一个购物中心。"公司的业务不断增多，使我有能力雇佣新的团队，同时，慕尼黑的那些建筑工程公司不得不裁员或倒闭。"

在埃克哈德·斯特莱茨基的故事中能够获取怎样的经验呢？不能只是有勇气去跳出约束你的框框，关键还是要敢于把想法付诸实践！与之相反的是，你可能就是坐在酒吧里跟酒友一起，年复一年地高谈阔论，曾经有一个伟大的创意，曾经有一个伟大的机会……"如果我想的话，我早就能如何如何了。"

西奥·穆勒是另一个经典案例。他是一个凭售卖德国主食中的酪乳、酸乳和酸奶起家的亿万富豪。1971年，穆勒接管了父亲的乳品厂，当时厂里只有5名员工。如今，他的集团，包括穆勒乳业、唯森酿造和萨克森乳业等诸多品牌，拥有2.75万名雇员，2018年营业额近60亿欧元。穆勒坐拥50亿欧元的身家，在2018年德国《资产》（*Bilanz*）杂志的千人富豪榜上，排名第32位。巧合的是，他也是我写的《富豪的心理》一书中的采访对象。采访实际上是匿名的，但应杂志《明镜周刊》的要求，需要给书中的重要文章配肖像照，他同意标注他的名字。

穆勒说："一切都始于变质的牛奶。"1970年，他推出了一款名为"克奈普酸奶"的新产品，第一年就售出了300万份。一些保质期长的乳制品主食的利润远没有品牌产品的利润高，穆勒是最早认识到这一点的企业家之一。1971年，他发现酪乳——一种生产奶酪时的副产品，通过某种加工会变得更浓稠、滑润。"经蒸馏去水，我们便创造了一种浓稠滑润的奶油状新产品，称之为'穆勒纯酪乳'。"

穆勒从一开始就明白，市场营销和广告对其产品的定位具有巨大影响力。1974年，他在巴伐利亚电视台发起了广告宣传，其内容有效："新品酪乳，一味难求。"穆勒强调这种宣传是"非常重要的，既能吸引客户的关注，又能感染零售商"。新酪乳一举成名，在1975年底，销售量已经超过1亿份。自此以后，穆勒成功地把一个当初只有5名员工的乳品厂转变为年利润500万德国马克的大型集团。

在20世纪70年代中期，穆勒又研发了开菲尔酸乳这样的品牌产品，并聘用市场营销专家对新产品进行创意规划。"另一个创意就是我们的大米布丁，第一年的销量就达到6000万份"。在接下来的十年里，该公司不断研发创新产品，如"穆勒盒装酸奶"，如今在德国和英国的年销售量都超过10亿份。

20世纪80年代末，穆勒进入了英国市场。他还收购了德国众多的小型乳品厂。"在20世纪七八十年代，我总计收购了合作中的200家乳品厂。我的做法是每升牛奶多给他们一芬妮的提成。"1994年，他以1500万欧元的价格收购了破产的萨克森米尔奇公司。"虽然萨克森米尔奇公司已投入了1.7亿欧元用于建设新奶牛场、厂房和设备，但是没人想要它们。"由于与奶农签订的供应合同价值相当于购买价格，其他一切都是额外的奖励。穆勒后来把萨克森米尔奇变成了一个资深品牌，仅向这家公司就投资了近10亿欧元。

穆勒成功的秘诀是什么呢？他认为："创造价值是企业家的工作。"他成功地通过研发新产品，使之受消费者的欢迎，从而创造价值。更重要的是，他把一个主要产品变成了一系列品牌产品。"一个品牌产品，如'穆勒盒装酸奶'的利润，是任何厂商都能生产的长保质期牛奶产品利润的6至7倍。"穆勒说，在整个行业中，仅有15%的奶制品具备品牌标识，而在他的集团里，这个比例高达50%。正是这一点让穆勒获得了巨大的边际利润，然后将这些利润用于新投资，建立起自己的商业帝国。

穆勒说："广告发挥了重要的作用。但更重要的是，我们能够研发出真正创新的产品。当然，如果没有我们在广告方面的投入，这些创新肯定不会如此成功。我们在广告方面的投资一直比竞争对手多得多。"

思想是成功的基石，这并不仅仅适用于企业家。一个雇员如果对公司贡献的想法越多，他获得晋升的机会就越多。诚然，任何公司都需要具备执行力的雇员。他们或许重要，但很难晋升到高级岗位。公司的重中之重是能够认知市场机会、创新产品，或整合现有产品满足不同客户的要求，立意优化服务和解决问题。只有在这些流程中做出贡献，并将自己定位为有想法的人，才能为自己未来的职业生涯奠定坚实的基础。

杰克·韦尔奇是近代最成功的高管之一，他是通用电气公司的首席执行官，在全世界拥有 30 万名雇员。他在企业内总创造了一种不断发展新思想的文化氛围，并将其视为自己的重要职责。每年 1 月初，通用电气公司的 500 名资深高管都要参加为期两天的会议。来自公司各个层次的代表将发表 10 分钟的演讲，介绍过去一年的工作绩效。"不要长篇大论，不要旅行见闻，只有伟大思想的传递。"[1] 无疑，这个活动是为了表彰那些有最好想法的人员工。

三月，通用电气公司旗下 35 位资深经理人聚首，每个人都期待"提出一个可以应用于其他单位的创新理念"[2]。韦尔奇甚至组建了一个由 20 名工商管理硕士组成的企业倡议小组，其工作职能就是研发和促进思想交流。"每次有了个新想法，我们就把它推销出去。"[3] 在整个公司内部，韦尔奇竭力树立一种文化，鼓励新思想的蓬勃发展和广泛传播。

无论你是企业家还是雇员，无论你为自身设定怎样的目标，如果不能认识到创意的重要和力量，你就不会成功。令人遗憾的是，一种普遍的误解认为创造力是与生俱来的，实际上，创造力是可以后天培养的。下面就是培养创造的一系列

[1] Welch, Jack / Byrne, John A., *Jack. Straight from the Gut*, p. 193.

[2] Welch, Jack / Byrne, John A., *Jack. Straight from the Gut*, p. 193.

[3] Welch, Jack / Byrne, John A., *Jack. Straight from the Gut*, p. 196.

步骤。

1. 为了提高创造力，你要做的第一件事就是把自己想象成一个"有创造力"的人，你必须意识到创造力可以像肌肉一样训练和锻炼。

2. 结交富于创造力的成功人士，尤其是那些比你还要成功的人，这有助于提升你的创造力。

3. 多读书，尤其是富于创造力的成功人士的传记。新想法往往是通过将概念从生活的其他领域转移到你自己的领域而产生的。读完这本书后，从头再读一遍。在每一个章节末端，把启迪你生活的想法记录下来。

4. 做一个创意日志，记录生活中随处涌现的想法。一旦有想法进入你的脑海，即使无法确定是否能够变成现实，训练自己把它们写下来。

5. 学会从激烈的竞争中脱身，只要有可能，就把日常任务委派给你的员工，以便投入更多的时间和精力来开拓思想。可参看第十四章中的相关建议和信息。

6. 利用假期时间开发新的创意。休假时必须把工作抛在脑后，才能开发出新的创意。我休假时从来不理会工作上的事情。但是每次休假结束回到办公室时，我的笔记本上就记满了新的创意。

7. 准备一张白纸，坐在一个安静的房间里思考一件事情，持续 45 分钟。然后把你想到的所有东西都记录下来。就像你在集体讨论会上一样，收集一下各种想法，而无须刻意审视它们。有时候只需要一点点调整就能把一个"坏"主意变成一个巧妙的主意。当你回顾一个新观点时，应该养成这样的习惯：在考虑反对这个观点的各种看法之前，至少写下五个支持这个观点的想法。

第十二章　自我提升的艺术

　　发明家和探险家往往具有举世无双的创意，却并未从中获得实质利益。从他们的发明中获益的人，是那些想出巧妙的营销策略的人。企业家、自由职业者和雇员都需要掌握自我宣传的艺术。如果你想实现非凡的目标，这是最重要也是最基本的要求之一。

　　以可口可乐，或者今天普遍被称为红牛的饮料，或者是泡打粉的发明者为例——他们都没有发家致富。那些成功富起来的是像迪特里希·马特希茨这样的营销天才，他是红牛取得商业成功的幕后推手；另一个富起来的营销天才是很早就购买了可口可乐配方的投资者；还有一位成功的德国企业家是奥古斯特·奥特克，他在一百多年前成为泡打粉的主要制造商，从而为 20 世纪最成功的家族企业奠定了基础。

　　让我们先从奥地利企业家迪特里希·马特希茨的故事开始。由于红牛品牌的成功，他现在是欧洲最富有的人之一。2017 年，红牛全球销量超过 60 亿罐，年销售额超过 60 亿欧元，巩固了该公司作为欧洲最有价值品牌之一的地位。

　　20 世纪 80 年代初，迪特里希·马特希茨效力于英荷联合利华。偶然间，他注意到，生产含有牛磺酸成分饮料的大正制药公司在日本最大的纳税人名单上名列前茅。马特希茨一下子来了兴趣。在他下一次前往该地区的商务旅行中，他联系了联合利华旗下的泰国特许合作伙伴，一家名为"红牛"的饮料制造商。当时，这种能量饮料在欧洲和美国还不为人所知。马特希茨对此非常感兴趣，他买下了这种饮料在亚洲以外地区的经销权。一年后，41 岁的他辞去了联合利华的工作。

作为一个经验丰富的市场营销专家，马特希茨深知广告的重要性。对他来说，这不仅是公司赖以成功的众多因素之一，也是最重要的因素之一。从来没有其他企业家像马特希茨那样积极地运用营销策略。他把毕生积攒的 500 万奥地利先令（约合 50 万美元）投入他的新公司。大部分资金花在了营销上，而这正是红牛品牌在全球取得成功的关键因素。

马特希茨原本打算在德国创办自己的公司，但德国官方机构拒绝让马特希茨的许可快速通过，缓慢、复杂的审批流程让马特希茨越来越失望。一年后，马特希茨放弃了，转而在奥地利成立了一家公司。顺便说一句，这种饮料要在德国获得许可差不多需要 10 年。

这种新饮料于 1987 年 4 月 1 日在奥地利上市，但开始并不顺利。"顺便说一句，"沃尔夫冈·弗韦在一篇关于一家综合性企业的历史的文章中评论道："红牛的故事几乎在真正开始之前就被打断了。起初，销售开展得并不顺利，这家公司及其创始人的财务状况很糟糕。"[1]

然而，马特希茨坚信自己的想法。事实上，红牛在第一年就卖出了几十万罐，马特希茨认为这证明他做对了。1988 年，红牛的销售量上升到 120 万罐，在进入欧洲市场的第三年，红

---

[1]　Fürweger, S. 16.

牛的销售量达到 170 万罐，公司开始盈利。

马特希茨坚信产品的成败不仅取决于味道和质量，还取决于营销和广告策略。他曾请他大学时代的老朋友约翰·卡斯特纳制定策略，但卡斯特纳的所有建议都不足以满足马特希茨的要求。在 18 个月的时间里，马特希茨拒绝了一个又一个的想法。在此期间，大约有 50 个不同的提案被搁置。卡斯特纳似乎无法达到他朋友严格的标准，因此不止一次想要放弃。

但是好主意往往会在你最意想不到的时候出现，通常是在半夜，关于红牛的营销方案就是这样产生的。一天晚上，马特希茨意外接到卡斯特纳打来的电话，他终于想出了一句完美的广告词："红牛，给你一双翅膀。"这句广告词在英语中几乎同样好用。事实证明，这是一个天才的营销之举，正好击中了目标群体的要害。

事实上，政府在不知情的情况下，大力推动了红牛走向成功。出于对潜在健康风险的担忧，德国和其他一些国家最初禁止销售这种饮料，但后来的一些研究证明这种做法是错误的。红牛背着非法违禁品的恶名，必须通过走私才能运抵德国，这反而使它更受年轻人的欢迎。

在红牛的创始地奥地利，社会民主党想禁止销售这种饮料。在法国，它被列为药物，只允许药用。在斯堪的纳维亚和加拿大，该公司也面临着类似的问题。但是，加拿大政府强行在罐身加上的硕大健康警告非但没有吓跑消费者，反而增加了这种饮料的吸引力，就像香烟包装上严厉的警告标签起的反作用一样。

饮料行业中的其他公司运用营销策略来支持它们的核心业务，即生产和分销。红牛的特别之处在于，该公司既不生产也不经销这种饮料。和其他成功的企业家一样，马特希茨并不在意"常规"的做事方式。他的公司没有生产工厂和仓库，因为马特希茨选择将这些业务外包。他公司的核心业务是市场营销。据业内人士透露，红牛将总收入的 1/3 用于品牌的强化宣传。

从一开始，马特希茨就走了一条不寻常的路。如果说红牛的故事能教会我们什么，那就是好主意比大预算更有价值。红牛公司的大部分营销预算用来赞助极限运动，以提高红牛品牌的知名度，使它成为喜欢野性生活的大胆时髦青年的首选饮料。"这些活动可能并没有吸引很多现场观众，毕竟它们通常是在偏僻的地方举行的，但由于这些活动太奢侈了，吸引了大量媒体的关注并受到了更广泛的受众的欢迎。在这些项目中，最著名的是空中竞赛——飞机的一级方程式，或者白云石男子竞赛，这是世界上深受山地运动员、滑翔伞运动员、独木舟运动员和山地自行车运动员喜爱的最艰难的接力赛之一。"①

马特希茨想出了一个绝妙的主意，他将红牛品牌定位在这些户外挑战运动的背景下。他把比赛拍了下来，并把录像提供给媒体。"如果马特希茨以'惯常的方式'，即预订广告空间，10 亿欧元的营销预算将不足以购买红牛在黄金时段获得的曝光率，以及报纸和杂志报道。"②

红牛的例子表明，你不必花费大量资本来获得巨大影响，创造性思维可能会更有效。马特希茨不赞助昂贵的传统体育项目，而是倾向于与极限运动员长期合作，包括从事滑翔伞、自由攀爬、滑雪板和"墓碑"（跳下高崖）运动的人以及特技演

---

① Fürweger, S. 57.
② Fürweger, S. 58.

员和其他寻求刺激的人，从而将红牛定位为年轻而充满活力的品牌。

后来，马特希茨才投资主流体育项目，比如足球或者一级方程式赛车，这需要更多的资金。2010 年是红牛车队成立的第六年，他们第一次成为世界冠军，与塞巴斯蒂安·维特尔一起赢得了车队的世界冠军和车手世界冠军。该团队在 2011 年、2012 年和 2013 年也取得了成功。此外，自 2011 年以来，红牛车队在 19 场比赛中保持了 18 个杆位的纪录。

红牛和可口可乐的故事有一些惊人的相似之处。后者是由美国药剂师约翰·斯蒂思·彭伯顿发明的。在他亚特兰大的实验室里混合的药物中有一种"滋补品"，含有古柯叶和可乐果，被认为可以缓解头痛，治疗慢性疲劳、阳痿、虚弱和许多其他疾病。他的"滋补品"是一种黏稠的糖浆，1886 年首次销售，简称"可乐"。消费者很快意识到，与水混合后"可乐"的味道也相当好。彭伯顿没有意识到这个发明的巨大潜力，他把自己在公司的股份和秘密配方卖给了几个人，其中包括阿萨·格里格斯·坎德勒。1892 年，坎德勒投资 500 美元，和他的兄弟以及其他两个投资者联手成立了可口可乐公司。

在坎德勒创办公司的几年之后，他每年在广告上的花费已经达到了 10 万美元，这在当时是史无前例的。就像一个世纪后的马特希茨一样，坎德勒也必须与公共卫生当局斗争才能获得他的饮料销售许可证——尽管早在 1903 年可卡因就被从配方中移除了。他还被指控在可口可乐中加入可卡因，并通过销售名字不含可卡因的饮料蒙蔽消费者。

在妻子去世前不久，坎德勒将可口可乐公司的所有股份转让给了他的七个孩子。1919 年，孩子们在没有告知父亲的情况下，将公司卖给了一群投资者。他们得到了 2500 万美元，是他们父亲最初投资金额的 5 万倍。

和坎德勒一样，可口可乐的新东家主要致力于产品的营销。即使在今天，可口可乐也只向独立企业出售软饮料生产许可证。"可口可乐公司从来没有把自己的工作放在产品的生产上，毕竟产品本质上是水、糖和芳香精的简单混合物。从一开始，公司真正的工作就是打造品牌，开拓新市场。"①

大约在彭伯顿发明可口可乐配方的同一时期，他的一位德国同事正在试验泡打粉。然而，这位同事，奥古斯特·奥特克医生，与其说是一位发明家或创意天才，还不如说是一位营销专家——他就是靠泡打粉发家的。奥特克集团拥有超过 2.6 万名员工，产品的年销售额近 120 亿欧元，是当今欧洲市场上最大的家族企业之一。集团由 300 多家不同的公司组成，提供不同的产品和服务。其中包括冷冻比萨、酒精饮料、保险、一家银行和一家船运公司（汉堡南美船务集团有 180 艘船，另外 30 艘船属于阿兰西亚），年营业额超过 60 亿欧元。

这一切始于 1891 年，当时奥古斯特·奥特克医生考取了执照，开始在德国西部城市比勒费尔德经营自己的药房。当他还是一个学徒的时候，就吹嘘说："现在，我的主要目标当然是买一家药店，一旦我在这方面成功了，就会尝试做一些特别的事情。"② 后来，他经常引用这句话："在大多数情况下，一个好主意成就一个男人。"③ 他自己的"好主意"就是泡打

---

① Exler, S. 10.

② Jungbluth, Rüdiger, *Die Oetkers. Geschäfte und Geheimnisse der bekanntesten Wirtschaftsdynastie Deutschlands*, S. 50.

③ Jungbluth, Rüdiger, *Die Oetkers. Geschäfte und Geheimnisse der bekanntesten Wirtschaftsdynastie Deutschlands*, S. 62.

粉，它已经成为德国的家庭常备用品，在其他国家也被广泛使用。

在药房后面的房间里，奥特克开始试验一种特别高级的泡打粉。几十年前，著名化学家尤斯图斯·冯·李比希发明了以碳酸氢钠为基础的膨松剂，李比希以前的一个学生进一步开发了这种产品，并开始在美国推广小苏打。

奥特克医生的天才之处在于别人在他之前发明了一种产品，而他为这种产品开发了全新的营销理念。他找到了一个精炼的配方，简洁地总结出产品的独特卖点："我的泡打粉成分是最好的，不含任何有害添加剂，质量稳定，是挑剔的主妇们的首选。它的低价意味着每个人都负担得起。"[1]

吕迪葛·荣布卢特在关于奥特克家族及其公司历史的书中写道："从一开始，奥特克出售的不是普通的膨松剂，而是健康和质量。该公司的成功建立在极其复杂的广告心理学基础上，我们今天几乎没有注意到这一点，原因很简单，从那以后，它被复制了很多次。这一策略揭示了年轻企业家奥古斯特·奥特克的真正伟大之处。他既不是一位天才科学家，也不是一位伟大的食品化学家，而是一位具有独特营销天赋的人。"[2]

泡打粉最初是装在罐子里卖的，这意味着顾客必须自己称重。奥特克想出了一个主意，他把泡打粉包装在 20 克一个的小纸袋里，然后以高价出售。但在顾客看来，这个价格仍然很低，因为每个纸袋里的泡打粉太少了。奥特克在市场营销和广

[1] Jungbluth, Rüdiger, *Die Oetkers. Geschäfte und Geheimnisse der bekanntesten Wirtschaftsdynastie Deutschlands*, S. 55.

[2] Jungbluth, Rüdiger, *Die Oetkers. Geschäfte und Geheimnisse der bekanntesten Wirtschaftsdynastie Deutschlands*, S. 56.

告方面投入了巨资。在最初的几年里，他把从泡打粉销售中获得的全部利润花在购买报纸的广告位上——这些报纸覆盖超过3000的城镇人口。

"除非你告诉全世界，否则这个世界怎么知道你在卖好东西呢？"这是奥特克的座右铭。[①] 他以夜莺之歌为例，向他的员工解释说，广告无处不在，甚至在自然界也是如此。"就像鲜艳的花朵吸引昆虫一样，他打算用彩色的海报和广告牌来吸引顾客购买他的产品。"[②] 在那个时代，像奥特克博士这样拥有一家德国中型公司的老板，还如饥似渴地品读着杂志上有关广告和营销的文章，是极不寻常的。

奥特克更喜欢用事实和证据来支持他的主张，而不是用普通的短语来宣传他产品的优点。他的策略预设了消费者了解产品途径，这种方法在50年后成为大卫·奥格威广告哲学的核心。奥格威一定会喜欢奥特克为他的报纸广告所写的文章。在其中一篇文章中，奥特克刊登了一家公司的来信，这家公司为他销售泡打粉所用的小纸袋提供包装。在信中，供应商证实他订购了1000万个泡打粉包装袋。奥特克补充道："我没有做有失尊严、毫无根据的宣传，而是提供了上述事实，证明我的泡打粉在家庭主妇中非常受欢迎。"[③] 他把质量检测的结果用于广告，就像现在的公司一样。当他的泡打粉在一项质量比较测试中获得第一名时，他确保消费者知道这个结果。奥特克的一

---

① Jungbluth, Rüdiger, *Die Oetkers. Geschäfte und Geheimnisse der bekanntesten Wirtschaftsdynastie Deutschlands*, S. 67.

② Jungbluth, Rüdiger, *Die Oetkers. Geschäfte und Geheimnisse der bekanntesten Wirtschaftsdynastie Deutschlands*, S. 67.

③ Jungbluth, Rüdiger, *Die Oetkers. Geschäfte und Geheimnisse der bekanntesten Wirtschaftsdynastie Deutschlands*, S. 62.

名员工说："他做梦都在想广告宣传"。①

他还出版了一本畅销食谱。当然，他书中的所有食谱都推荐使用奥特克生产的泡打粉。该书销量达数百万册，奥特克甚至试图将其列为德国学校的必修教材，但没有成功。他是一个名副其实的创新营销思想的拥趸。举一个例子，他制作了第一个动画广告，展示了一个一磅重的蛋糕在奥特克医生特制的泡打粉的帮助下膨胀起来的过程。

泡打粉的需求量一直在增长，奥特克把药房的日常经营交给了别人，建立了一个工厂，每天能生产 10 万袋泡打粉。奥古斯特·奥特克的孙子鲁道夫 - 奥古斯特·奥特克在 1916 年出生，第二次世界大战结束后，他接管了公司。为了大规模减轻税收负担，他开始把食品生意的利润转投到船舶上。几年之内，他拥有了 40 艘远洋船只，总吨位 37 万吨。他还投资了著名的兰佩银行，这是一家有着 100 年历史的金融机构，并购买和创办了多家保险公司、一家杏仁糖工厂和一家航空公司。如今，奥特克家族是德国最著名的家庭企业，98% 的德国人都熟悉奥特克博士这个品牌。

理查德·布兰森的个人财富估计为 50 亿美元，拥有 35 家公司。他是另一位懂得如何利用营销力量的企业家，没有多少人掌握广告的艺术，也没有多少人能像布兰森那样表现自己。他的商业生涯始于上学时经营的一本面向学生的全国性杂志和一家邮购唱片公司。今天，他的维珍帝国由几家航空公司，还有在英国、澳大利亚、加拿大、南非、美国和法国的手机供应商、宽带服务商，以及 CD 和 DVD 连锁店、一家出版社、一

---

① Jungbluth, Rüdiger, *Die Oetkers. Geschäfte und Geheimnisse der bekanntesten Wirtschaftsdynastie Deutschlands*, S. 61.

家旅行社、一家金融服务提供商、一条铁路线、一个葡萄酒品牌、一家健身连锁店、一家广播电台、一家化妆品和珠宝零售商、一家活动推广机构、一家软饮料制造商和一家名为维珍银河航空公司的公司组成——这家公司正计划组织和推广商业太空旅行。总而言之，维珍集团雇用了大约 6.9 万名员工，年销售额约为 170 亿英镑。

让我们从头开始。当布兰森创办他的杂志《学生》时，他已经表现出比大多数出版学生报刊的青年更大的野心。他能够采访一些知名人士，比如哲学家让－保罗·萨特，以及约翰·列侬和米克·贾格尔等音乐家。"我非常自信，从来没有停下来问自己，为什么他们愿意让我进门，愿意跟我面对面交谈。我的自信一定很具有感染力，因为很少有人拒绝我。"[1]

他还利用自己的创意技巧销售广告位。尽管他在学校的办公室里没有电话，只能用公用电话，但他成功地说服大公司在《学生》杂志上做广告。"我会告诉劳埃德银行的广告经理，巴克莱银行定了内页封底的广告位，在我把封底的广告位留给英国国民银行西部分行之前，他们是否也希望在封底上打响名声？我还支持可口可乐公司与百事可乐公司竞争。我磨炼了自己的演讲和推销技巧，从来没让人知道我是一个 15 岁的学生，站在一个冰冷的电话亭里，手里拎着一口袋硬币。"[2]

唱片店甚至在零售价格维持协议被废除后也不提供任何折扣时，布兰森看到了商机，决定推出唱片邮购业务，并在《学生》杂志上登了广告。维珍邮购公司在年轻人中非常受欢

[1] Branson, Richard, *Screw It, Let's Do It. Lessons in Life and Business. Expanded*, p. 15.

[2] Branson, Richard, *Screw It, Let's Do It. Lessons in Life and Business. Expanded*, p. 12.

迎，直到 1971 年 1 月的一次邮政罢工导致业务停顿，公司濒临破产。维珍邮购公司既不能收取顾客的支票，也不能邮寄唱片。这是大大小小的危机中的第一个，布兰森必须克服这些问题。即使在那个时候，他依旧通过创新和扩张直面挑战。

如果不能再把唱片寄给顾客，他就只好开一家唱片店。他说："我们必须在一个星期内找到一家商店，否则我们的钱就用完了。那时我们对商店的运作方式一无所知。我们只知道，必须设法卖掉唱片，否则公司就会倒闭。"①

布兰森希望他的唱片店能成为一个鼓励年轻人待在一起听唱片、谈论音乐的地方——这在当时是一个新颖的概念。他的商业模式很简单："我们想让维珍唱片店成为一个令人愉快的去处，而此时唱片买家却受到冷落。我们想与客户建立联系，而不是屈尊俯就地对待他们，我们想比其他商店便宜。"② 向顾客提供"耳机、沙发和能坐的豆袋，有免费的《新音乐快讯》（New Musical Express）和《旋律制造者》（Melody Maker）可以读，有免费的咖啡可以喝。我们允许他们想待多久就待多久，就像在家里一样"③。

到 1972 年底，维珍唱片公司在伦敦和英国其他主要城市总共拥有 14 家唱片店。布兰森 16 岁就离开了学校，当时他只有 22 岁，是全国最大的唱片连锁店的老板。

但他很快意识到，要想在唱片业赚大钱，他必须创立自己的唱片公司。他向亲戚朋友借钱，买了一座 17 世纪的庄园，想用作录音室。"如果维珍成立了一个唱片公司，"他解释道，"我们可以为艺术家提供一个可以录制音乐的地方（可以收取

---

① Branson, *Losing My Virginity. The Autobiography*, p. 80.

② Branson, *Losing My Virginity. The Autobiography*, p. 81.

③ Branson, *Losing My Virginity. The Autobiography*, p. 84.

费用）。可以出版和发行他们的唱片（从中获利）。我们有庞大的、不断发展的连锁店，可以在那里宣传和销售这些艺术家的唱片（并获得零售利润）。"①

布兰森不仅拥有精明的商业头脑，而且对购买唱片的大众品位也很有鉴赏力。他与凯文·艾尔斯乐队签下了默默无闻的贝丝手迈克·奥德菲尔德。他的专辑《管钟》于 1973 年发行，销量超过 500 万张。布兰森把他从这张专辑中获得的全部利润投资到新艺人身上，并拓展了业务。

但公司的财务状况仍然不好，支出远远超过盈利。布兰森被迫取消了与几位艺术家的合同，他和他的合伙人卖掉了公司的汽车，关闭了他们安装的游泳池，并停止支付自己工资。这家公司似乎要破产。布兰森知道，从长远来看，削减成本并不能挽救维珍唱片公司。"我一直认为，应对危机的唯一方法不是节流，而是努力摆脱危机。"② 身陷危机，他仍然选择了冒险。"如果我们再发现 10 个迈克·奥德菲尔德呢？……那会怎么样呢？"③

不久之后，他确实发起了一个具有挑衅意味的新玩法，引起了媒体的广泛关注，公众意见也呈现两极分化。"在 1977年，除了'银禧庆典'外，'性手枪'乐队的剪报数量最多。他们的恶名实际上是一笔有形资产。"④ 布兰森一点也不担心大部分宣传是负面的——他认为这是免费的，而且是非常有效的广告。

布兰森一直在寻找新的挑战。在假期里，当他的航班被取

---

① Branson, *Losing My Virginity. The Autobiography*, pp. 113 – 114.

② Branson, *Losing My Virginity. The Autobiography*, p. 154.

③ Branson, *Losing My Virginity. The Autobiography*, p. 154.

④ Branson, *Losing My Virginity. The Autobiography*, p. 164.

消时，他没有像其他乘客一样生气，而是想出了一个主意。他花2000美元租了一架飞机，除以乘客人数，然后在黑板上写道："维珍大西洋航空公司，飞往波多黎各的单程机票39美元。"① 1984年，一位年轻的美国律师向他提议创建一家跨大西洋航空公司的时候，这段飞行插曲使布兰森确信这个商业计划会成功。

在与这位美国人交谈之后，布兰森变得迫不及待。他在接下来的周一做的第一件事就是给波音公司打了个电话，询问购买一架大型喷气式飞机会需要多少钱。第二天，他与维珍音乐的商业伙伴见面，向他们介绍新项目时，伙伴们并没有欣喜若狂。虽然布兰森最终说服了他们，"但是他们不高兴"②。

有人建议布兰森注意不公平竞争，特别是国有的英国航空公司。事情就这样发生了。为应对布兰森的新威胁，1986年6月，英国航空公司推出了一项促销活动，提供5200张从纽约飞往伦敦的免费机票。布兰森一如既往地别出心裁，他在一则广告中反驳道："维珍大西洋航空公司的政策一直是鼓励乘客以低价飞伦敦。所以在6月10日，我们鼓励你乘坐英国航空公司的航班。"③ 英国航空公司在他们的促销上花了很多钱，"但是大部分新闻报道提到了我们无耻的广告……我们以极低的成本获得了大量的宣传。"④

---

① Branson, Richard, *Screw It, Let's Do It. Lessons in Life and Business. Expanded*, p. 39.

② Branson, Richard, *Screw It, Let's Do It. Lessons in Life and Business. Expanded*, p. 53.

③ Branson, Richard, *Screw It, Let's Do It. Lessons in Life and Business. Expanded*, p. 163.

④ Branson, Richard, *Screw It, Let's Do It. Lessons in Life and Business. Expanded*, p. 163.

20世纪90年代初，维珍大西洋航空公司陷入财务困境，对整个维珍集团造成了严重影响。由于银行方面的压力越来越大，加上英国航空公司的卑鄙伎俩，布兰森最终被迫卖掉了自己的唱片公司，这家唱片公司刚刚签了滚石乐队。他别无选择，只能接受百代唱片公司以10亿美元收购维珍音乐公司的提议。他和合伙人花了20年的时间来经营这家公司之后，出售是一个艰难的决定。他们签下了一系列成功的艺术家，比如乔治男孩、布莱恩·费里、珍妮特·杰克逊，以及滚石乐队。"这就像父母的死亡，"他的一位合伙人评论道。"你以为已经准备好了，但当它发生时，你意识到你根本无法应对。"布兰森本人"觉得这更像是一个孩子的死亡"①。

他花了一段时间才看到事情好的一面，才意识到这次出售对他来说意味着什么。"我有生以来第一次有了足够的钱去实现最疯狂的梦想。"② 在每一次失败中——当然，他花了数年时间建立的唱片公司不得不被卖掉，这对布兰森来说是一次巨大的失败——但也是一个更大的机遇。布兰森从来都不是一个会错过机会的人。

成功人士必须像其他人一样面对失败，他们只是用不同的方式来应对。最重要的是，他们不会沉湎于过去，这是他们在任何情况下都不会改变的。他们不会浪费几个月甚至几年的时间为打翻的牛奶哭泣，而是展望未来，从失败中吸取教训。布兰森说："有些人赢了，有些人输了。赢的时候要高兴，输的时候别后悔，永远不要回头。"③

---

① Branson, Richard, *Losing My Virginity. The Autobiography*, p. 465.

② *Branson, Richard*, Losing *My Virginity. The Autobiography*, p. 468.

③ Branson, Richard, *Screw It, Let's Do It. Lessons in Life and Business. Expanded*, p. 58.

在接下来的几年里，布兰森尝试了更多的想法，成立了一家又一家公司。有些成功了，有些则不那么成功。但每当有人向他提起一个新项目时，他的第一反应都是积极的。令他非常开心的是，他的工作人员给他起了个绰号——"同意博士"。"很明显，这是因为我对问题、请求或困难的自动反应是积极的，而不是消极的。如果它看起来是个不错的主意，我总是试图找到理由去尝试，而不是什么都不做。"[1]

布兰森一直充满冒险精神——不仅仅是作为一名商人。1986 年，他的船"维珍大西洋挑战者 2 号"打破了横渡大西洋的最快纪录。一年后，他成为第一个乘坐热气球横渡大西洋的人。1995～1998 年，他多次尝试乘热气球环游世界。1998 年，在恶劣的天气迫使他放弃之前，他打破了乘热气球从摩洛哥到夏威夷的纪录。布兰森回忆道："如果再仔细想想，我会说，我喜欢尽可能多地体验生活。亲身历险为我的生活增添了一种特殊的维度，增强了我在工作中获得的乐趣。"[2]

本章中的三位企业家——迪特里希·马特希茨、奥古斯特·奥特克和理查德·布兰森，都有一个共同点：他们积极地想办法。虽然他们都没有发明任何新产品，但跟着别人的灵感和发明一起奔跑。通过制定巧妙的营销策略，他们为成功推广自己的理念和产品做出了巨大贡献。

即使在今天，仍然有一些企业家认为，拥有好产品就足够了，"质量能说明一切"。当然，从长远来看，如果没有好的产品，世界上最好的营销策略都不会成功。但反之亦然，如果没有强有力的营销策略，世界上最好的产品也不会畅销。消费

---

[1] Branson, Richard, *Screw It, Let's Do It. Lessons in Life and Business. Expanded*, p. 1.

[2] Branson, Richard, *Losing My Virginity. The Autobiography*, p. 238.

者被产品和服务狂轰滥炸的事实使得市场营销比以往任何时候都更加重要。

另外，今天的消费者比过去的消费者更加挑剔。花在传统广告上的很多钱实际上是浪费。人们不再相信简单的说法。即使一条有趣的广告成功地让观众发笑，也并不意味着他们会购买这个产品。

阿尔·里斯这样的知名营销专家认为，传统广告在今天几乎没有什么效果。相反，他建议公司将资源投入公共关系。"你不能用广告来推出一个新品牌，因为广告没有可信度，"里斯称："自私的声音来自一家急于进行销售的公司。只有通过宣传或营造公共关系才能推出新品牌。"①

里斯用星巴克、谷歌、红牛、微软、甲骨文和 SAP 等公司的例子来论证自己的观点，即"最近成功的营销案例都是公关方面的成功，而不是广告方面的成功"。在最初的十年里，星巴克在美国的广告支出不到 1000 万美元，与公司的销售数字相比，这是一个"微不足道的数目"②。

他认为，传统广告已经成为一种艺术形式，而不是一种有效的营销手段。广告专业人士更感兴趣的是如何展示新意和创造性，以赢得奖项，而不是实际推广他们为之做广告的产品。公关相对于广告的根本优势在于可信度。即使它没有毫无保留地推广所讨论的产品，在一个受人尊敬的媒体上发表一篇评论，比一场昂贵而巧妙的广告宣传要有效 100 倍。同样，这种策略只有在产品有趣且质量过硬的情况下才会奏效，因为幸运的是你买不到高质量报纸上的正面报道。同样幸运的是，从长

---

① Ries, xi.

② Ries, xvi.

远来看，疲软的产品会带来负面影响。一个消费者信任的品牌，不是建立在时髦的广告宣传上，而是建立在可信度、透明度和沟通上。

然而，传统媒体和公共关系也有其局限性，因为年轻人看的电视和阅读的纸质媒体要比老年人少得多。这就是为什么网络媒体中的网络营销和公关变得越来越重要。营销手段在不断地变化，但它们的重要性实际在提升。

这不仅适用于公司，也适用于个人——无论你是企业家、自由职业者还是雇员。你必须把自己变成一个品牌，并学会如何推销自己。基本上有三种类型的人：第一类人成就甚微，但非常善于展示和推销自己。当然，从长远来看，他们肯定会失败。第二类人非常擅长自己所做的事情，但不善于让别人注意到他们的成就。只有第三类人在这两方面都取得了成功：他们取得了很多成就，并且能够把自己的成就展示给别人。

为了做到这一点，你需要把自己变成一个品牌。当被问及自身的特殊优势时，许多人会犯这样的错误：提到了太多不同的领域，给人留下模棱两可、优柔寡断的印象。记住，万事通也可能一事无成！相反，你必须找出自己的优势所在，以及向他人表现你的优势的方式。

如果你是一位企业家或自由职业者，你的委托人或者客户就是你需要接触的目标受众。如果你是一名员工，你的直属经理或老板很可能是你自我推销活动中最重要的目标。每个公司都有一些有天赋、有奉献精神的人，他们以重要的方式为公司的成功做出了贡献，但他们的努力和成就被低估了，因为他们不善于自我推销。在这方面，他们的行为就像一家公司，没有推广自己的产品，错误地认为质量代表一切，以为客户迟早会注意到他们。在这种情况下，无论是对企业还是个人，都是一个致命的错误。

为了获得成功，你需要让别人觉得你"擅长做某事"。你必须为自己树立一个形象，并传达你独特的卖点。在营销术语中，这被称为定位，它是名副其实的营销策略的核心。这不仅适用于律师、税务会计师、医生，也适用于雇员。大多数公司，尤其是大多数自由职业者和员工，低估了这种定位的重要性，也低估了积极、专业的公共关系策略的重要性。

书中的男女主人公都掌握了完美的沟通和自我推销的艺术。麦当娜和阿诺德·施瓦辛格、雅诗·兰黛和理查德·布兰森、杰克·韦尔奇和沃伦·巴菲特——他们都取得了非凡的成功，但同样重要的是，他们都找到了定位自己的方法，并以专业的方式将这些成功传达给他人。

他们都不是因为广告宣传而出名，而是因为媒体的报道。理查德·布兰森和杰克·韦尔奇为了宣传自己，出版书籍、制作电视节目或定期在知名报纸上撰写专栏。施瓦辛格从一开始就把自己标榜为一个品牌，他在健美生涯的早期就意识到自己内心的态度对评委产生了深远的影响。他深信，"如果你把自己推销成赢家，人们就会把你看作赢家。"[1]

即使在 2003 年竞选州长初期，施瓦辛格也告诉记者，他会赢——仅仅是因为他知道如何推销东西。毕竟，他已经成为一名健美运动员，后来又成为一名演员，他把自己推销给了美国和世界各地的人们。[2] 有些人没有施瓦辛格那样自我推销的天赋，他们可能认为推销自己有失身份，但对于施瓦辛格这样的人来说，自我推销并没有什么不妥之处。正如施瓦辛格在自

---

① Lommel, S. 50.
② Lommel, S. 120 - 121.

传中反复强调的那样："健身是如此，政治也是如此。无论我在生活中做了什么，我都知道必须推销它。"①

就像我们在第五章中所看到的，成功人士通常有敢于不同的勇气。这样的勇气是成功自我推销的先决条件，正如施瓦辛格所深知的那样：顶住顺应习俗的压力，一以贯之。他总是觉得，要想给人留下持久的印象，唯一的方法就是以一种没人做过的方式去做。②

经常有人建议他改个美国人更容易发音的名字。施瓦辛格本人却认为他的名字是一种优势，因为它是独一无二的。他很早就聘请了公关专家帮助他在媒体上宣传施瓦辛格品牌。他的传记作家库奇·隆梅尔强调公众对他的尊重是多么重要。施瓦辛格说，他意识到了媒体的力量，为了赢得比赛，在他是健美运动员的时候就聘请了一个美国顶级公关管理团队。③他很快意识到媒体是提升自己形象和市场竞争力的最佳途径。④

没有多少人能像他那样了解媒体，并能像他那样理解职业自我推销的重要性。"对我和我的事业来说，形象就是一切。"施瓦辛格说："形象比现实更重要。最强大的是人们对我的看法和信任。"⑤ 施瓦辛格的例子表明，公关远比传统广告有效。施瓦辛格本人是当今世界上最著名的品牌之一，却从未在广告上花过一分钱。相反，他把营销预算 100% 投入公关。

沃伦·巴菲特也不仅是个冷静的投资者，他向外界展示的

①　Schwarzenegger, *Total Recall. My Unbelievably True Life Story*, p. 342.

②　Lommel, S. 126.

③　Lommel, S. 13.

④　Lommel, S. 108.

⑤　Leamer, p. 242.

是一个形象。每年 5 月的第一个周末，他都会举办伯克希尔·哈撒韦公司的年度股东大会，比世界上大多数公司的排场要大得多。成千上万人前往内布拉斯加州的奥马哈朝圣，只为一睹巴菲特和他的密友、合伙人兼副手查理·芒格的现场演说。他把股东大会变成了伯克希尔·哈撒韦公司旗下或部分控股公司的大型贸易展会——从珠宝到家具、地毯和电视甚至糖果，参观者几乎可以买到任何他们想要的东西。杰夫·马修斯，一本 300 页大部头作品的作者，全情专注于年度股东大会。他说："这个股东大会与大多数年度股东大会有天壤之别。很多著名企业的年度股东大会很少有股东参加，而且除了在公司危机期间外，大多数年度股东大会被国家级媒体忽视。然而，伯克希尔·哈撒韦公司的年度股东大会吸引了来自世界各地其他企业的股东、记者"。[1]

巴菲特的报告以一种真诚而幽默的风格写成，这是他公司和个人的营销工具，传达了他品牌形象的核心：建立在开放、诚实和批判性自我反思基础上的能力和信任。

巴菲特已经成功地把自己变成了一个传奇人物。然而，在他职业生涯的早期，他不得不说服其他人投资他的企业。仅仅几年之后，正如他的传记作者所言："常规被打破了。"他不再寻求青睐，而是施予，人们因为巴菲特拿了他的钱而感激，会请求他负责投资。在余生中的许多场合，他都会使用这种技巧。[2]

只有那些知道如何定位自己，了解公共关系和专业媒体传播的重要性，并且不怕争议的人才有机会在今天的市场上被注

---

[1] Matthews, p. 67.

[2] Schroeder, p. 238.

意到。在公众眼中，这基本上是一个持续不断地争抢杆位的竞争。

到目前为止，你是如何定位自己的呢？通过强调和推广你的才能、品质和独特的卖点，为自己制定一个营销策略，这种定位越明显越好。你应该为自己找一个以前没有过的商机。正如我在本书第四章中所描述的，把你的注意力完全集中在一个问题上。

大多数人以及许多公司犯了同一个错误，即想要同时在太多的不同领域表现卓越。但是为了有效地提升自己，你必须真正地，更重要的是独一无二地，在一件能让你从人群中脱颖而出的事情上表现出色。

第十三章　热情和自律

　　德国模特海蒂·克鲁姆曾是世界上薪酬最高的超模之一，现在她是传媒行业的成功女商人。2018 年，她的收入估计为 1700 万欧元，超过了德国最大汽车公司戴姆勒、大众和宝马的首席执行官的年收入。40 岁的她比所有同事都好看吗？当克鲁姆自己说自己"没有比外面许多模特好看"，而且"比大多数模特矮，还胖"时①，她不是在寻求赞美，只是简单地陈述事实。在模特行业中，美貌或许能让你迈出第一步，在那以后，成功与否取决于其他因素。

　　媒体倾向于从某种角度来描绘超模。由于一两位成功的超模被认为很难相处、刻薄、不可靠，成千上万渴望成功的人就认为他们不想成为自律、可靠、守时、和蔼和容易合作的人。这是一个错误的假设，这可能就是那些看起来注定成功的漂亮年轻女性从来没有成功的原因。

　　在这个世界上，可能没有比模特更需要自律的职业了。高薪超模的日程安排并不比国际知名高管的少。不同的是，不管高管的生活有多紧张，没有人期望他们能一直保持良好的身材和形象。

---

　　① 　Klum, p. 7.

在谈到促使她成功的策略时，克鲁姆毫无意外地建议未来的模特们"准时"。她补充道："要有条理""注意情绪""做好功课"①。对于十四五岁进入这个行业的年轻女孩来说，这些都是天生的品质吗？当然不是！但是，有足够的自律来接受这些，是她们最终成功的决定性因素。热情是自律的先决条件。如果一个人总是强迫自己去做并不真正想做的事情（当然，有时也有必要这样），那么他就不会成功。当你对某件事越有热情，自律就越容易实现。"幸运的是，"克鲁姆说："除了好于一般人的长相和身材之外，还有一件事对我有利：我极度渴望成功。"她说，欲望是"最终的动力。它会让你疯狂地工作，不会太快或太容易放弃"②。

这一切都始于1992年，当时这位年轻的德国人在一次模特比赛中击败了3万名竞争者，赢得了一份超过30万美元的三年期合同。她19岁时（和阿诺德·施瓦辛格决定去美国实现雄心壮志的年龄一样），海蒂·克鲁姆也来到了纽约。她和另外两个德国女孩住在蟑螂出没的大楼里，没有热水，天花板还漏水。"三个月来，我每天都在打电话，有时一天打十个。我只是上千个想在纽约当模特的青涩女孩中的一个，她们每个人看起来都很棒。通常我会排队等候，客户会看我的简历，说谢谢，然后把我打发了。我只是大池塘里的一条小鱼，那感觉真的很糟。"③

她的第一份重要工作是为流行时尚杂志《米拉贝拉》（Mirabella）拍摄封面。在那之后，她为邦恩·贝尔系列化妆品担任模特。1995年8月，她登上了《自我》（Self）杂志的封

①　Klum, pp. 46 – 47.
②　Klum, p. 14.
③　Klum, pp. 22 – 23.

面。三年后，当克鲁姆登上《体育画报》（*Sports Illustrated*）泳装专刊封面时，迎来了巨大的突破。这本杂志拥有 5500 万读者，这是每个模特的梦想。她知道从那时起她的生活将彻底改变。不久之后，她开始为内衣品牌"维多利亚的秘密"做模特，并登上了《时尚》（*Vogue*）和《Elle》等杂志的封面。

但克鲁姆意识到，为了取得长期的成功，她必须定位自己，为自己创造一个形象，否则她很快就会被遗忘——就像模特行业地平线上的另一颗流星。"我很快意识到，如果你仅仅靠一张脸，而不把自己塑造成一个有个性的人、不被公众所认识（或想认识）的人，那么你很快就会在这个行业里完蛋。这听起来可能很粗俗，但你必须让自己成为一个为公众所知、有个性的人，以便能够更长时间地被关注。否则，你就是昙花一现。"①

与比早她十几年来到美国并取得成功的阿诺德·施瓦辛格一样，克鲁姆野心勃勃、自律自强。最重要的是，她愿意学习。诸如"永不放弃！""尝试每件事！"这些格言毋庸置疑，也很重要，但还不足以令她登上顶峰。

克鲁姆说，成功的关键是"承认你有不知道的，并寻找值得信赖的人"②。这让我们想起了希腊船王亚里士多德·奥纳西斯去世前不久所说的话。当时有人问他，如果他能重新开始，会有什么不同。他说什么也不会改变，除了一件事：他会从一开始就给自己找最好的顾问。

克鲁姆几乎取得了超模的所有成就，这让她成为目前世界上薪酬最高的女性之一。她的第一部电视连续剧于 2004 年在

---

① Klum, p. 28.
② Klum, p. 189.

美国上映。她是《天桥骄子》（*Project Runway*）节目的 11 位制片人之一，同时也是该节目的主持人和评审团主席。自 2006 年以来，她还上了德国电视台的《德国的下一个顶级模特》（*Germany's Next Topmodel*）节目。她将自己的成功归因于"热情、渴望和自律"的结合。

持久的热情是实现远大目标的最基本前提之一。许多人对某件事充满热情，但他们的热情并不持久。对目标的热情可能会激励你，但为了实现它，你需要更多的自律。

不要错误地低估纪律的重要性，甚至在面对最后期限的时候也要极度守纪律。按时完成任务的人被认为是可靠的、值得信赖的。你愿意把工作给谁？是你以前经历过可能不会按时完成任务的人，还是以前从未让你失望的人？

在截止日期前完成任务是绝对必要的。为了让你的客户或老板信任你，你必须在约定期限前高质量地交付成果。为自己定个规矩：一定要在约定的截止日期之前（绝不能迟于此）交付产品或提供服务。

只要这是你一个人的事，那应该没有任何问题。可当你经营一家公司时，问题就出现了，你的一些员工在面对截止日期时不会那么一丝不苟。当然，你应该始终确保你雇用的人是可靠的，可靠应该永远是公司文化中最重要的价值观之一。但是你的公司发展得越快，你就需要和更多不可靠的员工打交道。

我的一个朋友告诉我，他的一个雇员的智商比大多数人要高，工作很努力，水平也很高。他唯一的失败之处就是不能守住最后期限。根据我朋友的说法，这确实是该员工唯一的弱点——但这太严重了，妨碍了他的职业发展。在我朋友的公司工作了十年后，他被解雇了。

如果一个人无法合理安排自己的工作进度，你不会想让他负责一个大部门，更不用说负责整个公司了。众所周知，那些毫无章法、不能按时完成任务的人永远不会被提升到领导职位。

广告创意工作者并不是好的守时榜样。有创造力的人往往非常敏感，他们会受情绪波动影响而不是严格遵守时间表。这就是为什么在广告业，高度的自律加上创造力会让你登峰造极。事实上，对守时的狂热是大卫·奥格威传奇式成功的原因之一。奥格威在他最畅销的回忆录《广告人的自白》（*Confessions of an Advertising Man*）中写道："今天，当奥美广告公司的任何员工告诉客户，我们不能在规定期限内完成广告或电视广告时，我怒火中烧。在最好的公司里，承诺总是被遵守的，不管是为此感到痛苦还是要加班。"[1] 他向员工宣讲的行为准则包括以下告诫："我钦佩有条理、按时完成工作的人。威灵顿公爵直到完成了桌上的所有工作才回家。"[2]

艺术家不是自律的典范。但他们中最成功的人，比如音乐人、演员麦当娜，在这方面一直都出类拔萃。曾执导过由麦当娜主演的电影《神秘约会》的苏珊·塞德尔曼也谈到她非凡的自控能力。"接第一批演员的时间安排在早上六点半左右，接麦当娜得更早。她会在凌晨四点起床，在到片场之前，去基督教青年会健身俱乐部游泳，她有着惊人的自律能力。"[3]

作为一名从事成人娱乐业的企业家，贝亚特·乌泽将自己成功的秘诀描述为："成功与自我控制有莫大的关系。跟我打交道的人都说我有很强的自律能力，这无疑为公司的成功做出了贡献。通向成功的路没有电梯，你必须一步一个脚印。"[4]

---

[1] Ogilvy, *Confessions of an Advertising Man*, p. 36.
[2] Ogilvy, *Confessions of an Advertising Man*, p. 42.
[3] O'Brien, p. 96.
[4] Uhse, S. 288.

　　成功的投资者阿尔瓦立德王子以疯狂守时著称。有一次，他计划在一天内访问四个国家的六个城市。为了确保不会因为不可预见的情况而错过一个重要的约会，他甚至让一架更小型的备用飞机跟着他的私人飞机。"他解释说，这样做是为了'保险'，以防他的波音公司遇到问题，把紧凑的日程安排和这些高效会议搞得一团糟。如果遇到意外，他只需与核心团队一起登上小型喷气式飞机就可以了。3万美元，这是一天的'保险费'。"①

　　相比之下，和他的朋友前总统吉米·卡特在亚特兰大的会面就划算多了。由于堵车，阿尔瓦立德答应给司机300美元——相当于司机一周的工资——让他及时赶到卡特中心。司机开着加长的豪华轿车，驶出高速公路，穿过城市的穷街陋巷，在距离约会时间仅剩几分钟时把他送到了会场。②

　　阿尔瓦立德有一个专门的旅行团队，负责组织和协调他紧张的日程安排，确保"每天每一分钟都有安排，尤其是王子对守时很讲究，不喜欢浪费时间"③。如果他对旅行的后勤安排感到满意，会支付丰厚的奖金，相当于工作人员三到六个月的工资，甚至一整年的工资。④

　　沃伦·巴菲特也用金钱来约束自己。当他觉得必须减肥时，他会给孩子们开张1万美元的未签名支票，并承诺如果他不能在某一天减到一定的体重，他就会在支票上签名。他的孩子们会用美食诱惑他，但沃伦·巴菲特总是拒绝。他的传记作者写

---

① Kahn, S. 223.
② Kahn, S. 225.
③ Kahn, S. 202.
④ Kahn, S. 203.

道："他一次又一次地开出那些支票，却从来没有签成过一张。"①

国际象棋传奇人物加里·卡斯帕罗夫强调纪律的重要性。十岁时，他被三届国际象棋世界冠军米哈伊尔·鲍特温尼克开办的国际象棋学院录取。鲍特温尼克成为他的榜样、教练和最严厉的批评家。"鲍特温尼克制定了理想的锦标赛作息制度，为吃饭、休息和运动制定了严格的时间表，这是我整个职业生涯都遵循的作息制度。鲍特温尼克对那些抱怨自己没有足够时间的人没有耐心。还是别想着告诉伟大的导师你那天很累吧！"②睡眠和休息时间的安排和日常生活的其他方面一样细致。卡斯帕罗夫在他自己的家里也这样，他母亲在家里固守规则，执行严格的纪律。卡斯帕罗夫说："在当今快节奏的世界里，如果纪律听起来很枯燥，甚至不可能被遵守，我们应该花点时间考虑一下，在我们的生活中，哪些领域可以被成功规划、提高效率？拥有良好的职业道德并不意味着成为一个狂热分子，它意味着要意识到这一点，然后采取行动。"③ 最重要的是，卡斯帕罗夫说，为了接近你的目标，回顾你已经取得的成就是至关重要的。他引用了偶像鲍特温尼克的话："人与动物的区别在于人有能力确定优先级！"④

特别是自律对于培养新的建设性习惯，或戒除旧的破坏性习惯至关重要。习惯是你最大的敌人，也是你最好的朋友。你可能会养成不按时完成任务、错过约会和达不到目标的习惯，但是你也可以养成正确做事的习惯。养成一个新的习惯，应该

---

① Schroeder, p. 286.

② Kasparov, p. 81.

③ Kasparov, p. 83.

④ Kasparov, p. 21.

不超过几个星期或几个月，这有助于你实现目标。但在这段时间里，你需要自律。

　　许多人似乎认为守时和自律是过时的美德，在现代社会已经不再重要。但守时只是另一种形式的可靠，自律对我们和他人的关系至关重要，对我们的成功也十分重要。没有人喜欢与那些只说不做的人一起工作。不可靠的人不值得信任。

　　事实上，他们甚至不相信自己。如果我总是不能实现小目标，又怎么能获得实现大目标的信心？为了获得自信，你必须从头到尾把计划坚持到底。完成你已经开始做的事情总是会让你感觉很好——不完成它会让你感觉很糟糕。

　　守时也是一种尊重。我记得我和一家公司的董事长发生过一次争论，他不太把守时当回事，还说守时的人让自己和别人的生活都变得困难。因为我们是朋友，所以我没有把这件事放在心上，但我确实问过他："如果你可以选择今晚和谁共进晚餐，你会选谁？"他回答说，他选择的用餐伙伴将是时任德国总统罗曼·赫尔佐克。就我个人而言，我可以想出更多有趣的人，更愿意跟他们吃饭，但这个与我的问题不相干。"那么，如果你要去见罗曼·赫尔佐克，你会迟到多久呢？十分钟、二十分钟，甚至三十分钟？"他说："哦，不，我一定要早点到餐厅。"这是一个诚实的回答，我反驳道："嗯，我认为自己和罗曼·赫尔佐克一样重要，如果我要会见某人，我会像对待罗曼·赫尔佐克那样礼貌、体贴地对待他们。"

　　不自律，你就不能实现你的目标。因为不自律，别人就不会信任你，也不会认为你可靠。纪律对于那些具有叛逆天性的人尤其重要，正如我们在第六章中所看到的，许多成功的企业家都具有这种性格。"如果你不能执行自己的规划，就必须服从别人的指令。"因为我从不喜欢服从命令，所以我认为自律是成功的基本前提。

然而，纪律只是达到目的的一种手段——它不能取代热情，热情才是成功的真正驱动力。如果你不能约束自己去做一些不喜欢的事，你迟早会失败。这就是为什么你需要找到一些能让你在很长一段时间内保持兴趣和热情的东西。

好好审视一下你的生活，问问自己，是否真的对正在做的事情充满热情。任何人都能为自己设定最重要的目标，那就是找到自己最感兴趣的事情，然后把它变成日常工作。大多数人早就把儿时的梦想给埋葬了，因为他们太多次地被告知要"现实点"。

如何找到你最感兴趣的东西？我建议你进行以下思维实验。

1. 如果你只剩六个月的寿命，而且有足够的钱不必担心生计，你会做什么？

2. 如果你明天要继承 1000 万美元，并且不再为生计发愁，你会从事哪项工作？

有没有什么事情是你特别喜欢的？当你做这些事情时，会感觉时间过得飞快？你有没有认真考虑过把你的业余爱好变成养家糊口的事业？这正是阿诺德·施瓦辛格、海蒂·克鲁姆、麦当娜、可可·香奈儿、史蒂夫·乔布斯、比尔·盖茨、迈克尔·戴尔等书中人物所做的：他们把自己的爱好变成了工作，从而发家致富。

如果你对一份工作充满热情，而不仅仅是感到舒适、满足，就会容易达成必要的自律。接下来你要学习有效地规划生活和工作。如果你遵循下一章中关于"效率"的规定，你的生活就会比以前高效得多。

第十四章　效率

无论你是为自己工作还是为别人工作，如何才能显著地增加收入？我们几乎可以排除两个决定你收入的因素：你既不能变得比现在聪明两倍，也不能增加两倍的工作量，但你的目标是赚的比现在多两倍。幸运的是，以上两条并不是关键因素。不可否认的是，智力对你的职业生涯并不重要。无论如何，你与生俱来的智慧就足够了。至于说到工作量翻倍，你一天工作多少是有天然限制的。如果现在是 10 个小时，你可以再增加3～4 个小时——有时，你可能不得不这样做，但是增加工作量并不是增加收入最聪明的方法。

原则上，你就只剩下两个选择：

1. 增加你的知识；

2. 提高工作效率。

这两种策略都有可能带来成功，但最关键的，也是最常被低估的、能提高收入的因素是效率。大多数人认为他们工作相当有效率，事实上，只有极少数人是这样。如果你意识到自己的工作效率不高，那是好消息而不是坏消息。这表明你有大量未开发的资源可供使用。

效率意味着用尽可能少的时间和精力来达成最好的结果。

我们所有人把大部分时间花在做一些对整体"结果"有重大影响的事情上。你可能听说过 80/20 原则，这是意大利经济学家维弗雷多·帕雷托约 100 年前提出的。为了证实帕雷托的理论，不同领域的后续研究中表明："世界通常分为少数的重要影响和大量的不重要影响……我们发现，20% 的人在自然力量、经济投入或我们可以衡量的任何其他因素上，通常会影响大约 80% 的结果、产出或影响力。"[1]

一旦你确定了 20% 的活动导致 80% 的结果，就需要把注意力集中在这 20% 的活动上。成功不在于努力工作，不在于假装忙碌，也不在于无所事事。成功就是要做正确的事，也就是说，做那些能够给你带来结果的事。没有哪个客户会为你在办公室里长时间拖延而付钱，你的客户只会为你提供的结果付钱。为了有效地工作，首先你需要对想要达到的最重要目标有一个清晰的概念，每隔一段时间，花点时间坐下来想想哪 20% 的活动会能影响 80% 的结果。许多人发现很难区分哪些事情是重要的，哪些不是。他们把时间和精力浪费在次要活动上——那些问题需要解决，但对结果的影响很小。有些人表现得很忙，因为他们认为老板或同事会对他们的贡献印象深刻。另一些人为了避免处理更大、更重要、更复杂的工作，在琐事上浪费了太多时间。

将自己对工作的态度与世界上最成功的投资者乔治·索罗斯的态度进行一下比较。索罗斯曾对他的朋友拜伦·威恩说："你的麻烦在于，你每天都去工作，你认为因为你每天都去工作，所以你应该做些什么。我不是每天都去上班，我只在工作有意义的时候才去。"但是，他补充道："那一天我

---

[1] Koch, p. 11.

真的做了些事情。"①

把你在工作日里做的每件事都记录下来，然后把注意力集中在真正重要的事情上：那 20% 的事情会影响你 80% 的结果。剩下 80% 的事呢？在某些情况下，你会逐渐意识到这些事情能否完成并没有多大的区别。其他工作也要做，但不一定是你做。

专注于你的长处，试着把其他事情委派给你的员工。时常问问自己，某项工作是否只能由你来完成，或者其他人也可能（或几乎同样有能力）完成它。如果一个赚了 7.5 万美元的人做的工作可以由他的秘书来完成，而秘书的工资只有他的一半，那么他就是在浪费宝贵的资源。你是否曾经问过自己，你多久接手一次员工能胜任的工作？如果你一年赚 7.5 万美元或 15 万美元，却仍然自己订机票、安排约会、复印，或者去杂货店购物，那你一定做错了什么。你可以把时间花在其他事情上，这不仅会给你带来更大的满足感，还会对结果做出更大贡献。

委派工作是提高效率的关键。为什么人们觉得这很困难？很多人说："向别人解释需要做什么花的时间太长了，自己做会更快。"这在很多情况下可能是真的，但这是短视的想法。当然，一开始你必须花时间向别人展示你需要他做什么。但从长远来看，这会节省你的时间，让你在自己的专业发展上投资。尽管不得不向那些没有立即理解你的人解释会让人沮丧，但想象一下，如果你余生都要自己做这些事情，那该有多么令人抓狂！

完美主义者尤其不愿意委派工作。例如，许多自由职业

---

① Slater, p. 65.

者、律师或会计师会坚持自己处理哪怕最琐碎的事务。尽管完美主义有着积极的一面，但正如我们在第十章"不满是一种驱动力"中所提到的，它也会造成很多损害。如果你花50%的时间完善剩下5%的事，你就是在浪费时间和精力。你必须学会接受这样一个事实：某些事情不能做到100%完美，只能完成95%。满足于95%可能比坚持100%更有效率。

还要记住，大多数复杂的任务可以被拆分成许多较小的简单任务。在很多情况下，你的知识或创造力只需要完成你所承担任务的10%。剩下的90%由相对简单的任务组成，一旦你将这些复杂的任务拆分成不同的步骤，就可以将这些任务委托他人。永远记住：你不能同时出现在两个地方。你花在一件事上的时间是你不能花在其他事情上的时间，所以委派工作是一项如此重要的技能。

然而，这是一项你需要习得的技能。委派工作并不意味着在没有解释需要做什么以及何时需要做的情况下就把工作交给员工。当然，这也并不意味着在没有确保结果符合要求的情况下，就把工作委派给别人。正如德国邮购大王维尔纳·奥托所言："在没有监督的情况下授权是自由放任的行为。"① 没有监督，你就不会得到预期的结果，这反过来也会证实你的信念，即如果你想做得好，就需要自己做。所以你必须避免两个极端：不要事事亲力亲为；或没有足够的培训和监督，就把工作交给别人。

当维尔纳·奥托看到任何处于领导地位的人把时间浪费在不必要的事情上时就会生气。他希望这些人看到的是"更大的图景"。"所有其他任务都应该委派给下属，因为对于

---

① Schmoock, S. 143.

奥托来说，能够分派任务是一项关键的领导技能……他知道，专注于小事会妨碍创造力，而创造力是所有公司的根本动力。"①

约翰·洛克菲勒也信奉同样的原则，他为团队的新成员制定了如下规则："如果他能使唤别人干活，就没人干活了……尽快找一个你可以信赖的人，在工作上训练他，然后坐下，踮起你的后脚跟儿，想办法让标准石油公司赚钱。"② 缺乏自信的人往往会将他人视为竞争对手，在极端情况下，他们会确保自己的员工都没有获得任何技能，并通过拒绝让他人从自己的经验中受益，从而使自己变得不可或缺。大卫·奥格威强调，好的领导力恰恰相反："如果你雇用比自己强大的人，奥美广告公司将成为一家巨人公司；如果你雇用比自己弱小的人，我们将成为一个矮人公司。"③ 他坚持只雇用最优秀的员工——即使这些员工比他还优秀。"如果必要的话，给他们的钱要比给自己的多。"④

即使是那些给人留下"总想成为焦点"印象的人，也往往知道委派工作比自己承担一切更明智。CNN 创始人特德·特纳就是一个典型的例子。他的传记作者断言："特德挑选合适人选的才能一直被大大低估……他从一开始就本能地知道，他不能独自完成这件事，即使他经常给人留下他想这么做的印象。"⑤

沃伦·巴菲特已经掌握了完美的委派艺术。所罗门兄弟公

① Schmoock, S. 143.
② Chernow, p. 178.
③ Ogilvy, *An Autobiography*, p. 130.
④ Roman, p. 106.
⑤ Bibb, p. 74.

司破产后，他任命德里克·莫恩到这家受到重创的公司担任新的首席执行官。莫恩问他："你对谁该进管理层有什么看法吗？策略方面有什么方向指给我吗？"巴菲特瞥了他一眼，直截了当地回答："如果你要问我这样的问题，那我选错人了。"说完，巴菲特就走了。[1]

玛丽·巴菲特在谈到她前公公时说："如果有一种管理技巧是沃伦所独有的，那就是他愿意将权力下放到大多数 CEO 能接受的范围之外……沃伦拥有超过 88 家不同类型的企业，他已经将这些公司的管理权移交给了 8 位非常称职的首席执行官。"[2] 当巴菲特收购森林河公司时，他告诉公司的首席执行官彼得·利格尔，他一年只想收一次彼得的信。他明确要求伯克希尔·哈撒韦公司的 CEO 们永远不要给他写任何东西。当他的一位 CEO 向他请示关于购买新飞机的事时，巴菲特说："这是你的决定。这是你要经营的公司。"[3]

那么，为什么巴菲特比大多数公司老板更愿意把工作委派给他人呢？首先，他意识到自己缺乏做决定时所需的专业知识。尽管巴菲特实际上对许多行业特有的问题非常了解，可能持不同的观点，但认识到自己知识的局限性是他最大的优点之一。在他看来，自己的工作是激励高管，而不是为他们做决定。

巴菲特还认为，高管们不会喜欢他指手画脚，质疑他们的

① Schroeder, p. 596.

② Buffett, Mary, Clark, David, *The Tao of Warren Buffett: Warren Buffett's Words of Wisdom: Quotations and Interpretations to Help Guide You to Billionaire Wealth and Enlightened Business Management*, pp. 19 – 21.

③ Buffett, Mary, Clark, David, *The Tao of Warren Buffett: Warren Buffett's Words of Wisdom: Quotations and Interpretations to Help Guide You to Billionaire Wealth and Enlightened Business Management*, p. 22.

判断。事实上，研究表明，员工自主决策和管理工作量的自由，是影响工作满意度的最重要因素之一。那些认为自己的工作一直受到监控的员工意识到他们的老板并不真正信任他们。当然，这是一条学习曲线：如果你倾向"微观管理"你的员工，会发现员工习惯你做决定，你很难突然放弃责任——但这正是你必须强迫自己达到的目标。

为了专注于你的核心职责，学会分配次级任务是至关重要的。一旦你确定了那些对整体结果影响最大的因素，就要把注意力集中在这些因素上，不要让自己被其他事情分心。当你正在处理一份重要工作时，不得不与其他人交谈——进入你办公室的同事，或是打电话给你的联系人——会成为需要花费时间和精力的主要干扰。你有责任确保自己专注于手头上的工作而不让自己分心。不要把分心归咎于那些让你分心的人——你自己才是罪魁祸首。在我以前的公司，来访的客户通常会询问每扇门上的标志，这些标志和交通灯一样，要么是红色的，要么是绿色的。许多年前，我引入这些标志，就是为了给员工提供一种向同事发出信号的方式，告诉他们自己是否愿意被打断。后来，我了解到大卫·奥格威曾经装了"一套红色和绿色的灯在他的办公室门外"，用来表示他是否愿意接待来访者。[①]

你必须计划你的工作，设计你的工作环境，使你能够完成所做的一切。启动了项目却不能快速完成它们，会严重降低你的效率。当然，也有例外——例如，有时你可能会意识到，从一开始就不应该启动某个项目。在这种情况下，最好承认自己的错误，尽快把工作做完，而不是浪费更多的精力，这些精力本可以更有效地花在其他事情上。

---

① Roman, p. 84.

开始一个项目，但不能迅速完成，也会破坏我们从一项已完成的工作中获得的满足感。月底，一个做了很多桌子和衣柜的木匠会比车间里满是未完成物品的同事更快乐。成功地完成一个你已经开始的项目总是会让你自我感觉良好。一次启动许多项目而完不成其中任何一个，会让你感觉很糟糕，更不用说浪费的时间和资源了。

拖延症是一种常见的投诉，而且比你想象得更有害。如果你总是拖延一些需要完成的任务，那会给自己造成严重的问题。首先，你的潜意识会不断地"唠叨"你还有工作没有完成，你不得不浪费大量精力来压制那些提醒。其次，你迟早要向你的老板、同事或客户解释为什么还没有完成这项工作。再次，你耽误的时间越长，工作就会变得越难。例如，在会议结束后马上就写会议记录要比一周后写容易得多。最后，你拖延的时间越长，你就会越不舒服。

你总找不到时间来处理事情？偶尔可以提前几个小时到办公室。你会惊讶地发现，没有同事打扰你，没有电话或电子邮件的干扰，你能完成多少事。如果可能的话，你也可以在约定的截止日期之前完成一个项目，这会让你的老板或客户大吃一惊。我已经养成了比承诺的时间提前交付任务的习惯。

当然，这只有在你制订了切实计划的情况下才有效。基于一切都将按计划进行的假设性计划都是不现实的。"未雨绸缪"，如果你不这么做，你知道他们怎么说最周密的计划……

有些人会把所有的会议和约会记在日程安排表或约会簿上，这是理所应当的事，但他们忘了记下跟自己的约定。如果我知道我必须在某个时间之前完成一份草稿，就会把它记在我的日程安排表里，就像提醒自己与客户或员工有约一样。

正如沃伦·巴菲特知道的一样，时间是我们最宝贵的资源，必须明智地加以利用。巴菲特的传记作者爱丽丝·施罗德写道："他只做有意义的事，还有他想做的事。他从不让别人浪费他的时间。如果他在日程表上增加了一些东西，他就放弃了其他的东西。"爱丽丝还补充说他的谈访内容"热情而简短。当他准备停止说话时，谈话就戛然而止了"①。

效率也是按正确顺序做事的问题。通常，需要按流程完成一个步骤，再开始下一步。除非你提前计划，否则整个过程可能会在数天甚至数周内遇到瓶颈，因为你没有通过必须先完成的步骤来预测下一步。

很多浪费时间和效率低下是因为人们"忘记"做一些事情。如果我的一个员工告诉我他们"忘记"做什么，那也不管用。当然，我不期望谁能记住每件事——无论他们的记忆有多好，没有人能记住每件事。我希望的是他们把要做的事写下来。这听起来可能很简单，但对很多人来说显然不是这样，他们宁愿依靠自己的记忆，也不愿依靠"待办事项"清单。有些人可能会把事情写下来，但不会马上写下来。给客户打完电话，就写下需要做的事情——马上做，否则你可能根本不会做。我们都遇到过这种情况：打过电话后，你会在心里对自己说要留张便条，写下"尽快"。但在你开始写之前，电话又响了，或者有人带着另一个问题走进你的办公室，你还没有写下上一个客户要求你做的事情，直到几天后才想起来。我也不喜欢在屏幕上或桌上的所有文件下面贴上黄色便签。最好有一个合适的"待办事项"清单，完成一项，划掉一项。你可以从划掉一个又一个的项目中获得真正的成就感！

经验并不一定像某些人所说的那样有价值。多年来，他们

---

① Schroeder, p. 730.

可能积累了很多经验，但是否从这些经验中学到了什么则完全是另一回事。有些人似乎无法从他们的经历中得出正确的结论，这意味着他们会一次又一次地犯同样的错误——或者犯类似的错误——这会造成很多麻烦。要记住的重要一点是，为了避免重复类似的错误，你需要能够进行提取和归纳。

一个摸了热炉子的孩子可能会得出这样的结论：摸热炉子是错误的，以后不要再这样做。第二天，孩子碰了一个热熨斗，然后学会不要碰热熨斗。两周后，孩子摸了一个热的烤面包机，学到了另一课。一个更聪明的孩子会在第一件事发生后就总结归纳，从那以后不再接触任何热的东西。

换句话说：在你犯了错误之后，不要只想着如何避免再次犯同样的错误，而要想想你能从这个错误中学到什么，以避免将来犯类似的错误。效率意味着能够从个人错误中归纳出更大的图景，而不是浪费更多的精力和时间去犯类似的错误。不要只问自己："我能做些什么来确保同样的错误不再次发生？"相反，你需要问自己："我能做些什么来确保类似的错误不会再次发生？"

乔治·索罗斯认为他的成功在很大程度上是因为他比别人更善于从错误中学习。索罗斯坦率地承认，他并没有比任何人更可靠。"但我认为我最擅长的是承认自己的错误……这就是我成功的秘诀。"[1]

别忘了，你的成功和失败都能教会你很多东西。任何一个称职的足球队经理都能从成功和失败中吸取教训。许多人因成功高兴，却不反思他们成功的理由。但是，除非你这样做，否则将无法重复成功。

---

[1] Slater, p. 68.

花时间分析你的成功、失败、低效以及其他任何妨碍你更快实现目标的因素，都是值得的。

提高效率的关键是知道哪些活动对你想要达成的结果至关重要。把精力集中在这些活动上，尽量把那些需要较少知识和创造力的日常任务委派给别人。最重要的是，你需要学会将你的项目及实施过程划分出哪些是需要知识、经验或创造力的任务，而哪些不需要。后者可以委托给你团队中经验不足和能力较差的成员。常问问自己："我真的是唯一可以做这件事的人吗？还是其他人也能或者几乎能够做到跟我一样好？"

除非你学会授权，停止"我还不如自己做"的想法，否则你永远无法实现更高的目标。养成这样的习惯：每天问问自己，哪些活动有助于你实现目标——然后先着手去做。当然，只有当你没有被一个接一个的"紧急"任务影响时，才能做到这一点。如果你立即去做，而不是把时间浪费在拖延上，大部分"紧急"的工作就永远不会变得紧急。

第十五章　速度至关重要

　　一旦你提高了效率，速度也会大幅提高——这是实现更宏伟目标的重要前提。计算机、互联网和现代电信作为一个整体，都加速了工作进程。速度在今天比以往任何时候都重要。大公司不一定能打败小公司——事实上，后者往往具有竞争优势，因为在当今的商业世界中，比其他人快就是王道。

　　一个公司成长得越多，其发展速度就越慢。由于受官僚主义和行政程序的阻碍，大公司越来越缺乏灵活性，甚至可能变得像政府机构或国营企业。比起关注客户或客户的需求，他们成立了执行行政任务的笨重的官僚机构。许多管理层和行政层的员工花在"公司政治"上的时间和开发新产品线或维护客户的时间一样多，换句话说，花在"公司政治"上的时间也是他们花在保住自己职位和试图绊倒竞争对手上的时间。

　　就像航空母舰一样，大公司也很难改变路线。阅读杰克·韦尔奇的精彩人生，你会发现他一直在与公司内部臃肿的官僚作风做斗争。韦尔奇在通用电气公司掌舵 20 年，通用电气公司是一家全球性企业，拥有超过 30.1 万名员工。

　　韦尔奇回忆道，他在 1980 年接任首席执行官时，通用电气公司是"一个正式而庞大的官僚机构，拥有太多管理层"。

管理这家公司需要超过 2.5 万名经理，"在工厂和我的办公室
之间多达 12 个层级"。超过 130 名高管担任副总裁或以上职
务，每一位都有各种各样的头衔，各自配有一名勤杂人员。①
在他们的一家工厂里，一个简单的锅炉由四个不同的组织层级
监管，韦尔奇的办公桌上摆满了"几乎每一个对重大资本支
出的要求"。"在某些情况下，已经有 16 个人在上面签了名，
我是最后一个需要签名的。那我增加了什么价值？"② 公司总
部被官僚统治着，他们"表面上愉快，私底下充斥着不信任
和野蛮"。这句话似乎总结了官僚们典型的行为方式，他们在
你面前微笑，但总是在背后捅刀子。③

　　韦尔奇被认为是"世界上最好的管理者"，他的成功是因
为他发起了一场"革命"。他说，在最初的日子里，"我向他
们'扔手榴弹'，试图摧毁那些令我感到阻碍的传统和仪
式"④。韦尔奇设计了一个将经理人分为 A、B、C 三类的系
统。一年后，他会裁掉 C 类中表现最差的 10%。一两年后，
主要高管将已离开公司的员工归为 C 类，以破坏韦尔奇建立
的制度。然而，韦尔奇坚持自己的观点，因为他相信这是令通
用电气公司恢复灵活性的唯一途径。

　　他主要关注的是削减官僚结构和提高速度。尽管他以决策
迅速而闻名，但他在自传里写道："40 年后，当我退休时，我
最大的遗憾之一是我在很多场合行动不够迅速。"他不记得自
己有多少次这样想过："我真希望在做决定之前，能多花 6 个
月的时间来研究些东西。"他很少后悔采取行动——他真正后

①　Welch, Jack. *Straight from the Gut*, p. 92.
②　Welch, Jack. *Straight from the Gut*, p. 97.
③　Welch, Jack. *Straight from the Gut*, p. 96.
④　Welch, Jack. *Straight from the Gut*, p. 97.

悔的是在某些情况下没有更快地采取行动。①

在某些方面，规模较小的公司更容易达成。如果它们做得好，就可以像快艇一样，随时改变航向，适应市场变化。它们犯下的任何错误都会立刻引起注意，要么它们意识到自己偏离了正确的方向，并改正了错误；要么它们会不着痕迹地败落。大公司有更大的回旋余地，可以在错误甚至是巨大的错误中生存下来，因为客户信任知名品牌，相信如果他们坚持用大品牌，就不会出错。这就是为什么大型企业往往能够在最终倒闭前维持很长一段时间。

打个比方，如果一艘航空母舰的船体受到很大的损伤，它不会立即下沉，但快艇就会。这就是为什么小公司不能犯哪怕很小的错误，然而要想让一个大型企业倒闭却需要付出很多。

拉里·埃里森的故事是诠释当今商业世界中速度重要性的绝佳案例。在他人生的头 31 年里，埃里森只是从来没有取得过任何成绩的普通人。然而，他现在是世界十大富豪之一。2018 年，他的个人财富达到 600 亿美元。但让我们从头说起，看看一家新成立的小公司是如何击败像 IBM 这样的巨头的——这家公司的辉煌历史可以追溯到 1924 年。

拉里·埃里森于 1944 年出生在曼哈顿。他母亲只有 19 岁，父亲早就不知所踪。母亲把拉里送养了。拉里在学校里表现不好，拒绝学习任何他认为没有意义的东西。在大学里，他靠当程序员来赚钱。他白天学习，晚上借助 IBM 电脑为不同的公司工作。

埃里森和妻子住在只有一间卧室的公寓里，他们的财产只有一张睡觉的床。为了挽救失败的婚姻，夫妇俩开始参加各种

---

① Welch, *Jack. Straight from the Gut*, p. 398.

咨询会。在咨询会上，埃里森的妻子指责他是一个一事无成的失败者。埃里森告诉她："如果你和我在一起，我会成为百万富翁，你可以得到任何你想要的东西。"[①] 在那一刻，他的妻子说："他对自己做出了不会失败的承诺。那是他人生的转折点。"[②] 结婚七年后，她还是离开了埃里森，那时似乎没有任何迹象表明埃里森会改变他的生活。

1974 年，他开始在一家名为安培的计算机公司工作，在那里他遇到了鲍勃·迈纳和埃德·奥茨，奥茨后来成为甲骨文的联合创始人。在那之后，他到了专门从事硬件的精密仪器技术公司高就。这家公司对开发软件知之甚少，因此被迫将所有的编程工作外包出去。就在那时，拉里·埃里森想出了一个改变他一生的主意。他打电话给他的前同事迈纳和奥茨，建议成立一家新公司来申请合同。他本人将暂时留在精密仪器技术公司担任联络人，而迈纳和奥茨将与另一名员工开发软件。

促使埃里森迈出这一步的是他意识到自己并不想追逐成功向上爬。在一家老牌公司任职，职业生涯中可能会向更高职位的人卑躬屈膝，这是他在上学时就讨厌的事。"假如有人非要我做一些没有意义的事，我不可能开办自己的学校（所以躲不开），但我可以创办自己的公司。"[③]

1977 年 8 月 1 日，埃里森和他的两位前同事成立了一家公司，即后来的甲骨文公司。该公司在 2017 年雇用了来自 175 多个国家、超过 13.8 万名员工。埃里森保留了公司 60% 的所有权——毕竟，这是他的主意——并给了另外两人每人 20% 的股份。在许多方面，公司结构与微软公司和苹果公司成

---

① Wilson, p. 38.
② Wilson, p. 38.
③ Wilson, p. 58.

立早期没有什么不同。这三家公司都是由有技术背景的梦想家和有远见的天才程序员创立的。这些梦想家分别是比尔·盖茨、史蒂夫·乔布斯和拉里·埃里森，而保罗·艾伦、史蒂夫·沃兹尼亚克和鲍勃·迈纳是天才程序员死党。

如果不考虑公司当时面临的问题，就不能理解甲骨文公司惊人的成功。当时，许多公司已经开始在业务中引入计算机技术，但是现有的层次型数据库系统被证明无法满足他们的要求。研究人员一直在研究一种新的数据库系统，他们称之为关系型数据库系统。1970 年，IBM 研发部门的一员发表了一篇具有开创性的文章——《大型共享数据库的数据关系模型》。20 世纪 70 年代中期，位于圣何塞的 IBM 研究实验室的程序员们开始致力于将这些想法付诸实际应用。

埃德·奥茨读过这篇文章，对它得出的结论很着迷。"我们都知道关系型数据库系统才是法门，网络型和层次型数据库不是，它们都是老技术了。"[1] 埃里森、奥茨和迈纳看到了一个机会，并抓住了这个机会：他们决心立足于 IBM 研究人员的研究，并在他们之前找到解决方案。

尽管甲骨文公司的创始人比 IBM 延后很长时间才开始这个项目，但他们提前五年成功地发布了软件。IT 巨头实在是太慢了。像通用电气公司一样，IBM 在成立的几十年中积累了太多的组织层级。根据一位前 IBM 程序员的说法，公司研究自己运行缓慢的原因。"他们发现，运送一个空盒子至少需要 9 个月。"[2]

另一个问题是，IBM 已经创建了一个商业上成功的层次型

---

[1] Wilson, p. 64.

[2] Wilson, p. 68.

数据库系统，称为 IMS。他们为什么要冒险推出一个新系统与自己的产品竞争，将旧系统扔到计算历史的垃圾桶里？IMS 在公司内部有许多捍卫者，他们竭力反对开发新系统。

虽然 IBM 最早提出这个想法，但拉里·埃里森是那个将它付诸实践的人。几年后，IBM 成为另一家公司的助产士，这家公司后来成为世界上最大的计算机公司。是的，那家公司就是微软公司。1980 年，IBM 决定进军个人计算机市场，此前他们一直在生产大型计算机。20 世纪 70 年代末，该公司先前推出的"微型计算机"（5100 系列）试水遭遇惨败。

IBM 决定购买需要的软件，而不是浪费时间开发自己的软件（他们显然意识到自己的速度有多慢）。特别是，它需要购买一个操作系统来使自己生产的计算机发挥功能。它与一家名为"数字研究"的公司谈判，最终毫无结果。

IBM 也与比尔·盖茨进行了接触，但他的微软公司也无法在 12 个月内从零开始研发出新的操作系统。为了寻求解决方案，盖茨与另一家公司——西雅图电脑产品公司谈判购买了一套操作系统，并于 1980 年 11 月与 IBM 签署了一份协议，为该公司计划推出的个人计算机开发软件和磁盘操作系统（DOS）。盖茨最终向西雅图电脑产品公司支付了 5 万美元，以获得86 - DOS 操作系统的许可权——这大概是 20 世纪最划算的交易。

IBM 最初提议以统一的价格从微软公司那里购买所有操作系统许可证，这是微软公司与西雅图电脑产品公司达成的协议。但比尔·盖茨更聪明，坚持 IBM 销售的每个操作系统他都要占一定的比例。1981 年，IBM 推出了第一台个人电脑，取得了巨大的成功，为微软帝国奠定了基础。到 1982 年底，公司拥有了 200 名员工，软件销售额达 3200 万美元。

据拉里·埃里森说，IBM 决定使用 MS - DOS 作为个人计算机的操作系统是"世界企业历史上最严重的一个错误"，"一个千亿美元的错误"①。发表了关系型数据库系统的文章，却没有尽快地开发自己的产品，这是让 IBM 付出了巨大代价的另一个错误，同时也让拉里·埃里森成为世界上最富有的人之一。

认识不到员工的潜力和想法，让员工决定成立自己的公司，是大公司常见的错误。同样，IBM 是一个典型的例子。1972 年，IBM 德国子公司的五名前雇员成立了自己的公司，称之为 SAP。如今，SAP 已经成为一家上市有限公司，是世界上最大的软件公司之一，拥有约 9 万名员工，2017 年销售额超过 230 亿欧元，运营利润达 40 亿欧元。

这一切都使 IBM 一些最有才华的员工感到越来越沮丧，因为他们比公司更了解市场。其中一位是克劳斯·韦伦鲁瑟博士，他 1966 年刚从大学毕业就开始担任 IBM 的系统顾问。他的商科学位使他在物理、数学和工程学的毕业生中成了一个局外人。他专门为会计部门开发软件。SAP 联合创始人迪特马尔·霍普表示："记账和韦伦鲁瑟被当作同义词。"②

到目前为止，IBM 几乎只专注于销售硬件；长期以来，公司没有意识到软件的重要性。1971 年，IBM 最终决定将兴趣集中在韦伦鲁瑟的财务会计软件开发上。"我希望被任命为项目经理，"韦伦鲁瑟肯定地说："因为我一直在开发和实施财务会计系统。"③ 但公司告知他，他不具备做管理层工作的资格。韦伦鲁瑟意识到自己陷入了困境，在 IBM 没有前途。他把剩下的几天假都休掉了，加起来差不多是两个月的带薪假

---

① Wilson, pp. 69 - 70.

② Meissner, p. 10.

③ Meissner, p. 10.

期，他利用这段时间进行严肃的思考。结果，他辞掉了工作，创办了自己的企业。他在公司的信头上温和地将自己描述为"系统分析和程序开发"。

另一位 IBM 员工迪特马尔·霍普也做了一些思考。他的专业领域是对话编程，它使计算机能够立即执行编程提示，而不是像最初那样有延时。

以前，客户和顾问在 IBM 的支持下开发自己的软件应用程序，这基本上意味着一次又一次地发明轮子，然后向客户收费。霍普意识到"我们总是在每个 IBM 客户机上做相同的事"。"因此，它可以被标准化。"① 霍普决定开发一个标准软件，然后可以给许多不同的公司使用。这个想法是他与韦伦鲁瑟、哈索·普拉特纳以及另外两名 IBM 前员工共同创立新公司的基础。他们知道速度至关重要。如果他们的企业成功了，其他公司，甚至是 IBM，也会仿效他们的想法。但仅有一个标准软件的创意和开发软件所需的知识是不够的，他们还需要一个好的营销策略。

向大公司的 IT 专家推销他们的创意是个显而易见的办法，但他们很快意识到这是毫无意义的。IT 专家们不仅不愿意冒险让自己和员工被裁，还担心新软件会暴露出自己系统中的错误和缺陷。毕竟公司中还没有人注意到这一点，因为其他人对计算机一无所知。

因此，SAP 直接走高层路线，与首席执行官和首席财务官接洽。这是他们第一个绝妙的营销点子。更重要的是，他们从一开始就寻求与大型审计公司和硬件制造商的合作。毕竟，首席执行官和首席财务官更可能因信任的独立审计师和顾问的背

---

① Meissner, p. 16.

书而改变想法，而不是受一些试图推销自己产品的新手的影响。

这就省去了 SAP 推广软件的麻烦，以便 SAP 能够集中精力开发和优化软件。"我们把创新能力视为效率的同义词。"霍普表示，他以持续焦虑作为主要驱动力，总想"竞争对手是否做得更好？是否可以超越我们"①？当然，SAP 不想走竞争对手尼克斯多夫公司的老路，这家公司完全专注于市场营销，从而牺牲了产品开发，最终失败了。

SAP 比竞争对手发展得更稳健、更快，就是因为公司将资源完全投入标准软件的开发中。"另外，它的竞争对手在开发标准软件和定制专有软件之间浪费了数年的时间，或者在特殊领域花费时间过多。"② SAP 很快就成功地把几乎所有德国一流公司变为客户，在短短几年内，几乎垄断了德国市场。SAP 目前是欧洲最大的软件公司——市场上只有三家较大的公司，它们都在美国。如果不是因为 IBM 未能正确预测未来，而且也没有给那些才高八斗又预感正确的员工提供公司内部成长的空间和机会，这一切都没有可能。

IBM 并不是唯一一家短视的公司。施乐公司也发生了类似的事情，公司的名字已经成为复印机的代名词，这是施乐公司成功的原因。施乐在帕洛阿尔托经营着一家高度保密的研究中心，该中心被 IT 界尊称为"施乐帕洛阿尔托研究中心"。苹果公司创始人史蒂夫·乔布斯迫不及待地想亲眼看看这个绝密的地方正在开发什么。他充分利用了自己的说服力，终于获准进入内部密室。

① Meissner, p. 72.
② Meissner, p. 30.

　　乔布斯对在那里看到的一切激动不已。帕洛阿尔托研究中心的科学家拉里·泰斯勒回忆说，他"在房间里踱来踱去，跳来跳去，一直没停过"[1]。乔布斯有充分的理由感到兴奋，因为泰斯勒向他展示的正是个人计算机的未来。乔布斯的传记作者解释道："苹果公司团队那天看到的是一个显示器，用户不是通过输入神秘的命令在上面做出选择，而是通过移动指针来指定所需的对象。不同文档都有单独的窗口，还有屏幕菜单。"[2] 此外，还有一些新的和特别的东西，其中有一种叫作鼠标的小玩意。今天，我们很难想象在没有以上任何一种设备的情况下使用电脑，但在当时它们是绝对新奇的东西。

　　泰斯勒向乔布斯和他的团队展示了自己的发明，他们兴奋的样子和不断提出困扰泰斯勒的聪明问题让他欣喜若狂。你可以想象他一定是这么想的：作为一个大公司的员工，他充分意识到自己的团队创造了一些特殊而重要的东西，但他也知道公司永远不会给予他应得的认可。泰斯勒后来说，在演示结束时，他已经决定离开施乐公司，开始为苹果公司工作，在那里他被任命为副总裁兼首席科学家。[3]

　　所有这些故事——IBM 和甲骨文公司、IBM 和 SAP、施乐公司和苹果公司的故事——都有着类似的结局：一家大公司聘用了才华横溢、拥有伟大创意的人才，却未能认识到他们的潜力，并将他们的创意转化为商业上可行的产品。出于维护这两家大公司的利益考虑，必须得说，他们的决定有一部分是因为害怕在产品未经过充分测试和开发之前就推出，会损害他们的形象。

----

[1]　Young/Simon, p. 60.

[2]　Young/Simon, p. 61.

[3]　Young/Simon, p. 61.

　　拉里·埃里森、比尔·盖茨和史蒂夫·乔布斯对这种恐惧并不熟悉。他们的座右铭是：快胜于完美。或者，更准确地说，他们也希望生产出完美的产品，但他们不想等到产品完美以后再推出。如果产品还不完美，那么总可以通过用户的反馈来完善它——这也允许他们经常发布新版本和进行更新，并从许可费中获利。由于所有其他软件制造商都做了同样的事情，尽管用户可能会感到不满，但他们没有选择。

　　埃里森、乔布斯和盖茨意识到，速度往往比完美更重要。在产品开发的最初阶段尤其如此，因为一切都是为了尽快抢占更大的市场份额。埃里森受到竞争对手的攻击，说他推出产品的速度过快。他回答说："一旦市场建立起来，百事可乐要花多少钱才能从可口可乐那里获得一半的市场份额？很贵……如果我们不能有多快就跑多快，有多努力就多努力，然后再以两倍速度跑一遍，我们无法承受提高市场份额的成本。"[1]

　　比尔·盖茨也采取了类似的策略，即"预测市场，率先推出新产品"。[2] 然而，这常常会给微软带来相当大的麻烦。"盖茨经常为产品开发设定不切实际的目标。截止日期被错过，产品设计也不总是很好，由于无法预见的障碍或延误，公司不得不修改合同。"[3]

　　这是盖茨愿意付出的代价。他的密友史蒂夫·伍德说："比尔的方法现在仍然可以在 Windows 等产品上看到，微软公司一直都是为了创造标准，获得市场份额。比尔就是不愿意拒绝生意。如果这意味着我们必须降价来获得业务，他通常更愿

---

①　Wilson, p. 90.

②　Wallace/Erickson, p. 109.

③　Wallace/Erickson, p. 120.

意让我们这么做……"①

比尔·盖茨对自己解决问题的能力充满信心，他愿意接受任何挑战，无论多么不可能。伍德证明了微软公司盛行"我能行"的态度："好吧，以前没人为个人电脑做过这样的事，那又怎么样？我们可以做到，没什么大不了的。"没人想过问这是否可行。"我们对投入过度了。"②

这通常意味着这些产品刚开始并不是太好，但盖茨对此并不太在意。微软公司消费品部门前负责人曾在一次采访中表示："除了少数例外，他们从未在第一个版本中发布过好的产品。但他们永远不会放弃，最终会得到正确的结果。为了生意，比尔愿意妥协。"③

盖茨不想被亚洲的竞争对手超越。"我在创办微软公司两年后才来到日本，当时我就知道，就与硬件公司合作而言，日本是一个很棒的地方。那里进行着很多很棒的研究。同时，它是除美国以外最有可能的竞争来源。"④

任何一个可能成功的企业家都面临两个目标之间的抵触与冲突：快速和完美。"完美的犹豫"很可能会导致失败，就像IBM或施乐公司那样。相反，只关心速度而牺牲质量可能会毁掉公司的声誉。

沃尔玛公司的成功案例证明了快比竞争更重要。如今，沃尔玛是世界上最大的私营企业，也是全球营业额最高的企业，员工约有230万人。2017年，公司实现利润136亿美元。沃尔顿家族的三个成员——吉姆·沃尔顿、爱丽丝·沃

---

① Wallace/Erickson, p. 120.
② Wallace/Erickson, p. 136.
③ Wallace/Erickson, p. 237.
④ Wallace/Erickson, p. 122.

尔顿和 S. 罗布森·沃尔顿，跻身世界上最富有的 20 个人之列。据估计，2018 年他们身价总值达到 1390 亿美元。1962 年 7 月 2 日，他们的父亲山姆·沃尔顿在阿肯色州的罗杰斯市开了第一家沃尔玛，他的故事给我们上了关于速度的重要性的生动一课。

沃尔顿在 1945 年开了他的第一家商店。他花 25000 美元在一个小镇上买了一个特许经营权。他自己支付了 5000 美元，剩下的钱是他岳父借给他的。在他上任的第一年，销售额达到了 10.5 万美元，比他前任的 72000 美元高出近 50%。在接下来的两年里，这个数字先后上升到 14 万美元和 17.2 万美元。沃尔顿的成功给店主留下了深刻的印象，当合同到期时，他拒绝续约——店主想让自己的儿子接手这个盈利的特许经营权。

沃尔顿回忆道："这是我商业生涯的最低点。我觉得胃不舒服，简直不敢相信这件事发生在我身上。"[①] 被迫放弃已经建立的成功事业，是一段痛苦的经历，但事实证明这次失败成就了沃尔顿。后来，他搬到另一个拥有 3000 名居民的小镇本顿维尔，在那开了一家新商店，这家店是美国第一家以自助服务模式为基础的商店。

沃尔顿一直渴望尝试新的想法，他读过一篇杂志上的文章，内容是两家商店在美国开了自助服务的先河。他对这一概念非常感兴趣，决定亲自付诸实践。沃尔顿不在乎是否能成为第一个，他只想成为最快的那个。"我做的大部分事情是从别人那里抄来的，"[②] 他在自传中坦承。许多人太骄傲了，骄傲到不愿意抄袭前人的想法。他们认为一项成就除非基于自己的

---

① Walton, pp. 38 – 39.
② Walton, p. 47.

创意，否则一文不值。沃顿从未有过这样的顾虑。

他很乐意走进竞争对手的商店或公司总部，向他们打听自己需要知道的一切。他让员工听从自己的领导，只关注竞争对手做得更好的地方，而忽略他们的错误。"盯着我们所有的竞争对手，"沃尔顿会说："别看缺点，多看优点。"①

不久之后，第一家折扣店在美国开张，它的产品价格远远低于竞争对手。沃尔顿也复制了这个想法，他比大多数人更快地意识到折扣店是未来的发展方向。"我们真的只有两个选择：继续经营杂货店，我知道未来它将受到打折浪潮的巨大冲击；或者开一家折扣店。当然，我不会坐在那里当靶子。"②

起初，他的工作人员和他的兄弟巴德对此都持怀疑态度。"他们认为沃尔玛只是山姆·沃尔顿另一个疯狂的想法。这在当时是完全未经证实的，但确实是我们一直在做的。实验、尝试做一些不同的事情，让我们了解零售业正在发生什么，并试图保持领先的趋势。"③ 沃尔顿的第一家沃尔玛证明是成功的，但他的竞争对手很快就抓住了这个机会。"我们想，最好把商店开出去。"④

他们这样做了。沃尔顿买了一架小型飞机，经常花一周的时间飞遍全国，寻找开设新商店的地点。一旦他从空中找到了合适的房产，就会降落，找到业主，并向他提出购买土地开设新沃尔玛的建议。起初，他把精力集中在小城镇，而他的许多竞争对手甚至不愿涉足这些地方。

沃尔玛的门店数量从 1970 年的 32 家增加到 1972 年的 51

---

① Walton, p. 81.
② Walton, p. 55.
③ Walton, p. 60.
④ Walton, p. 59.

家，1974 年为 78 家，1976 年为 125 家，1978 年为 195 家，1980 年为 276 家。如今，仅在美国，沃尔玛就拥有 5000 多家门店，在全球拥有超过 11700 家门店。

山姆·沃尔顿把非凡的成功归功于他超越竞争对手的速度。20 世纪 70 年代初，他与其他一些折扣连锁店成立了一个研究小组，其他成员都不敢相信他会如此快地开设一家又一家门店。"我们每年要开 50 家店，而我们团队中的大多数人每年会试着开 3 家、4 家、5 家或 6 家。这总是让他们感到困惑，他们总是问，'你是怎么做到的？你不可能做到！'"①

当然，沃尔玛的快速增长是有代价的。事实证明，要找到足够的合格员工来管理这些商店是非常困难的，沃尔顿不得不雇用没有任何零售经验的人。沃尔玛的首席经理费罗德·阿伦德回忆道："在我看来，他们中的大多数人还没有准备好开店，但山姆证明我错了。他最终说服了我：如果你雇了一个缺乏经验和专业知识，但真正有愿望和愿意为完成任务而拼命工作的人，他会弥补自己所缺少的一切。"②

沃尔顿不明白为什么他的竞争对手没有采取任何措施来阻止沃尔玛的扩张。"令人惊讶的是，我们的竞争对手没有更快地反应过来，更没有努力地阻止我们。每当我们在一个小镇上开一家沃尔玛商店，顾客们就会从各种各样的商店蜂拥而来。"③ 沃尔顿意识到，大多数竞争者根本不准备降低他们已经习惯的高利润率，而那些进军折扣市场的人也是在敷衍了事。"问题是他们没有真正做到打折。他们对固有的杂货店概

---

① Walton, p. 153.
② Walton, p. 154.
③ Walton, p. 151.

念坚持得太久了，已经习惯了加价45%，从来都没放弃过。"①

　　我们在第十章中讨论过的不满的力量，这是沃尔顿成功的重要驱动力。"尽管生意做得很好，但我永远也做不到适可而止。事实上，我认为我对现状的不断干预，可能是我对沃尔玛后来成功的最大贡献之一。"② 他还强调了目标高于竞争对手的重要性。"我对自己的要求一直很高：我设定了非常高的个人目标。"③

　　山姆·沃尔顿在美国零售市场的所作所为，恰是阿尔布雷希特兄弟——卡尔和西奥多在德国所做的。2010年3月，西奥多·阿尔布雷希特去世时，他是德国第三大富豪，列福布斯亿万富豪榜第31位，净资产估值为167亿美元。四年后，他的兄弟卡尔也去世了，留下了价值290亿美元的财产。

　　自1913年开始，兄弟俩的父母经营一家面积不超过12平方英尺的小杂货店。第二次世界大战结束后，兄弟俩从囚禁中归来，他们在德国各地一家接一家地开设商店，就像20年后山姆·沃尔顿在美国所做的那样。

　　沃尔玛的成功理念完全出于绝望。战后，他们没有足够的资金为商店储备日常用品。所以，他们从有限的范围开始，计划一旦有了能力就扩大。卡尔·阿尔布雷希特后来说："我们计划像其他杂货店一样，为我们的分店储备各种各样的商品。不过，我们从来没有这样做，因为我们意识到，即使我们的产品范围有限，也能赚大钱，而且与其他公司相比，我们的日常开支非常低，这主要是由于我们的产品范围有限。"④ 他们故

---

①　Walton, p. 160.
②　Walton, p. 34.
③　Walton, p. 15.
④　Brandes, s. 19.

意每件商品只储备一个品牌。20 世纪 50 年代初，卡尔·阿尔布雷希特简单描述了一下自己的商业政策："我们只有欧达尔的鞋油、布兰达克斯的牙膏，浴缸里只有西盖拉的地板油，这些一直是销量最高的品牌。"

他们也知道，必须为消费者提供其他东西来扩大有限的产品门类。从 1950 年起，他们一直专注于物有所值，而不是广泛选择。阿尔布雷希特说："顾客来我们这里是因为低价的产品，这对他们的诱惑力非常大，他们甚至愿意排队。"[1] 当时，他们的商店库存只有 250～280 种产品。所有的东西都清楚地摆在柜台和架子上，没有任何装饰。

与其他零售商不同，阿尔布雷希特兄弟把他们能省下来的钱用在了客户身上。"对我们来说，一件商品已经很便宜了，但仍然存在继续向顾客收取同样费用的强烈诱惑。当然，如果零售商一直这么做，迟早会以失败告终。因为你的目的是让顾客相信，他们在任何地方买的产品，都没有在这里买便宜。一旦你能做到反哺顾客——我相信我们已经做到了，那么客户就愿意接受任何事。"

到 1960 年，这两兄弟拥有 300 家商店，年营业额达 9000 万德国马克。他们将公司改名为阿尔迪（Aldi），是阿尔布雷希特折扣商店（Albrechts Discount）的缩写，并将公司一分为二。西奥多·阿尔布雷希特掌管北部的阿尔迪，包括整个德国北部，卡尔·阿尔布雷希特则接手德国南部的阿尔迪。

当然，他们的竞争对手很快意识到折扣市场的巨大潜力。其他的零售连锁店开始模仿阿尔迪的概念，其中一些非常成功。然而，阿尔迪仍然是折扣市场的领头羊，因为这两兄弟的

---

[1] Brandes, S. 20.

速度和敏捷度足以使公司保持竞争中的领先地位。速度被再次证明是至关重要的，尤其是在企业发展的初始阶段。一旦某一特定市场中的其他参与者开始意识到一个新概念的运作效果有多好，还有它为那些冒险去开拓它的人创造了多少利润，他们就会模仿。成为第一个进入新市场的人，会给你带来竞争优势，但你如何利用这一优势永久地主导市场也很重要。就像山姆·沃尔顿和阿尔布雷希特兄弟那样，让竞争对手很难挑战你的地位。

尽管投入了巨额资金，沃尔玛也未能征服德国的折扣市场，德国折扣市场主要由阿尔迪和利德尔等公司主导。1997年，沃尔玛以 15 亿德国马克收购了德国的 21 家韦特考夫连锁店。一年后，沃尔玛又花费 713 亿德国马克收购了 74 家英特斯帕门店。然而，在遭受了高达 30 亿欧元的巨大损失后，这家全球公司终于在 2006 年拱手将德国市场让给了竞争对手。

如果你打算自己创业，就不必过分恐惧那些强大的大公司。只要你的想法是好的，并且成功地定位了自己——一个小的、新的、"饥饿"的公司往往会比竞争对手更快。那些竞争对手，很可能会被烦琐的程序拖累。这并不意味着你可以低估竞争，更不用说经验、长期传统和品牌认可的价值了。它的真正含义是你需要意识到自己的竞争优势，并将它转化为有利条件。

即使你是公司的雇员，速度对你的职业生涯也至关重要。提前完成项目，让你的客户和上级大吃一惊！一旦你按照第十四章的建议提高了工作效率，那么提升你完成工作的速度应该不会有任何问题。下一次你的经理需要有人来承担一个重要的项目时，你认为他或她会选择谁：一个不断找出新借口来解释他有多忙，还有可能在约定的时间内完不成工作的同事；或者另一个人，他或她在公司工作的时间可能不长，但他或她的工作如此高效，以至于你的经理能确保任何项目都能在距离截止日期很长一段时间前就完成。确保那个人就是你！

第十六章　金钱问题

　　这本书分析了那些成功人士的成功故事，他们坐拥数千万或数亿美元，在某些情况下甚至拥有数十亿美元，但他们的成功不仅仅体现在巨额财富上。金钱作为一种动力有多重要？关于这一点，有两种观点。第一种观点认为，单靠金钱不足以形成激励力量。按照这个思路，最成功的人是那些做任何事都是为自己的人。他们热爱自己的工作，金钱是一个偶然结果，而不是最终目的。正是因为他们热爱自己的工作，并擅长于此，财富自然或多或少地降临到他们身上。第二种观点则假设成为百万富翁、千万富翁甚至亿万富翁的雄心是卓越者的重要动力，因为任何希望真正成功的人都需要可量化的目标。

　　那么钱有多重要呢？在欧洲，承认你主要是受金钱驱使的这种说法在社会上是不被接受的，在美国亦是如此。把钱视为无关紧要的东西，或充其量是次要考虑因素，是老生常谈。那些公开承认自己被增加财富的野心所驱使的人被认为是粗俗、贪婪甚至有点可疑的，并且他们被认为是追求不义之财，而不是追求崇高的理想。

　　不要相信一个声称不在乎金钱的亿万富翁。历史上最富有的人，传奇石油大亨约翰·D. 洛克菲勒本人，就因为财富和成功而一直处于压力之下，所以他喜欢装出对金钱不感兴趣的样子。他的传记作者说："在他的一生中，他对那些指责他从小就贪图金钱、渴望变得极其富有的言论反应十分尖刻。有人暗示，他的动机是出于贪婪，而不是谦卑地想要为人类或上帝服务。但他更愿意把自己的命运描绘成一次愉快的意外，财富是辛勤工作的意外副产品。"①

然而，洛克菲勒的传记作家罗恩·切尔诺夫不太认同这些观点。他把洛克菲勒对财富的痴迷归咎于他的父亲。切尔诺夫引用一位世交的话说："这位老人对金钱的热情几乎达到了狂热的程度。我从来没有遇到过像他这样爱钱的人。"② 洛克菲勒本人对父亲"口袋里的钱从不少于1000美元"的习惯充满钦佩，"他能照顾好自己，不怕随身带那么多钱"③。据说洛克菲勒小时候就梦想拥有巨大的财富，这个故事有不同出处："总有一天，总有一天，当我长大以后，我会拥有10万美元"，他曾对一位儿时的伙伴这样说："我总有一天会成功的。"④ 洛克菲勒当时梦想拥有10万美元，按今天的货币计算差不多有几百万美元，也是一笔可观的数额。他应该不知道，有一天自己的财富会超过他最疯狂的梦想。

对于每一位亿万富翁来说，赚钱可能并不是最重要的。然而，更有可能的是，在公共场合他们中的许多人似乎倾向于引用"更高尚"的动机，认为这种说法更能被社会接受。有目共睹的是，从来就没有百万富翁或亿万富翁会拒绝赚钱的机会——如果他们拒绝了赚钱的机会，就不会成为百万富

---

① Chernow, p. 33.
② Chernow, p. 24.
③ Chernow, p. 24.
④ Chernow, p. 33.

翁或亿万富翁了。

此外，那些生活中没有成功的人往往会表现出对金钱的厌恶，这种厌恶近乎憎恶。几年前，在一次同学聚会上，我和一位以前的同学交谈，我们上学时他自称是无政府主义者。我问他现在过得怎么样，态度是否变了，他回答说："我还在为一项事业而奋斗。"我问他什么事业，他说："废除货币。"我斗胆讽刺了一句："看来至少你自己已经做到了。"他只好笑了笑——我猜对了！在那次会面后不久，我遇到了一位熟人，他是一名非常聪明和勇敢的记者。他告诉我他厌恶金钱。我问他有多少钱，虽然他的工资相当高，但他仍然没有钱。难怪，我告诉他：如果金钱让他如此厌恶，那可能是在回避他，就像他回避金钱一样。

没有成功赚到钱的人往往会寻找理由和借口。他们能想到的最简单的一句话是："富人道德上腐败；他们通过残忍和可疑的手段来赚钱。"根据一项德国的民意调查，受访者被问及为什么有些人比其他人更富有时，52%的人说因为富人通过不诚实的手段来敛财。[①] 他们暗含的意思是："我没有钱是因为我是善良且道德高尚的人。"很多没有成功赚到钱的人都生活在这个谎言中，这当然是胡说八道。在每一个社会阶层中，都有道德标准高尚的人，也有道德标准低的人。我真的不相信，在社会底层有道德操守的人所占的比例要高于富人和名人。

尽管他们竭力为自己缺乏经济手段辩解，但大多数人宁愿富有也不愿贫穷。然而，他们的态度不利于改善他们的财务状况。即使是那些赚了很多钱的人，也经常被迫强调金钱对他们来说并不那么重要。我们都有过这样的看法："我宁愿贫穷、

---

① Glatzer et al. , S. 65.

健康，也不愿意生病、富有。"任何一个有点理智的人也不会对此提出异议。但就我个人而言，我宁愿健康、富有，也不愿贫穷、生病。"金钱买不到爱"是另一个流行的说法，同样也很难让人反驳。但这会让金钱变得不那么重要吗？

是什么驱使人们赚大钱？为什么人们想成为百万富翁？金钱对他们意味着什么？

视个人情况不同，这些问题的答案可以被分为三类：

1. 金钱是获得认可的手段；

2. 金钱是证明成功或智慧的手段；

3. 金钱是自由的象征，也是实现梦想的机会。

看看那些成功人士的生平，你会发现对他们中的大多数人来说，其中有一个动机占主导地位。尽管在某些情况下，这些动机是相互联系的。

让我们从第一个开始：对于甲骨文公司的创始人拉里·埃里森这样的人来说，得到别人的认可无疑是一个强大的动力。埃里森拥有世界上第十大游艇"旭日号"，他花了2亿美元买下了这艘游艇。他是众所周知的花花公子，对他来说，财富给予他的地位和认可无疑是一个非常重要的因素。

对沃伦·巴菲特和乔治·索罗斯而言，得到认可同样是动力，尽管他们的兴趣点都不在奢侈品上。巴菲特仍然住在多年前买的那栋房子里，他从未给自己买过昂贵的汽车，更不用说买游艇了，他绝对不符合花花公子的形象。他的妻子曾经说过，他只需要一个灯泡和一本书就可以快乐。在小时候，巴菲特就想赚钱，赚很多钱。对他来说，这一切都是为了结果和回报——他把从投资中获得的利润视为证明他拥有过人智慧的客观衡量标准。仅仅因为这个原因，他永远不会欺骗、不会利用捷径或以不公平的方式获利，因为他以自己优秀的投资策略为荣。

对巴菲特来说，正确可能和富有一样重要。这就是为什么他投入了大量的时间和精力来反驳尤金·法玛的有效市场假说。依据该假说，像巴菲特这样的人不过是天生的怪胎，类似于幸运的赌徒或多倍彩票中奖者。这个理论的支持者声称，市场不能智取。对巴菲特来说，这种侮辱肯定是难以忍受的。

对巴菲特来说，赚钱本身就是目的。除了他的伦理道德原则之外，一切都是次要的。他把这看成一项重要的资产，是他成功的必要前提，因为这些让他赢得了别人的信任。巴菲特的动机肯定不是炫耀性消费和物质享受。众所周知，他不愿花钱，无数的故事证明了他的节俭和苦行僧式的品位。在20世纪50年代末搬到新房子后，他的妻子买了铬皮家具和巨幅油画。巴菲特的高尔夫球友鲍勃·比利格说："15000美元的装修费几乎占了房子成本的一半，这'几乎要了沃伦的命'。他没有注意到颜色，也没有对视觉美学做出反应，因此对结果漠不关心，只注意到了这张离谱的账单。"① 他会向妻子抗议说，他没有看到花几十万美元买双新鞋或是做头发有什么意义。当然，无论是鞋子还是理发师都得不到那么高的报酬——但巴菲特总是计算出，如果他在过去几十年里反复投资这些钱，而不是如此愚蠢地"浪费"，他会得到多少回报。当巴菲特的女儿向他借一笔钱重新装修厨房时（她已经知道他永远不会给她钱），他建议女儿像其他人一样从银行借钱。

一旦成为世界上最富有的人之一，巴菲特就决定捐出大部分钱。但与其他亿万富翁不同，他无意建立巴菲特基金会、巴菲特大学或巴菲特图书馆来纪念自己。他与比尔·盖茨轮流跻

---

① Schroeder, p. 217.

身世界富豪榜，他得出的结论是，他的朋友比尔·盖茨比他更
了解慈善事业。巴菲特还把对他赚钱很有帮助的格言用在捐款
上：找到最有能力胜任这份工作的人，然后把它委托给那
个人。

巴菲特的传记作者说，他的投资伙伴乔治·索罗斯也不是
"享乐主义者"，"金钱只能给他带来这么多"①。他从来没有打
算成为一个投资人。年轻时，索罗斯梦想着以知识分子的身份
生活，"向世人展示一些重要的洞见，就像弗洛伊德或爱因斯
坦一样"②。

但是索罗斯很快意识到，他真正的才能在别处。起初，他
尝试用经济学理论撰写哲学论文和书籍，但这些书和论文没有
像他想象的那样广受欢迎，也没有引发精彩的辩论。如今，索
罗斯喜欢把自己称为"失败的哲学家"。然而，他确实有一种
非凡的天赋，那就是预测市场，并从这些预测中赚取巨额金
钱。与巴菲特一样，他把积累财富看作智慧的证明，证明了他
有比大多数人更好地理解政治和经济背景的能力。

据索罗斯的传记作者说，他进入金融界是因为无法征服思
想世界而感到沮丧。"从某种意义上来说，这个决定很容易。
无论如何，他必须谋生。为什么不试着通过尽可能多地赚钱，
让所有的经济学家都知道，他比他们更了解世界的运作方式？
索罗斯相信，金钱会提供给他一个阐述自己观点的平台。"③

索罗斯绝不是第一个试图将科学理论应用于自身利益和经
济利益的经济学家。卡尔·马克思在股票市场上不断亏损，不
得不依靠他的朋友弗里德里希·恩格斯（一个工厂老板的儿

---

① Slater, p. 12.

② Slater, p. 38.

③ Slater, p. 9.

子）的支持，但他失败了。约翰·梅纳德·凯恩斯等人在这方面更为成功。

索罗斯喜欢开玩笑说他是"世界上报酬最高的批评家"。他说："我在金融市场上的职能是批评家，我的批评判断是通过买卖来表达的。"①

索罗斯和巴菲特都倾向于政治左派（索罗斯甚至比巴菲特更左），这与他们渴望获得知识分子的认同有很大关系。学者和知识分子往往对金钱持怀疑态度。② 像索罗斯这样的人，只有承认左翼的观点并对资本主义有所保留，才能在那些圈子里赢得一定的尊重。然而，如果说金钱对他来说毫无意义，甚至他对金钱的诱惑无动于衷，那就错了。据他的传记作者说，索罗斯办公室墙上挂着一块牌子，简明扼要地表达了他的观点："我生而贫穷，但不会死于贫寒。"③

人们对赚钱感兴趣也因为金钱能带来自由。许多富人都知道，有钱才是真正的独立。在自传中，时装设计师可可·香奈儿回忆了金钱带给她的保障。在她母亲死后，抚养她的两个姨妈不断地对她敲边鼓："你不会有钱的……如果一个农夫想要你，你就走运了。"这激怒了她，使她下定决心致富，追求成功。"我很小的时候就意识到，没有钱你什么都不是，有了钱你可以为所欲为。否则，你就得依靠你的丈夫。没有钱，我就不得不坐在后面，等一位绅士来找我。"④

香奈儿 12 岁时，就很清楚"金钱是自由的钥匙"⑤，她说

---

① Slater, p. 10.
② Zitelmann, *The Power of Capitalism*, Chapter 10.
③ Slater, p. 2.
④ Chanel, p. 39.
⑤ Charles – Roux, p. 39.

金钱"只不过是独立的象征……我从来不想要任何东西，只想要爱，我必须为获得自由付出一切代价"①。

对她来说，赚大钱也是衡量成功的一个客观标准——这证明了她非传统的创作和设计触动了消费者的神经。"赚来的钱仅仅是物质证明，证明我们做对了。如果一个企业或一件衣服不赚钱，那是因为它们不好。财富不是积累，恰恰相反，它解放了我们。"② 不太成功的设计师和艺术家喜欢假装走另一条路，认为商业上的成功是艺术妥协的标志，也就是"背叛"。当然，这只是另一种为失败找合理借口的方式罢了。

最重要的是，有钱人把钱和"自由与独立"联系在一起，这也是我的著作《富豪的心理》中的一个重要发现：45 位超级富有的受访者把他们生活中不同的优势与"金钱"联系在一起，也就是说，与巨额财富联系在一起。为了更好地了解受访者的动机，每个受访者都被要求展示六个与金钱相关的因素。根据这些因素对他们的重要性，在 0（完全不重要）和 10（非常重要）之间对每个方面进行评分。

反应的多样性反映了动机的普遍性。对于 13 名受访者来说，能够负担起生活中更精致的东西（昂贵的汽车、房子或假期）是非常重要的，而 10 名受访者则认为这些对他们来说没有任何影响。对于剩下的受访者来说，这些因素既不十分重要也并非完全不重要。大约有一半的受访者认为安全感很重要，但也有 9 名受访者表示，这对他们来说无关紧要。

只有一个动机，几乎所有的受访者都同意——他们把财富与自由和独立联系在一起。几乎所有的受访者都认同经济自由

---

① Charles – Roux, p. 39.

② Charles – Roux, p. 119.

的概念。没有其他动机如此频繁地获得高评分。只有 5 名受访者认为这一方面的分数在 7 ~ 10 分，不属于最高类别。在受访者中，有 23 人甚至在这方面给出了最高分数——10 分。

不管出于什么原因，金钱是许多成功人士的重要动力。其他人对此毫不在意。麦当劳创始人雷·克罗克就属于第二种人。"尽管他在 1984 年去世时身价高达 6 亿美元，成为美国最富有的人之一，但他从未提及累积财富。他不是被金钱驱使的。他从不根据一家公司的损益表来分析它，也从不花时间去了解自己公司的业务报表。"① 这种态度使麦当劳濒临破产。"把麦当劳变成赚钱机器，与雷·克罗克或麦当劳兄弟无关，甚至与麦当劳汉堡、炸薯条和奶昔的受欢迎程度也无关。相反，麦当劳是靠房地产和一个鲜为人知的公式赚钱。"这个公式是由一位名叫哈里·索尼伯恩的金融天才发明的。② 克罗克本人也不得不承认："他的想法才是真正让麦当劳致富的原因。"③

即使在像麦当劳这样一家非常成功的公司里，创始人或公司董事可能也不会被赚钱的欲望所驱使。然而，公司高层必须有另一个人，尽管他通常不太容易受到公众的关注，但对他来说，金钱是一个重要的考虑因素。

尽管投资者倾向于抽象地追求金钱，但为了自己考虑，大多数企业家更容易受到他们对某个商业理念、工作以及不断增长的对学习、发展和扩张的热情，还有对尝试新事物、超越自我和战胜他人愿望的驱动。

广告使大卫·奥格威出了名，而且非常富有，这使他得以

---

① Love, p. 151.

② Love, p. 152.

③ Love, p. 153.

在法国买了一个城堡。他热衷于改变广告界的运作方式。虽然，他肩负着用基于真实信息取代纯粹娱乐的使命，但并不意味着金钱对他来说并不重要。相反，他"沉迷于金钱"[1]，奥格威的传记作者说："尽管奥格威从事广告业是为了赚钱，但他已经对这项业务本身产生了兴趣。"[2]

奥格威对有关成功商人的书如饥似渴，他非常有兴趣了解他们如何赚钱，并且用这些钱做了什么。他的传记作者写道："无论是由于童年贫困还是出于其他原因，奥格威从未远离金钱。他的直率令人吃惊。"[3] 他会问刚刚认识的成功人士："你挣多少钱？你值多少钱？你赚钱多吗？"[4]

想要赚钱和对某个工作、问题充满激情之间没有利益冲突。"人类许多最伟大的创造都是由赚钱的欲望所激发的。"奥格威声称："如果作为牛津大学的本科生能得到工作报酬，我会创造出奖学金奇迹。直到我在麦迪逊大街尝到甜头，我才开始认真地工作。"[5]

如果你对自己的财务状况不满意，我强烈建议你重新审视一下自己对金钱的态度。潜意识里对金钱的消极感觉很可能是你没有钱，或者钱不够的原因。如果你嫉妒那些比你有钱的人，你一定要检讨一下自己的态度。每当我遇到一个比我富有得多的人，只要他们通过诚实的努力工作赚钱，我都会对他们感到钦佩。我把那个人看作一个榜样，一个我可以学习的人——嫉妒是不存在的。

---

[1]　Roman，p. 16.

[2]　Roman，p. 57.

[3]　Roman，p. 57.

[4]　Roman，p. 57.

[5]　Roman，pp. 110 - 111.

　　如果你想发财致富，你应该从本书中的男女主人公的成功故事中获得指导和灵感。你永远不应该做的一件事就是选择一个领域或工作，仅仅因为你的工作能提供高薪，或者因为它会让你的简历更好看。

　　沃伦·巴菲特在这一点上非常坚定。他说："我认为，如果仅仅因为你的工作会让你的简历更好看，你就继续从事你不喜欢的工作，那你一定是疯了。这是不是有点像为你的老年储蓄性生活？"[1] 就我个人而言，我一生都在从事自己喜欢的工作，无论是历史学家、出版社的高级编辑、记者、房地产专家、公关顾问还是作家。除非你做一些自己喜欢的事，并且符合你的天赋，否则你不会在生活中取得成功。

---

[1]　Buffett, Mary, Clark, David, *The Tao of Warren Buffett: Warren Buffett's Words of Wisdom: Quotations and Interpretations to Help Guide You to Billionaire Wealth and Enlightened Business Management*, p. 66.

第十七章　紧张与放松

　　成功人士投入工作的速度、强度和时间都是惊人的。珍妮·M. 列辛斯基在比尔·盖茨的传记中写道："在微软公司，没有人比比尔·盖茨工作更努力。他全神贯注于工作，常常忘了注意自己的外表，或忘了吃饭。有时候，当秘书早上上班时，发现她的老板在办公室的地板上睡着了。"[①]

　　阿尔瓦立德王子每天也要完成令人难以置信的工作量。他的私人医生说："和他在一起，不能静止不动，永远路在脚下。你不能像度假时那样坐着放松，我假期时可以坐两三个小时什么也不做。但是和他在一起，我们做这个，我们做那个，我们去那里……这就是跟他在一起时的情形。"[②]

　　据他的医生说，阿尔瓦立德的睡眠时间不超过五个小时，他总是在奔波。有一次，他在 10 个不同的非洲国家参加为期 5 天的商务会议，从早上到晚上的行程都排满了。"有时候他做得太过火了，在他的旅程中，从早上 6 点忙到午夜 11 点，然后回到酒店，在大厅里待到早上 4 点。他想看报纸、杂志，

---

　　①　Lesinski, p. 34.
　　②　Kahn, S. 191.

想吃点东西，也想有人陪在他身边。"① 每天午夜过后，阿尔瓦立德都会阅读最新版的《纽约时报》《华尔街日报》（*The Wall Street Journal*）、《华盛顿邮报》（*The Washington Post*）和《国际先驱论坛报》（*The International Herald Tribune*），以及《新闻周刊》（*Newsweek*）、《泰晤士报》、《商业周刊》（*Business week*）和《经济学人》（*The Economist*）等。他还阅读金融类图书。

约翰·D. 洛克菲勒也是一个工作狂。他的传记作者说："他没完没了地为自己的公司烦恼，实际上他的精神总是处于紧绷状态。"洛克菲勒不是一个容易沉溺于弱点的人，但他曾经承认："多年来，我从来没有安稳地睡过一晚，总在担心公司未来会怎样……我在床上辗转反侧，夜以继日地担心……我所拥有财富都无法弥补那段时期的焦虑。"②

他的生活方式注定要让他付出代价。50 岁时，洛克菲勒一直饱受疲劳和抑郁的折磨。"几十年来，"他的传记作者写道："在创建标准石油公司的过程中，他耗费了超乎常人的能量，掌握了无数工作细节。与此同时，压力一直不断积聚。人们可以从他的脸上看到一个为工作牺牲太多的人的压抑和忧郁。"③

最终，他不明原因的疾病——现在很可能被归类为"疲劳综合征"——恶化到非常严重的程度，以至于他好几个月都无法回到办公室。洛克菲勒决定从那时开始星期六休假，随后又延长休假时间，但都无济于事。最后他听从医生的劝告，休了 8 个月的假。他的工作人员接到严格的命令，只有在紧急

---

① Kahn, S. 192.
② Chernow, p. 122.
③ Chernow, p. 319.

情况下才能联系他。休假期间，洛克菲勒经常骑自行车，和农场工人们一起干活。1891年7月，他在一封信中写道："我很高兴地说，我的健康状况正在不断改善。我很难告诉你我眼中的世界开始变得多么不同。昨天是我几个月来见过的最好的一天。"①

在接下来的几年里，他很少去办公室。56岁时，为了专注于慈善事业，洛克菲勒完全退出了公司。他开始关注自己的生活方式，设计出了一套能帮助他活到100岁的生活规则。"他对饮食、休息和锻炼都极其挑剔，把一切都变成例行公事，重复同样的作息安排，迫使其他人按照他的时间表行事。洛克菲勒在给儿子的一封信中把自己的长寿归功于他拒绝社会需求的意愿。"② 他几乎成功了，比他的目标差了两年多一点——洛克菲勒在离他98岁生日还有七周的时候去世了。

顶尖运动员以同样的强度投入他们的运动中。世界著名守门员奥利弗·卡恩谈到他作为职业足球运动员的生活时说："我已经变成了一台机器，一台在磅秤的红色末端不断旋转的发动机。"③ 对他来说，成功就像一剂毒品。"你就像一个'真正的'瘾君子，把自己与周围的环境隔离开来。所有的事情都开始变得越来越快，你陷入激烈的竞争中。"④

这种投入是有代价的。卡恩还记得1999年被选为世界头号守门员的那一刻。有了这个荣誉，他实现了自己早年设定的远大目标。但对他来说，这是一段黑暗日子的开始。"我感到空虚、精疲力竭，内心极为疲惫。突然间，我什么

① Chernow, p. 323.
② Chernow, p. 405.
③ Kahn, S. 322.
④ Kahn, S. 326.

都感觉不到了。即使是走上通往卧室的台阶，也已经让我完全崩溃了。"早上，他几乎没有足够的精力穿衣服，所有的欢乐都消失了。①

卡恩发现自己无法平静下来。他谈到在比赛前几个小时躺在床上，浑身是汗，完全无法控制自己的思绪。"我脑子里不断地闪过各种想法，就像闪电和雷声在我的脑海里交织。"②除了折磨他的紧张和恐惧，他什么都感觉不到了。但他仍然试图应对："如果这是追求成功的代价，那么我不得不付出。希望当我跟球队一起时，没有人会注意到我的情绪。"③

当时卡恩有着典型的疲劳综合征症状："极度疲惫已经成为我的常态，头痛、恐惧、紧张、易怒和内疚感是我忠实的伴侣，一如成功未能实现时的挫折感。在'最后阶段'，你会陷入绝望，感到一切都毫无意义，哪怕是最小的努力都会让我精疲力竭。"④

卡恩度过了疲惫不堪的阶段，继续取得了非凡的成功。他被评为德国最佳门将和欧洲最佳门将各3次，2次被评选为世界最佳门将。如果他没有学会在紧张和放松之间保持平衡，这些成功是不可能实现的。他还必须学会重新定义纪律："从经验中吸取教训是至关重要的，因为纪律有时会成为一种强迫，然后适得其反，甚至具有破坏性。"纪律是必要的。但是卡恩现在对纪律的真正含义有了更好的了解，"就是'不要太多'的原则"⑤。

---

① Kahn, S. 321.

② Kahn, S. 328.

③ Kahn, S. 329.

④ Kahn, S. 327.

⑤ Kahn, S. 219.

对于顶尖运动员、高管、企业家和其他类似的高成就人士来说，理解卡恩的"不要太多"的原则，并将其内化，通常是一个痛苦的过程。前网球运动员鲍里斯·贝克尔在自传中描述了一位世界级运动员的日常生活："无休止的训练，为大满贯做准备的几周，就像在监狱里一样。消磨时间，应对单调的训练，先练一千次正手，再练一千次反手，直到你不再思考，变成一台机器。"[1] 在 10 月 19 日至 11 月 2 日的两周里，才 19 岁的贝克尔在三大洲赢得了 3 次锦标赛。医生们说，他的身体已经完全垮了。"免疫系统的防御机制大大降低，导致我患上了支气管炎，我完全没有精力，体温略微升高。哪怕是一丝微风，也会让我感冒。"[2]

艰苦的训练、锦标赛，还有他花在履行赞助商的合同义务上的许多时间（如果不是因为他承受的巨大压力），所有这些或许是可以忍受的。一个优秀的运动员必须"敏锐地意识到身体和精神的极限，才能超越这些极限。这就是任何合法的帮助都非常受欢迎的原因——不管怎样，对我来说就是这样"[3]。

贝克尔谈到他对安眠药上瘾是因为找不到其他放松的方法。"我服用安眠药好几年了。后来，我开始在半夜醒来，因为服完药的三四个小时后药效开始减弱，所以我把剂量加了一倍。"[4] 没有安眠药，他甚至不能再闭上眼睛。"很明显，我必须在比赛前减少剂量——至少我必须尝试。结果就是我根本睡不着。"[5] 有时候他会在早上醒来，却不知道自己身在何处。

---

[1] Becker, p. 64.
[2] Becker, pp. 230 - 231.
[3] Becker, p. 73.
[4] Becker, p. 74.
[5] Becker, p. 75.

与世界一流的运动员一样，高管也是一个对处方药、酒精、抗抑郁药或非法药物上瘾的高危群体。就像运动员一样，他们也承受着巨大的压力，迟早会发现自己无法应付。疲劳综合征是一种主要影响雄心勃勃、目标明确的人的疾病，会导致失眠、易感冒还有其他小毛病。患有疲劳综合征的人极度易怒，甚至会患有间歇性抑郁和身心失调，这些症状表明紧张和放松之间的平衡被打乱了。

如果这真的是成功的代价，那么成功是不可取的。没有抗抑郁药或其他药物的生活是难以忍受的，这样的成功与真正的成功相去甚远。

你不必为成功付出这么大的代价。事实上，如果你不学会如何应对压力，从长远来看你是不会成功的。一个健康的身体也许可以在一段时间内忍受这种虐待，但不是永远。如果你想在未来几十年里保持成功，你必须找到放松的方法。

许多成功人士意识到他们有滥用药物的问题时，为时已晚。上瘾之所以如此危险，是因为那些遭受上瘾之苦的人不能或不愿承认，或者只有在经历了许多痛苦之后才承认上瘾。许多成功人士有毒瘾，因为他们无法应对所承受的巨大压力，这些人包括埃尔维斯·普雷斯利（猫王）、布兰妮·斯皮尔斯（小甜甜布兰妮）和惠特尼·休斯顿，等等。

在紧张和放松之间找到正确的平衡点是成功的关键之一。我不是在这里谈论任何关于"平衡工作与生活"的时髦概念。这种表达本身就是有问题的，因为它暗示着生活是远离工作场所的。成功人士喜欢他们的工作。工作是他们的爱好，他们的爱好就是工作。对于像他们这样的人来说，努力工作和长时间工作不是问题。压力通常不是工作太多造成的，而是工作令人不满引发的。

你可能知道这种感觉：一切都很顺利，你在享受你的工作，并取得了一个接一个的成功。你与自己和周围的人和谐相处。在这样的日子里，你可以轻松地工作 14 个小时甚至 16 个小时而不感到疲倦。再过一天，没有什么事情能像你希望的那样运转。你会对员工和自己不满，一切都可能出错。仅仅三四个小时之后，你就已经精疲力竭了。显然，造成压力和疲倦的不是工作量，而是工作质量。

广告人大卫·奥格威以工作狂而闻名，他对自己的员工也抱有同样的期望，他写道："我赞同苏格兰谚语：努力工作永远不会杀人。人们会死于无聊、心理冲突和疾病。他们不会死于努力工作。人们工作越努力，就越快乐。"[①]

然而，事情并不总是像你希望的那样顺利、和谐地进行。高层管理人员是解决问题的高手。任何其他人无法解决的重大问题，最终都会摆在他们的办公桌上。这就是他们拿高薪的原因。虽然压力不是工作数量的问题，但一个人能处理的工作量是有限制的。强度和持续时间成反比，就像跑步：有些人是长跑运动员，有些人是短跑运动员。短跑运动员跑得更激烈，但他们只能保持 9～15 秒的成绩，而不是几分钟甚至几小时。工作越密集，你就越需要放松。放松时，你需要把所有的注意力都集中在放松上，就像你专注于工作一样。除非你能规律地将"休闲乐土"融入日常，融入每周、每年的生活中，否则从长远来看，你不会成功，因为你无法应付工作所需的强度。

每个人都必须找到自己的解决方案。你可以像我一样，选择自律训练（利用积极思维和心理训练缓解压力），或者把自

[①]　Ogilvy, *An Autobiography*, p. 130.

己锁在一个安静的房间里半小时，做瑜伽或类似的放松练习。你"抽不出时间"去放松吗？好吧，在这种情况下，确保你以后有时间去医院看医生。

维珍集团的创办人理查德·布兰森说："当我醒着的时候，我的大脑一直在工作，不断地冒出各种想法。因为维珍是一家全球性的公司，我发现我需要经常保持清醒，幸运的是，我非常擅长的一件事就是打盹，一次睡一两个小时。"布兰森甚至强调，在他多年来获得的所有技能中，他认为这一点"至关重要"。"丘吉尔和玛格丽特·撒切尔是小憩大师，我在生活中以他们为榜样。"①

正如温斯顿·丘吉尔所说："你必须在午餐和晚餐之间睡一段时间，不能半途而废。脱掉衣服，上床睡觉，这是我一直做的。不要以为你会因为白天睡觉而减少工作量。这是没有想象力的人生出的蠢想法。"他说，有规律的小睡可以提高工作效率，使他能够一天完成两天的工作。"战争开始的时候，我不得不在白天睡觉，因为这是我能应付所承担责任的唯一方法。"② 国际象棋世界冠军加里·卡斯帕罗夫也称赞经常午睡有好处。

比尔·盖茨以能随时随地睡觉而闻名。他的传记作者写道："在大学里，盖茨从不睡在床单上。他会倒在未整理好的床上，在头上盖上一条电热毯，不管什么时候，也不管房间里有什么活动，他都会立刻睡熟。在以后的生活中，他仍然保持着瞬间入睡的能力。当他乘坐飞机时，经常在头上盖一条毯

---

① Branson, Richard, *Screw It, Let's Do It. Lessons in Life and Business. Expanded*, pp. 88 – 89.
② Schwartz/Loehr, p. 61.

子，整个飞行过程都要睡觉。"① 盖茨会连续工作好几天，睡眠时间从不超过两个小时。"当盖茨精疲力竭，再也无法编程时，他会躺在桌子后面小睡一会儿。"②

美国宇航局进行的一项研究证实，即使是 40 分钟的小睡也能使人的工作效率提高 34%，注意力提高 100%。哈佛大学的科学家发现，一天中工作效率下降 50% 的受试者，通过小憩 1 个小时，就能使工作效率恢复到 100%。③

即使是在工作日，你也要花时间放松，忘记工作。这是许多人觉得很难做到的事情。相反，他们把问题带回家。当然，有时可能有必要这样做，但这里的重点是不要做过头。如果你工作到深夜，很可能会醒着躺在床上，想着白天遇到的各种问题。这就是为什么在工作和睡觉之间建立一个缓冲区很重要——锻炼对我来说很有效。

成功人士常常发现，如果感到内疚，就很难停下来什么都不做。无论他们去哪里，都会带着工作上的问题，即使是在度假的时候。我的朋友是一家公司的董事会主席，有一次他告诉我，他妻子在休假三天后是如何打包行李准备走的。她说她待在那里没有任何意义，因为她所做的就是每天都要看他花好几个小时打电话到办公室。然后他们达成了协议，他每天回复电子邮件和打电话的时间不超过 1 个小时。

我觉得 1 个小时也太多了。度假时，你必须放下日常工作。如果你的公司因为你休假两周，没有隔几分钟就打电话过去，停止了运作，那么你就选择了错误的人来为你工作。如果你不相信你的员工能在两周内自己解决问题，这对你的员工来

---

① Wallace/Erickson, p. 55.
② Wallace/Erickson, p. 80.
③ Schwartz/Loehr, p. 61.

说不是一件好事。他们应该如何获得独立思考和行动的信心？在辛勤工作了一整年之后，你需要时间去思考其他事情，去读书、锻炼，或做些与工作无关的活动。

如果手机电池没有定期充电，手机就会停止工作。人类的大脑和身体也是如此，你需要每天、每周、每年都给自己充电。一位著名的运动心理学家曾经向我解释过，许多顶尖运动员是如何通过寻找另一种他们喜欢的体育活动，如钓鱼、射箭或高尔夫，来学会停止运动的。他谈到了平行的世界，你必须沉浸其中才能获得能量。

高管和企业家最好采用世界级运动员的饮食和生活方式，因为这两个群体都面临着相似的身体和精神压力。如果你滥用你的身体，不健康饮食、吸烟，不让它放松并补充能量，你不能指望它在几十年内一直保持最佳状态。

这也意味着你必须允许自己偶尔生病。许多高管认为自己是如此不可或缺，如果生病的话，根本无法卧床一周。我曾经认识一位高管，他因为忽略了一次轻微的感染而死于心肌炎。

在我看来，不给身体足够的时间来康复是软弱和缺乏自律的表现。你真的认为如果你在家里花上几天，甚至偶尔花上两周的时间，从感染中恢复过来，你生活中取得的成就会少一些吗？通过给身体足够的时间来克服小毛病，你将避免更严重的长期健康问题。

重要的是要培养一种心态，让你与工作上的问题保持距离。我见过有人因为无法承受压力而离开公司。我告诉他们："如果你在另一家公司找到了一份新工作，你必须承担起责任，那么很可能什么都不会改变。你还是那个有着同样心态的人，改变态度通常比改变环境对你的影响更大。"

问题是你允许问题离你多近。思考问题是好事，担心问题就不好了。我知道，说起来容易做起来难。你的野心越大，就越难随时放手，完全停止工作。但你必须意识到，除非你学会做到这一点，否则将无法拥有绝佳表现。这本书是关于设定高目标的，但要做到这一点，你必须在紧张和放松之间找到正确的平衡点。否则，追求高目标会毁了你。

生活中最成功的人是那些知道如何放手、让自己可有可无的人。无论你的目标是晋升到一个管理职位，还是想经营自己的公司，如果让自己陷入激烈的竞争中，或者认为一切都要靠自己，你都不会成功。

维尔纳·奥托总是说，任何一个经理必须解决的最重要的任务，是在他的部门里建立一支优秀的团队。他坚信，没有"一流的基础"，任何公司都不可能成长。这位世界上最大的邮购公司创始人声称："建立一个良好的团队。在我们公司里，只有站在有能力的同事肩膀上，你才能达到顶峰。"①

奥托说，公司主管必须不断地"努力把自己从工作中解放出来"。"只有当你解放了自己，才能有时间创造性地处理新任务，这些任务对公司的成长至关重要。"② 奥托刚组建了一支"运作相当好"的管理团队，就把自己的办公室从公司里搬了出来，以便切断与各部门主管经理的联系。在此之前，奥托一直与这些经理保持着密切的联系。他们一直试图绕开新的公司管理层，让他做决定。"与公司保持距离使我从日常事务中解脱出来，这样我就可以专注于重大问题，并找到解决方案，推动公司发展。"③

一旦你自主创业，成立了自己的公司，就可以称自己为企

---

① Schmoock, S. 227.
② Schmoock, S. 220.
③ Schmoock, S. 221.

业家。但你真的在做企业家的工作吗？企业家的工作是为公司制定战略，确立公司价值。任何一个称职的企业家都必须着眼于这个目标，即从长远来看自己是可有可无的。

但在许多中小企业中，情况却大相径庭：公司创始人正在做经理和员工应该做的工作。他不是为公司工作，也不是像他应该做的那样为公司发展工作，而是主要忙于公司内部的工作。事实上，许多自称企业家的人对待自己的工作就像他们是医生、律师等自由职业者一样，自己完成大部分工作。

如果你真的决定创办一家公司，在开始的时候必须自己做很多甚至是大部分的工作。但是，要确保你能意识到习惯这种状态的危险性，这样做你会忽略真正的目标，并且让自己变得可有可无。

如果每件事都自己做，不能分派任务，不能建立一个称职的管理团队和运作良好的系统流程，你就不能确立公司价值。一个没有你经营就毫无价值的公司的价值是多少？不多！一旦你试图卖掉公司，任何潜在买家都会想知道你是否已经配备了运作良好的流程和一个有能力的管理团队，或者公司的成功是否仅仅取决于你一个人。2016 年，我把公司卖给了最好的员工之后，即使没有我，公司也像以前一样继续经营。有了我奠定的坚实基础，没有我公司也可以继续兴旺发达。

那么，读完这本书之后你应该做些什么？我建议你休两个星期的假，在这期间，不要给办公室打电话，也不要回复邮件。相反，你应该重新阅读这本书，开始思考目标，并把它们写在纸上。

这本书为你提供了将想法付诸实践所需的方法。你曾经认为这些想法太大、太不切实际，甚至连实现它们的想法都没有。现在是你鼓起勇气走自己的路、与众不同的时候了！不要害怕独立思考，也不要害怕逆流而上，学会把持之以恒和勇于尝试结合起来。记住要永远保持真诚，让自己变得值得信赖——没有别人的信任，你将永远无法实现自己的目标。最重要的是：停止等待"最佳时机"。让梦想成真的最佳时机是——今天。

参考文献

Aldenrath, Peter, *Die Coca-Cola Story*, Nuremburg, 1999.

Andrews, Nigel, *True Myths. The Life and Times of Arnold Schwarzenegger*. New York/London, 1995.

Avantario, Vito, *Die Agnellis. Die heimlichen Herrscher Italiens*, Frankfurt/New York, 2002.

Becker, Boris, *The Player. The Autobiography*, London, 2004.

Behar, Howard/Goldstein, Janet, *It's Not About the Coffee, Lessons on Putting People First from a Life at Starbucks*, New York, 2007.

Bettger, Frank, *How I Raised Myself From Failure To Success In Selling*, New York, 1949.

Bibb, Porter, *Ted Turner. It Ain't As Easy As It Looks*, Boulder, 1993.

Bloomberg, Michael, *Bloomberg by Bloomberg*, New York, 1997.

Brandes, Dieter, *Konsequent einfach. Die Aldi-Erfolgsstory*, Munich, 1999.

Branson, Richard, *Screw It, Let's Do It. Lessons in Life and*

Business. Expanded, London, 2007.

Branson, Richard, *Losing My Virginity. The Autobiography.* London, 1998.

Branson, Richard, *Business Stripped Bare. Adventures of a Global Entrepreneur*, London, 2008.

Buffett, Mary/Clark, David, *The Tao of Warren Buffett: Warren Buffett's Words of Wisdom: Quotations and Interpretations to Help Guide You to Billionaire Wealth and Enlightened Business Management*, New York, 2006.

Carnegie, Dale, *How to Win Friends and Influence People*, London, 1936.

Charles-Roux, Edmonde, *Chanel. Her Life, Her World, the Woman Behind the Legend*, New York, 1975.

Chernow, Ron, *Titan. The Life of John D. Rockefeller, Sr.*, New York, 1998.

Clark, Duncan, *Alibaba. The House that Jack Ma Built*, New York, 2016.

Collins, Jim, *Good to Great. Why Some Companies Make the Leap and Others Don't*, New York, 2001.

Colvin, Geoff, *Talent is Overrated. What Really Separates World-Class Performers from Everybody Else*, London/Boston, 2008.

Covey, Stephen M. R., with Rebecca R. Merrill, *The Speed of Trust. The One Thing That Changes Everything*, New York, 2006.

Csikszentmihalyi, Mihaly, *Flow. The Psychology of Optimal Experience*, New York, 1990.

Doubek, Katja, *Blue Jeans. Levi Strauss und die Geschichte einer Legende*, Munich/Zurich, 2003.

Exler, Andrea, *Coca-Cola. Vom selbstgebrauten Aufputschmittel zur amerikanischen Ikone*, Hamburg, 2006.

Fürweger, Wolfgang, *Die Red-Bull-Story. Der unglaubliche Erfolg des Dietrich Mateschitz*, Vienna, 2008.

Gerber, Robin, *Barbie and Ruth. The Story of the World's Most Famous Doll and the Woman Who Created Her*, New York, 2009.

Glatzer, Wolfgang et al. , *Reichtum im Urteil der Bevölkerung. Legitimationsprobleme und Spannungspotentiale in Deutschland*, Opladen & Farmington, 2009.

Hill, Napoleon, *Think and Grow Rich. Revised and Expanded by Arthur R. Pell*, London, 2003.

Hujer, Marc, *Arnold Schwarzenegger. Die Biographie*, Munich, 2009.

Israel, Lee, *Estée Lauder. Beyond the Magic. An Unauthorized Biography*, New York, 1985.

Jungbluth, Rüdiger, *Die 11 Geheimnisse des Ikea-Erfolgs*, Frankfurt, 2008.

Jungbluth, Rüdiger, *Die Oetkers. Geschäfte und Geheimnisse der bekanntesten Wirtschaftsdynastie Deutschlands*, Frankfurt/New York, 2004.

Kahn, Oliver, *Ich. Erfolg kommt von innen*, Munich, 2008.

Kasparov, Garry, *How Life Imitates Chess*, London, 2007.

Khan, Riz, *Alwaleed. Businessman, Billionaire, Prince*, London, 2006.

Klum, Heidi, (with Alexandra Postman) *Heidi Klum's Body of Knowledge. 8 Rules of Model Behavior*, New York, 2004.

Koch, Richard, *Living the 80/20 Way. Work Less, Worry Less, Succeed More, Enjoy More*, London, 2004.

Lanfranconi, Claudia/Meiners, Antonia, *Kluge Geschäftsfrauen. Maria Bogner, Aenne Burda, Coco Chanel, u. v. a.*, Munich, 2010.

Leamer, Laurence, *Fantastic. The Life of Arnold Schwarzenegger*, New York, 2005.

Lee, Suk/Song, Bob, *Never Give Up. Jack Ma In His Own Words*, Chicago, 2016.

Lesinski, Jeanne M. , *Bill Gates*, Minneapolis, 2007.

Lindemann, Dr. Hannes, *Autogenes Training. Der bewährte Weg zur Entspannung*, Munich, 2004.

Locke, Edwin A. /Latham, Gary P. (editors), *A Theory of Goal Setting & Task Performance*, Englewood Cliffs, New Jersey, 1990.

Friedman, Shlomit, Locke, Edwin A. /Latham, Gary P. (editors), *New Developments in Goal Setting and Task Performance*, New York/London, 2013.

Lommel, Cookie, *Schwarzenegger. A Man with a Plan*, Munich/Zurich, 2004.

Love, John F. , *McDonald's. Behind the Arches. Revised Edition*, New York, 1995.

Matthews, Jeff, *Warren Buffett. Pilgrimage to Warren Buffett's Omaha. A Hedge Fund Manager's Dispatches from Inside the Berkshire Hathaway Annual Meeting*, New York, 2009.

Meissner, Gerd, *SAP. Inside the Secret Software Power*,

New York, 2000.

Mensen, Herbert, *Das Autogene Training. Entspannung, Gesundheit, Stressbewältigung*, Munich, 1999.

Mezrich, Ben, *The Accidental Billionaires. The Founding of Facebook, a Tale of Sex, Money, Genius and Betrayal*, New York, 2009.

Morand, Paul, *The Allure of Chanel*, London, 2008.

Murphy, Joseph, *The Power of Your Subconscious Mind*, Englewood Cliffs, 1963.

O'Brien, Lucy, *Madonna. Like an Icon. The Definitive Biography*, London, 2007.

Ogilvy, David, *Confessions of an Advertising Man*, London, 1963.

Ogilvy, David, *An Autobiography*, New York, 1997.

Otto, Werner, *Die Otto Gruppe. Der Weg zum Großunternehmen*, Düsseldorf/Vienna, 1983.

Peters, Rolf-Herbert, *Die Puma-Story*, Munich, 2007.

Platthaus, Andreas, *Von Mann & Maus, Die Welt des Walt Disney*, Berlin, 2001.

Rogak, Lisa/Gates, *Bill, Impatient Optimist: Bill Gates in His Own Words*, London, 2012.

Ries, Al/Ries, Laura, *The Fall of Advertising & the Rise Of PR*, Frankfurt, 2003.

Roman, Kenneth, *The King of Madison Avenue. David Ogilvy And the Making Of Modern Advertising*, New York, 2009.

Schmoock, Matthias, *Werner Otto. Der Jahrhundert-Mann*, Frankfurt, 2009.

Schroeder, Alice, *The Snowball. Warren Buffett And the Business Of Life*, London, 2008.

Schultz, Howard/Yang, Dori Jones, *Pour Your Heart Into It. How Starbucks Built a Company One Cup At a Time*, New York, 2007.

Schultz, Johannes H/Luthe, Wolfgang, *Autogenic training: a psychophysiologic approach in psychotherapy*, New York, 1959.

Schwarzenegger, Arnold (with Peter Petre), *Total Recall. My Unbelievably True Life Story*, Simon & Schuster, New York, 2012.

Schwartz, Tony/Loehr, Jim, *The Power of Full Engagement: Managing Energy, Not Time, Is the Key to High Performance and Personal Renewal*, New York, 2003.

Slater, Robert, *Soros. The World's Most Influential Investor*, New York, 2009.

Snow, Richard, *I Invented the Modern Age. The Rise of Henry Ford*, New York, 2013.

Sturm, Karin, *Michael Schumacher, Ein Leben für die Formel 1*, Munich, 2010.

Timmdorf, Jonas (editor), *Die Aldi-Brüder. Warum Karl und Theo Albrecht mit ihrem Discounter die reichsten Deutschen sind*, Mauritius, 2009.

Tracy, Brian, *Goals! How to Get Everything You Want-Faster Than You Ever Thought Possible*, San Francisco, 2003.

Tracy, Brian, *Time Power. A Proven System for Getting More Done in Less Time Than You Ever Thought Possible*, New

York, 2007.

Uhse, Beate, "Ich will Freiheit für die Liebe," *Die Autobiographie*, Munich, 2001.

Vise, David A./Malseed, Mark, *The Google Story*, New York, 2005.

Wallace, James/Erickson, Jim, *Hard Drive. Bill Gates and the Making of the Microsoft Empire*, Chichester, 1992.

Walton, Sam, *Made in America. My Story*, New York, 1993.

Welch, Jack/Byrne, John A., *Jack. Straight from the Gut*, London, 2001.

Welch, Jack/Welch, Suzy, *Winning: The Answers. Confronting 74 Of the Toughest Questions In Business Today*, London, 2006.

Wilson, Mike, *The Difference between God and Larry Ellison. Inside Oracle Corporation*, New York, 2002.

Wolff, Michael, *The Man Who Owns the News. Inside the Secret World of Rupert Murdoch*, London, 2008.

Young, Jeffrey S./Simon, William, L., *iCon Steve Jobs. The Greatest Second Act in the History of Business*, Frankfurt, 2006.

Zitelmann, Rainer, *The Power of Capitalism*, London, 2019.

Zitelmann, Rainer, *The Wealth Elite. A Groundbreaking Study of the Psychology of the Super Rich*, London, 2018.

Zuckerman, Gregory, *The Greatest Trade Ever. How John Paulson Bet Against the Markets and Made $20 Billion*, London/New York, 2009.

人名索引

公司名索引

图书在版编目（CIP）数据

敢于不同：商业巨头白手起家的秘诀／（德）雷纳·齐特尔曼（Rainer Zitelmann）著；邬明晶，张宇译. －－北京：社会科学文献出版社，2019.9（2022.8 重印）
（思想会）
书名原文：Dare to Be Different and Grow Rich：Secrets of the Self－made People
ISBN 978－7－5201－5067－5

Ⅰ.①敢…　Ⅱ.①雷…　②邬…　③张…　Ⅲ.①成功心理－通俗读物　Ⅳ.①B848.4－49

中国版本图书馆 CIP 数据核字（2019）第 122778 号

·思想会·

敢于不同：商业巨头白手起家的秘诀

著　　　者／[德]雷纳·齐特尔曼（Rainer Zitelmann）
译　　　者／邬明晶　张　宇

出　版　人／王利民
组稿编辑／祝得彬
责任编辑／吕　剑
文稿编辑／张　雨
责任印制／王京美

出　　　版／社会科学文献出版社·当代世界出版分社（010）59367004
　　　　　　地址：北京市北三环中路甲 29 号院华龙大厦　邮编：100029
　　　　　　网址：www. ssap. com. cn
发　　　行／社会科学文献出版社（010）59367028
印　　　装／三河市东方印刷有限公司

规　　　格／开本：889mm × 1194mm　1/32
　　　　　　印　张：9.875　字　数：238 千字
版　　　次／2019 年 9 月第 1 版　2022 年 8 月第 3 次印刷
书　　　号／ISBN 978－7－5201－5067－5
著作权合同
登记号　　／图字 01－2019－2992 号
定　　　价／68.00 元

读者服务电话：4008918866